白仁飞 著

■ 造物文化与设计丛书

设计的前生今世

——工业设计史

中国建筑工业出版社
CHINA ARCHITECTURE & BUILDING PRESS

图书在版编目（CIP）数据

设计的前生今世——工业设计史 / 白仁飞著. — 北京：中国建筑工业出版社，2018.10
（造物文化与设计丛书）
ISBN 978-7-112-22717-4

Ⅰ. ①设… Ⅱ. ①白… Ⅲ. ①工业设计 — 历史 — 世界 Ⅳ. ① TB47-091

中国版本图书馆CIP数据核字（2018）第218893号

本书介绍工业设计史，数字产品八首“设计之歌”为本书的配套数字资源，均为说唱歌曲（rap），歌词内容为工业设计史片段。曲风轻松，歌曲形式帮助读者更好理解工业设计相关历史事件、人物。

使用方法说明：扫描书中“附录一”页面二维码，即可收听相应歌曲。

责任编辑：李成成　吴　绫　李东禧
责任校对：焦　乐

造物文化与设计丛书
设计的前生今世——工业设计史
白仁飞　著
*
中国建筑工业出版社出版、发行（北京海淀三里河路9号）
各地新华书店、建筑书店经销
北京点击世代文化传媒有限公司制版
北京缤索印刷有限公司印刷
*
开本：889×1194毫米　1/20　印张：16　字数：303千字
2018年12月第一版　2018年12月第一次印刷
定价：80.00元（赠数字资源）
ISBN 978-7-112-22717-4
（32798）

版权所有　翻印必究
如有印装质量问题，可寄本社退换
（邮政编码 100037）

前言

大名鼎鼎的“当年明月”（《明朝那些事儿》作者）说：所有历史都可以写得很好看！大概是受了他这句话的“蛊惑”，我决定写一写工业设计史。但当我开始构思这本书的时候，却发现自己“上当”了，工业设计史并不如寻常的人类历史那么有趣和好写，因为是在讲述一个专业的发展历史，缺少了以人物关系格局和大事件支撑起来的恢宏场面，读者也不容易在读史的时候产生沉浸感。于是，在有趣与专业之间，我的思维陷入停滞，既怕写成了专业的“学究书”，又怕有趣过了头而贻笑大方。

但我很清楚，还没有一本设计史的书是采用了这种写作的方式，正是这一点，又激发了我“敢为人先”的豪情，索性硬着头皮写开了。也不必顾忌什么体裁了，只要能让人看着痛快、流畅就好。当然，专业性必然要保证，写的时候可以叙事，讲故事，但最终目的却是为了揭示规律，以史为鉴，展望未来，这一点保证了，想必这本书也差不到哪里去。

本书在写作的过程中得到了很多人的帮助。感谢山东大学王震亚老师、天津埃迪森工业产品设计所王朋先生、华南农业大学周宁昌老师、天津理工大学刘卓老师、沣茂设计创始人王树茂先生，他们的意见让我对一些关键知识点的表述更加专业；感谢中国建筑工业出版社李成成编辑，她的包容和支持让我在写作的过程中能够保持从容优雅，没有日常催稿的窘迫，这是难得的宝贵体验；感谢天津科技大学工业设计专业张海铭同学，我们的短暂合作促成了八首“设计之歌”的录制，为本书增色不少；感谢何人可老师和王受之老师，两位前辈的不朽之作具有重大的参考价值，让我一开始就站在了巨人的肩膀上；感谢我生命中遇见的所有人，你们的真实关照让我的人生始终充满乐观的希望；感谢我自己，一个从来没有教过设计史的人写了一本设计史，这需要勇气，更需要持续的热情！总之，这本书未必好，但一定不同，希望读过此书的人能够提出宝贵的意见。

谢谢大家！

目 录

第一章　为生存而设计

我们先来假想这样一幅场景。

原始洪荒时期，一队原始人出发了，为了生存，他们必须出去打猎。他们有的手持石斧，有的擎着石矛，还有的攥着石制的匕首。由于装备着当时最先进的捕猎工具，所以他们看起来都相当自信。

他们首先发现了一只肿骨鹿，这种不太灵活的食草动物很容易成为人类的攻击对象。尽管它有大而粗壮的鹿角，但在持有长矛并大喊大叫的人群面前，彻底懵了。于是，人们一拥而上……

以多欺少，胜之不武！

这个时候，一只剑齿虎出现了，这是一种勇猛的原始兽类。可以确信的是，它绝对不会像电影《冰河世纪》中的“迪亚哥”那么友爱。此刻它也在饿着肚子，对于这送上门来的美餐，定然不会放过。在它看来，这些能够直立行走的高级生物和其他物种并无本质的区别。它的眼里只有食物！

那么，上吧！

又一场战斗开始了。原始人有着数量上的优势，还掌握着石制的工具。剑齿虎的身手更加矫健，且体格强壮（其肩高可达 1.2 米以上），一口十多公分的獠牙（上犬齿）能够顷刻让猎物的身体血流如注。

战斗的结果无法考证，不过有确信的证据表明，我们的祖先与剑齿虎确实共同生活过，且经常不经意间“狭路相逢”。原始人类已经有足够的办法（比如借助工具）与这种可怕的顶级掠食者竞争和对抗。

在距今约 1.5 万年的时候，剑齿虎及其族类彻底灭绝了，这里面很可能有人类的“贡献”。

会制作工具真好！既能捕猎，又能保护自己！

第一件工具

距今二三百万年的时候，原始人的生存环境很恶劣。洪水、严寒、饥饿、疾病和猛兽的侵袭，哪一样都是致命的。

活着，真累！

民以食为天，打猎和采集是获取食物的主要途径。为了寻找食物，艰苦的劳动每天都在进行。在这个过程中，人类偶然会使用一些自然的物体去克服劳动过程中遇到的困难。

古人甲得到了一捧核桃，她先试着用牙齿咬那坚硬的壳，并不成功；后来是摔打，碰巧的一颗溅到石头上，“咔”的一声裂开了，露出了颇具诱惑力的果仁；再后来是捡拾起身边的一根木棒或者石块，她懂得了利用坚硬的物体去敲击。

这是一个从偶然行为到经常行为的过程。

古人乙在狩猎的时候遇到了猛兽，他先是本能地逃跑，或者爬到树上，猛兽穷追不舍；后来是恐惧地喊叫，像他的对手那样叫，猛兽迟疑了一下，错过了攻击的最佳时刻；再后来是一边喊叫一边抓起身边的石块投掷过去，这一次，猛兽退却了，他懂得了利用有威慑力的工具保护自己。

这也是一个从偶然行为到经常行为的过程。

这还不够，过了很久，直到有一天，他们发现，只靠运气“捡”工具来用，太不方便了。比如割兽皮的时候，恰好身边找不到一个锋利的石片，或者以前用过的那个磨钝了呢？又比如被猛兽狂追的时候，一时找不到趁手的武器呢？

真麻烦，不如自己动手做！

于是，经过艰苦卓绝的努力，第一件石器被打制出来了。无非是用一块石头去敲击另一块石头，就像用一块石头去敲击坚果的过程一样，他们总有机会从类似的行为中找到灵感。只不过这个敲击的过程要复杂得多，因为要打制出预想的形状，要保证成品的锋利，就必须不断尝试，承受若干次的失败。也许，比爱迪生发明电灯泡的过程都难。

总之，第一件工具被制作出来了，这是具有重大历史意义的。他们该够得着欢呼了，因为：一个新的时代开始了！

石器时代

石器时代，一个古老而神秘的时代！

当古人类成功打制了第一件石器之后，便一发而不可收，人们争相效仿。原因很简单，拥有石器工具的人显得更为强大，他们可能因此获取了更多食物，并在危险面前有了更多主动权。

于是，相信从某一个时刻开始，地球上的各个角落便陆续响起了经久不衰的“咣咣”声，从东非到欧洲，再到西亚、中国，“咣咣”，“咣咣”！由于那时候还没有户籍制度，跨洲迁徙连护照都不要，人口可以自由流动，经过漫长时间的交流，“石器文化”得以风靡全世界。而从各大洲走出来的人们都是一样的，他们都拿着石斧、尖状器和砍砸器，笨拙而粗糙。这几乎是石器时代早期打制工具的共有特征。

“打制”，动词，一种加工石器的方式。考古学家们将“打制石器”的时代命名为“旧石器时代”。为了追求工具更好的功能性，他们一直在努力改进制造的方法，并在这个过程中掌握了很多技巧，比如可以把石斧打制得更薄从而增强其锋利程度，比如可以从大的石块上敲出短而宽的石片用来做刮削器。

总之，工具是越做越精细，而方式并没有改变——打制！真佩服他们的毅力和一根筋精神，硬是从距今二三百万年一直“打”到一万年前。“咣咣”，“咣咣”……量变达到质变，终于，“磨制石器”出现了，不过这个量变的时间确实有点漫长。

“磨制石器”的出现被认为是石器工具小型化和细致化的产物，而最终的原因是原始人类生活方式的改变。由于气候变暖（冰河时期即将过去），他们发展了畜牧业，开始种植作物，对土地的需求使他们大量开发森林地并逐渐定居下来。新的生活方式的改变需要更多先进工具的应对，而通过“磨制”的方式，可以让石器更加工整、光滑和锋利。更进一步，有的人将磨光的石片钻孔后装上木柄，就成了使用效率颇高的“石铲”。

“磨制”，动词，一种加工石器的方式。考古学家们将“磨制石器”的时代命名为“新石器时代”。

有很多新的故事是在“新石器时代”展开的。

原始美学

新石器时代的第一个故事是关于“美”的。

我们先来看两张图片吧（图 1-1），前者是旧石器时代的“尖状器”，来自中国荆州鸡公山遗址，后者是新石器时代的“石钺”，来自中国大溪文化遗址。

图 1-1 “尖状器”和“石钺”

同样是由石头制作的工具，差距咋就那么大呢？有充分的证据表明，在新石器时代，我们的原始先民已经在有意识地塑造产品的造型细节，以满足不同产品的功能需求。

试着分析一下，那石钺中间的孔洞是为了安装木柄，由于木柄的截面多为圆形，所以其孔必为圆孔。而圆孔居中，石钺对称的造型则是为了在使用的时候保证产品左右重力的均衡。圆孔居上，处于整个石钺的上三分之一处，也是考虑到了使用时的便捷性。总之，这是一种最原始的功能主义的思想，其形式感和功能性结合的程度足以令后世的“设计师”们汗颜。

从另一个角度讲，大概是磨制石器的过程比较漫长，人们有了充足的时间来推敲产品的造型细节。我几乎能想象得到他们制造整个石器的过程：寻找合适的石材，打制出粗坯，而后就是无休止地“摩擦”……在磨制的过程中，间或以手试之，抚摸到了规律性的曲面，顿时，所有的感官细胞都被调动了。他们感受到了光滑、流畅、细腻、均匀……是的，符合规律性的东西总是那么让人愉悦。

而更重要的是，这种感觉一旦确立起来，并逐渐累积，演变为整个人类族群的一种自觉追求的时候，“美”便第一次被人们认识了！

于是，那些在制作工具时溅落的石片终于找到了用武之地，它们被串成串，连同兽骨与贝壳,被戴到了人类的脖子、手腕、脚踝上,成了当时最时兴的“潮物”。

由物质到精神，由实用的工具到装饰品，由自发的实现到自觉的追求，原始人类的审美意识终于建立起来了，这将直接影响到以后制作的更高级、更复杂物品的面貌。

第一次化学实验

第二个故事还是与制作工具有关的。

如果说之前的工具都是取材于自然,并通过物理的手段(“打制”或“磨制”)对其进行加工，以获得符合功能需求的造型的话，那么，陶器的出现则完全颠覆了人们对“工具”的最初印象。

“火”，是这一切活动的“始作俑者”。

从遥远的旧石器时代开始，人们就已经开始有意识使用火了，已经无法证明原始人最初的火源是来自于哪里，自然火？打制石器时迸溅的火星？以及大家都耳熟能详的“钻木取火”的故事？它们或许可以向我们解释“火”这种自然的力量走入人类生活的过程。由恐惧到认识再到合理利用，火在人类的生活中扮演着重要角色。告别“茹毛饮血”转而吃熟食，“明火执仗”去围捕猎物，以及生起篝火借以取暖与威吓猛兽，火，成了人类文明发端的一个符号。

借由火的应用，改变了黏土的内在性质，二氧化硅和硅酸盐发生反应的结果便成就了这种新型容器——陶器的出现。从旧石器时代到新石器时代，这个过程我们等了上百万年。

那么，现在问题来了：为什么要等到新石器时代，陶器才姗姗来迟？

这其实还是一个需求的问题，就像“磨制工具”的出现是因为原始畜牧业和农业的发展造成了人们生活方式的改变进而对工具提出了新的要求一样，陶器的出现也是为了满足农业发展之后人们定居生活的需要。

贮存饮用水、搬运粮食、烹煮食物，石质用品已经不能有效解决这些问题了，怎么办？别寻他法！其实，开始的时候并非没有替代品，植物茎秆编织的篮子，某种植物果实（如葫芦）等，甚至皮袋，都在一定程度上充当了这个角色。但，陶器才是我们想要的！

举几个例子吧……

第一个，小口尖底彩陶瓶（图 1-2）。

这是马家窑文化的典型代表，是一种提水工具。这是一个聪明的设计，其功能完全体现到了造型上。其双耳便于挂绳，且极容易掌握平衡，汲水时将之投入水中，瓶身平置，水从口中流入，而装满水后由于重力的作用，尖底向下，方便提取。而储水时置于土坑之中，其尖底的存在也是极具功能性的——方便固定！

第二个，卷唇圜底盆（图 1-3）。

图 1-2　小口尖底彩陶瓶

图 1-3　卷唇圜底盆

卷唇圜底盆来自半坡文化，这又是一个聪明的设计。其卷唇方便了双手搬运，圜底则同样适合于土坑的放置方式。其盆形与现代产品几无二致，可以想见，当时人们对于产品造型与功能的统一把握已经相当纯熟。

除此之外，我们的先祖对“美”的追求也反映到了陶器上，对于他们来说，陶器光滑的侧壁是绝佳的表现场所。

那么，画什么呢？画自然。

原始人的一切生活所需均来源于自然，自然中有取之不尽的创作素材，于是，鱼、鸟、蛙、鹿、日月，成了最主要的描摹对象。为什么是它们？这些图案还有重要的表征意义。

新石器时代晚期，借由血缘关系，原始人形成了大大小小的氏族单位。这是最原始的社会组织，并最终成为部落的原型。不同的氏族有不同的信仰对象，我们叫做“图腾”。而陶器上描绘的图案多是为了彰显一种对自然图腾的崇拜，同时，还在客观上起到了区分不同氏族器物的作用。其情形大致与我们喝水时，在自己的杯子上贴上个性化标签的作用类似。

彼时，人们对于“美”的把握已经达到了相当高的水准，其绘制的图案由具象慢慢变得简洁抽象，已经很有装饰主义的风格，这是一个经年累月提炼的结果。这个过程也反映到了先民们对意识形态的提炼上，由一开始单纯的敬畏自然，到广泛的图腾崇拜，再到形成模糊的宗教信仰，这个过程是一贯的。他们由开始被动地盲目跟随与适应，再到后来带有主动意识地积极改造，这充分表明：“人类”，这个卑微而伟大、可爱又可憎的群体已经从自然界中独立出来，走向了自我发展的道路。这个高级的生物群体虽然在以后的岁月中编造了很多神话，声称自己是女娲或者上帝所缔造，无非是想证明：我们生来是不同的！

最大的不同就是使用工具。

而事实是，打造出第一件石器的我们的先祖某甲，手里正拎着那件意义非凡的工具，向前凝望，眼神穿越苍茫的上古时期直达现代，如果看到了正拿手机砸核桃的我们，不知该作何感想。

图 1-4　两件工具：“石器”与“手机”

在这本书里，石器与手机，这代表了原始工具与现代文明的二者，终于见面了，如图 1-4 所示。旁白：失散了百万年，“我们”，竟如此相似！

总之，这整部设计史，其实是一部工具史。我们创造工具，改良工具，扔掉工具，又捡回工具，我们想出各种理由来美化工具，诋毁工具，却最终离不开工具……

第二章 为定制而生

原始社会后期的时候，人们学会了种植农作物，农业经济逐渐发展壮大，成为人们食物的主要来源之一。春种秋收，这是有时间周期的啊，为了守住自己的土地和庄稼，还是不要随便搬家了吧？于是乎，大家伙儿一商量：找个好地方，我们定居吧！

生存环境变了，生活方式也变了，人们使用的工具也会发生变化。如前所述，经过第一次“化学实验”的洗礼，拉开了人类持续改造自然的步伐，他们撮黏土以烧陶，寻矿藏以炼铜，割生漆以制器……每一次尝试，都把人类的文明向前推进一步。

自从定居之后，人类的生活变得日益丰富，生存技能也变得复杂起来，比如农业耕作，比如制作工具，比如驯养牲畜，都是复杂的劳动。这已经不像以前大家一起擎着长矛举着火把去打猎那么单纯快乐了，一个人也无法胜任这么多种类的工作。干脆，术业有专攻，大家分工吧！这是一个历史性的时刻，畜牧业和农业，农业和手工业，相继分开，各做各的事去。当然，有了多余的生活资料，都不要吝啬，我们交换一下，各取所需嘛。这种原始的物物交换，成为商业行为的萌芽。

其实，对于设计本身来说，手工业和农业的分离有着极为重要的意义。因为从此之后，手工艺设计的时代开始了。不过没想到，这一开始就绵延了数千年，一直到工业革命前夕，才出现了其他的设计组织形式。

手工艺设计有如下几个特点：

首先，设计者即是生产者。要么个人经营，要么几个人组成小作坊，总之都不是规模化生产。这样的话，产品的质量主要取决于设计生产者的个人能力，可发挥余地较大，加之缺乏标准化生产的条件，每件作品都是独一无二的。

其次，设计为定制而生。一般情况下，手工艺设计的服务对象多是权贵阶层，所以，服务对象的审美情趣成为决定产品风格的重要因素。

还有，建筑和园林设计的兴起，为手工艺设计提供了很多先天的素材。照猫画虎，依样画葫芦，在各个时期，手工艺设计中都能找到同时期建筑设计的基因，这也是我们研究手工艺设计的重要依据。

平民化设计

何谓平民化设计？平民者，大众也！平民化设计就是为大众的设计。

在整个手工艺设计时期，最能体现平民化设计的就是陶器了。为什么这么说呢？这是跟大的历史环境息息相关的。我们必须从根儿上找原因，才能理解一些设计现象产生的依据。遥想一下，陶器的出现是什么时候？新石器时代。

新石器时代是个什么时代？原始社会末期，农业经济才刚刚开始起步，人们初次尝到了定居生活的甜头，但没有剩余产品，所以生活依然很拮据。为了方便农业生产，提高效率，人们依照血缘关系结成了最原始的社会单元——氏族。氏族内没有贫富贵贱之分，大家共同劳动，平均分配食物，过着幸福快乐的生活。

陶器就是这个时候出现的,目的是为了解决人们的日常生活的需要。这个“人们”，当然是指普罗大众——所有人。大家都是平等的。

简言之，经济基础决定上层建筑。原始社会生产能力低下，生活资料每次都没有结余，每个人都必须以200%的精力投入生产，每天都累得半死，哪有时间想别的？建立自己的小金库就更不可能了！没那个条件。所以，那个时候部落与部落之间打仗，唯一的目的就是为了占领地盘和生产资料，抓的那些俘虏都是就地杀掉。为什么？我自己还吃不饱呢，留着他们还得分我的粮食！

后来就不一样了，随着工具的发展和生产能力的提高，所获取的劳动成果，除了氏族内部日常的吃穿用度，已经有了剩余。一些人，比如氏族和部落的首领就可以占有这些剩余成果，于是长此以往，贫富差距出现了，私有财产出现了，阶级也出现了。

一开始还只是占有剩余产品，后来就发展成占有劳动力等生产资料，于是战俘不再被杀掉，而是充当了这种免费的劳动力，这便是最初的“奴隶”。再向前发展，就出现了奴隶制的国家。在中国，最早的奴隶制国家便是夏朝了。从此，

“家天下”的时代开始了。“普天之下，莫非王土，率土之滨，莫非王臣。”

这个时候，手工艺设计也不是那么单纯了，不再只是为了满足普通人的日常生活需要了，而是有了差别化对待。尤其一些贵族豢养的手工艺人，专事做起了为权贵服务的业务。如在夏商时代，一种形质出色，做工考究的白陶，精巧华美，则专为贵族所有。《礼记·檀弓上》有云：“殷人尚白。”这是有记录的。

设计开始有阶级性了，而且，这种趋势愈演愈烈，只是他们不知道，几千年后，现代主义设计师们打出的旗号却是“民主”，旨在消除设计的阶级性。“为谁而设计”的问题，是我们这本书的一条线索，这条线索太长，要读到书的末尾才能接续起来。

设计的阶级性

禹传子，家天下！夏朝，中国历史上第一个朝代出现了，这是一个奴隶制国家。

禹的儿子叫启，他是中国阶级社会的开山鼻祖。话说回来，为什么会是他？从某种程度上来说，这是有必然性的。

众所周知的是，在真正的朝代出现之前，部落联盟的首领实行禅让制。尧推舜，因其“严于律己，宽厚待人”，舜推禹，因其“治水有功，三过家门而不入”。但到了大禹时代的末期，禹王已经隐隐有了帝王之气。据《国语·鲁语》载：“昔禹致会群神于会稽之山，防风氏后至，禹杀而戮之。”因为开会迟到，禹便要了一个部落首领的命，可见，彼时的大禹，已经有了对部落首领生杀予夺的权利。这跟后世专制帝王的表现无异。

当部落首领的威望和权力到达一个顶峰时，其社会群体的组织形式就可能发生异变。所以，当伯益作为禹的继承人被推举出来时，遭到了启的反对。作为可能是中国历史上最早的“官二代”，启成功地实现了逆袭，将尧所创立的禅让制度抛到了历史的故纸堆里。启的内心独白：我爹混到现在多么不容易，子承父业，天经地义！

图 2-1　后母戊鼎

总之，自夏代开始，中国进入了“奴隶社会”，从手工艺发展的角度来说，也进入了“青铜时代”。不过要强调的是，一开始，青铜器是一种权利和地位的象征，用来记载重要事件和彪炳功劳。这是一种礼器，一般人是不能拥有的。如图 2-1 所示的后母戊鼎，即商周时期青铜文化的代表作之一，相传为商王祖庚为祭祀其母所制。

青铜器作为象征地位的礼器，还得从大禹说起：(夏）禹收九牧之金（铜）铸九鼎（《史记 - 封禅书》）。就是说，大禹为了纪念自己治水的功劳，用当时九个州出产的铜，铸造了九个大鼎，以一鼎代表一州，从此，九州便成了中国的代名词，而九鼎，则成了王权的象征。一旦有了象征意义，就自然成为大家争夺的对象，所以后来，当商汤灭了夏桀，鼎就归了商朝，周武灭了商纣，鼎又归了周朝。

那意思就像现在代表了足球界最高荣誉的“大力神杯”一样，从来不属于某一个国家或个人，谁赢了就是谁的。赢了的人也不能长期拥有，不过是代为保管罢了。那其他人也想要一个怎么办？做复制品呗！于是，从夏朝到春秋战国时期，人们一直没有间断对于鼎的狂热爱好，甚至各诸侯国中都有专门的制鼎部门。后来人们就把这种“爱好”制度化了，西周时期出现了“列鼎制度”。

列鼎制度是有严格规定的，天子用九鼎，诸侯七鼎，大夫五鼎，士用三鼎或一鼎。能分到鼎就是一种荣耀，而对于平民百姓，则没有这种资格，因为“礼不下庶人”，他们只配使用陶器。

这便是产品的阶级性，而所谓“礼”，则充当了这种不公平现象的帮凶。

那么，“礼”是什么？奴隶社会中对于“宗法血缘”的关系认同，便是“礼”的主要内容。这是一整套的宗法制度，发端于父系氏族公社，确立于夏，发展于商，完成于周，传说由周公所制（周公制礼）。

依照周礼的说法，一个国家成立了，怎么来有效地维护统治呢？比如周朝，武王姬发打下了天下，该怎么治理呢？思来想去，血缘关系还是值得信赖的。于是把哥几个叫过来：“兄弟们，这天下已经是我们老姬家的了，我给你们每人一块封地，大家共同治理吧！但我这有事儿了你们得过来帮忙，有福同享，有难同当！”于是，皆大欢喜，权利分摊了，血缘关系得到了加强。老百姓是没有份儿的，谁让你不姓姬呢？

“还有，百年之后，我的王位要传给我的大儿子（嫡长子），谁也不许争……”周礼中包含的思想，经过后世孔子的整理和发扬，遂成儒家思想，再后来到西汉武帝时期“独尊儒术”，奠定了其作为中国封建时期指导思想的地位。

当然，礼器不光指鼎，还包括食器、酒器、水器和乐器，这些同样都是统治阶级才有资格使用的物品。然而，这种局面很快发生了改变。到了春秋战国时期，由于传统的宗法礼教开始瓦解，青铜器也从神坛上逐渐走下来，进入寻常百姓家。这时候的青铜器有一个很统一的称呼：素器。

总之，设计是有阶级性的，这和当时的经济状况、科技水平和社会组织形式有着千丝万缕的关系。青铜器由只有贵族才能享用的奢侈品到真正进入大众的日常生活，有着深层的社会原因。

春秋战国时期几乎是青铜器的衰落期。后来陶瓷制品出现，把青铜器作为日用品的身份“霸占”了。至于那些贵族们，早已经移情别恋，不再“唯鼎是瞻”，而是把目光投向了一个新的技术品种——漆器。

其实，早在七千多年前，我们的祖先已经在使用天然漆制作日用器皿，这在河姆渡文化遗址中出土的朱漆木碗中得到了证明。

历经夏商周三朝，漆器不断发展，并最终在春秋战国时期达到了第一个巅峰，这是有原因的。东周时期，社会经济的发展加上诸侯之间的连年征战，新兴势力开始崛起，旧贵族的势力越来越小，再也不能像以前那样“一言九鼎”了。

图 2-2　西汉渔阳三角纹漆耳杯

老祖宗的光沾不上了，祖荫不再，此一时彼一时，没办法，认命吧！周礼的约束力越来越弱，所谓“礼崩乐坏”，就是这个时期。

每一次新兴势力的崛起，都会对旧势力所拥有的一切进行改变，有的时候纯粹是为了改变而改变，包括传统礼制的物质载体——青铜器。用漆器代替青铜器，是新兴贵族们的选择。因为经过多年的发展，此时的漆器色彩华丽，对造型和表面花纹的可塑性已经非常强，这些都是青铜器所不具备的。

有了政治上的保障，漆器产业得以发展壮大，以至于国家要设置专门的机构进行漆器的生产和设计制作。殊不知,战国时期老庄哲学的代表人物——庄子，就做过专管漆园的小吏。不过，庄子后来辞官不做，自由快活去了，才有了传世之作——《庄子》。

想想，“吾生也有涯，而知也无涯，以有涯随无涯，殆（危险）已！”，这句醒世箴言也许就是从战国时期宋国的漆园中传出的，是不是瞬时觉得自己离古代先贤很近?

漆器发展的第二个高峰出现在汉朝。

“文景之治”时期的休养生息政策，使社会生产力得到了繁荣发展的机会，而漆器的生产条件也变得更好。此时的漆器被大量生产，其纹样设计在前秦风格的基础上得到了发展。而汉朝人有厚葬的传统，漆器是很重要的随葬品，这也客观上刺激了漆器的生产。如图 2-2 所示，即为 1993 年出土于长沙望城坡西汉渔阳王后墓中的“三角纹漆耳杯”。

足见，自从有了阶级后，手工艺设计的发展从来没有脱离开政治与国家意志。如果说生产力的发展和技术的进步为某项工艺的出现提供了优渥的条件，那么，文化特色和社会意识形态则决定了设计的最终面貌。

那么，我们关心的是，陶器之后，老百姓还能用什么？幸亏，瓷器出现了！

宋瓷的设计“道理”

说起来，瓷器与陶器还有亲戚关系，因为瓷器脱胎于陶器。

在商朝的时候，人们制作出来一种“白陶”，这便是瓷器的前身。想来是当时的烧陶者一不留神烧过了火，温度达到了从来没有企及的1200多度（瓷器烧成温度需达到至少1200℃），再加上陶土中混进了专门制作瓷器的高岭土，烧成后在陶器的表面形成了一层薄釉。机缘巧合，本来以为烧坏了呢，这可好，歪打正着，瓷器出现了！（以上描述纯属推测）

当然，彼时，人们还没有将其定义为“瓷器”，起名字是后面的事儿。总之，这种新鲜玩意儿与各种陶器相比有很多优势，比如不渗水（胎质致密）、耐用、便于清洗、外观漂亮等。有了这么多的好处，“研发人员”马上行动起来，倾尽全力研究能够改良完善这种“白陶”的秘方。经过多次实验,攻克了若干技术难关，人们终于找到了一套行之有效的制作方法，从此，“瓷器”作为手工艺设计的一个新的门类，登场了！

当然，早期的瓷器绝对不是我们现在看到的模样，因为使用含钙的石灰釉，以铁为着色剂，烧出来的瓷器呈黄绿色或青绿色，人们给起了一个很形象的名字，叫做“青瓷”。但真正的青瓷是在东汉时期出现的。此时,制瓷技术已经比较成熟，同时，还出现了早期的白瓷。白瓷的技术成熟期则是在隋朝。可见，手工艺的发展是一个循序渐进的过程，且时间交错进行。我们很难将某一项工艺与其他工艺完全剥离开来，在共同的发展大背景下，各种工艺逐渐呈现出百花争艳的局面。

然而，中国瓷器真正发展到一个巅峰的阶段，或者说，中国瓷器的集大成者，则是宋朝。宋朝的瓷器又有了“宋瓷”之说。宋瓷为什么那么受欢迎呢？这还得从头说起。

宋朝是中国历史上存在时间较长的封建王朝之一。史学家们对这个朝代的整体评价是：积贫积弱！说的是宋朝被列强环视，在外交和军事上经常挨欺负。

虽然我们热衷于北宋的“杨家将”和南宋的“岳家军”这样的演绎小说，但从整体上来说，宋朝总给人一个软弱可欺的形象。

但宋朝又是我国封建时期经济、文化和科技高度发达的时期，这源于统治阶级一贯的发展经济和对内宽松的治理政策。总体来说，老百姓在宋朝的生活是相对安逸的，这才有精力去做一些“闲情逸致”的事情。经济的繁荣必然带动文化艺术的繁荣。在这件事情上,宋朝的士族阶层则充当了这股风尚的引领者，这里面最有名的“带头大哥”就是赵佶。

这赵佶便是宋徽宗。

老赵不是一个合格的皇帝，却是一个不世出的书画大家。所谓“宋徽宗诸事皆能，独不能为君耳！”说他“诸事皆能”并不是后人有意抬举他，据说赵佶在“诗书画印”多方面都有极高的造诣，其独创的“瘦金书”成为我国历史上著名的书体之一，为后世尊奉。老赵是用实力说话的！

但上帝是公平的,这个艺术家皇帝的治国水平实在不怎么样,我们熟知的“梁山起义”就发生在宋徽宗的统治下。而其后来被金所掳，最后客死他乡，晚景不可谓不凄凉，这就是历史上著名的“靖康之难”。

关键是，为什么瓷器会在宋朝发展到一个顶峰呢？为什么宋朝的文化艺术风格有着与前代不同的表现形式呢？为了回答这个问题，除了上面提到的时代大背景之外，还有一个很重要的原因，那就是“宋明理学”的出现和发展。

指导思想很重要！

宋朝是一个有着极大包容性的朝代，本着兼收并蓄的原则，当时儒释道三大教都得到了很好的发展。举例来说，佛教在宋之前的后周时代濒临被取缔的边缘，大批寺庙被毁，僧侣受到迫害。后来赵匡胤发动兵变，大宋赵氏家族上台，即刻改变了政策，佛教得到了保护，后来还派遣专人去古印度“留学”，求取真经。可见，唐僧并不是中国历史上唯一的取经人；对于道教来说，待遇也不低，还是那个赵佶，除了自己修道之外，竟自称“教主道君皇帝”，是道教的最大粉丝。您想啊，皇帝是教主，道教想不发展都难；相比较之下，传统儒教的地位受到了挑战，为什么说是挑战呢？自汉朝“独尊儒术”开始，儒家一直是一家独大，恃宠而骄——我是正统啊！可现在说话不是那么算数了，正统地位受到了打击，是可忍孰不可忍！再来一次“罢黜百家独尊儒术”吗？没那个历史条件了。不能来硬的，那就折中一下吧，来个三教合一如何？好办法！

“宋明理学亦称‘道学’,是一种既贯通宇宙自然（道教）和人生命运（佛教），又继承孔孟正宗（根本），并能治理国家（目的）的新儒学，是宋明时代占据主导地位的儒家哲学思想体系。”其实这个定义的核心还是以儒家学说为根本，是为“新儒学”。

实际上，宋明理学的发展经历了两个阶段，从名字上就可以推断出来，即宋朝和明朝。在宋朝由北宋发轫,及至南宋朱熹总结前人学说,遂成“程朱理学”，其核心是“天理”说和“格物致知”论；后世又有陆九渊和王阳明将其发展，称为“陆王心学”，其核心是“心即理”和“心外无物”，也叫“知行合一”，在明朝中期以后得到广泛传播。

简单来说，宋明理学所追求的思想境界包括“天人合一”，强调心性为本和提升道德意志，强调美是外在形式美和内在道德美的统一等。所以对比汉唐设计与宋明设计可以直观感觉到：前者波澜壮阔、雄浑壮美，而后者低调内敛、精致典雅。这种风格在书画、建筑、家具等方面都有充足的体现，当然，瓷器也不例外。

反映到瓷器设计上，多强调意境的体现，并从自然中寻找灵感，意图达到天人合一的境界。宋瓷的美是一种恬静、内敛的美，这种美不靠喧哗惹人注意，而是品出来的，是一种禅意的美。宋瓷注重细节，那考究的比例关系，增一分减一分都不行，那“窑变”所产生的开片效果，成就了独特的残缺美，那胎体表面的印花，在瓷器表面产生了微妙的光影变化（图 2-3）。

图 2–3 汝瓷莲花碗

敢于从唐代的绚烂走入极简的单纯，这便是宋代艺术的魄力！

我们真应该好好领悟宋瓷的设计“道理”。

另外奉劝大家:别一提设计，就一脸谄媚地推崇西方的某某主义了，别一说禅意、东方美学，就把日本风格奉为圭臬了！日本人从我国汉、唐、宋各朝吸收了足够的文化元素，糅合进去本民族的特色并有所发展，才成就了现在的风格。这文化的根基，就在我们脚下呢，只一个宋朝，就有你取之不竭的美学营养。宋瓷所体现出来的极简风格和东方禅意，你搞清楚了吗?

舍近求远，崇洋媚外，把自己的文化都搞丢了，还怎么学习和借鉴呢？什么叫“民族的才是世界的”？是说只有将老祖宗的好东西继承下来并发扬光大，才能在世界上具有竞争力。我们真应该学学创立“宋明理学”的先贤们：有所坚持，才能兼收并蓄！

都是“士族”惹的祸

公元 1368 年，朱元璋历尽千辛万苦，在应天（南京）即皇帝位，开启了大明王朝的统治。这是我国古代史上最后一个汉族政权，从设计的角度来说，这也是我国封建时期手工艺设计最后的辉煌阶段。有人说，不是还有清朝么？总体来说，清朝的手工艺设计结合中西风格，注重豪华感，尤其到了中晚期，极尽奢靡与繁琐装饰之能事,矫揉造作,精神缺失,虽然技艺很精美,但美得过了头,就该朝相反的方向发展了。“相由心生”，这与大清朝腐朽霉烂的政体和贵族生活是息息相关的。

说起明代的手工艺设计，你想到了什么？明代家具、青花瓷、龙泉青瓷、景泰蓝……从某种程度上来说，明朝的手工艺比之宋朝要更加繁荣，这除了制作工艺的改良和进步之外，还有更加广阔的时代大背景。

遥想当年，明朝的建立，结束了蒙元游牧民族对汉族的统治。帝国始立，百废待兴！修水利、垦荒地、兴农业，生产力很快就恢复了。但大国就应该有大国的样子:经济发展、政治清明、军事强大还不够，那就通“商”吧……于是，四海仰慕，遣使来朝，这才是“盛世”的荣耀啊！注意，那个“商”是打了引号的，为什么呢？因为在明朝，通商的结果只是为了向外界宣示其帝国的强大，并不是为了赚钱,所以其政治意义远大于经济意义。尔等蕞尔小国,不知道我“天朝”地大物博么？“朝贡附至番货欲与中国贸易者，官抽六分，给价偿之，仍免其税”。行了行了，象征性地收你点钱得了，大老远的来一趟也不容易，税也免了吧！对了，临走的时候把我们上好的瓷器、丝绸什么的也给他们捎上点（薄来厚往）……

还有这么好的事儿？估计各国“使臣”们回去之后肯定会极力宣传大明王朝的好处了:此处“人傻、钱多、速来”！于是乎，呼啦一下子，来的人更多了。这直接的后果就是，财政负担越来越重。想想吧，基本不收人钱，还得搭东西，更别提“外宾”来后的接待支出了，都是钱啊！再加上郑和下西洋，一路把“和平友爱”的种子播撒到了非洲东海岸和红海沿岸，来往商船更多了。这其中就有一个苏禄王（位置在今菲律宾境内），携家带口组成了一个340人的访问团，连吃带玩住了一个月，结果深深爱上了这片土地。最后苏禄王死后立下遗嘱，要葬在这片“繁华富庶”之地，结果遂了他的愿。

一个外国人，不远万里来到中国，最后还葬在这里，这是什么精神？

别管什么精神了，大明王朝要撑不住了！为了减轻财政负担，自永乐时起，开始对来朝贡的国家进行资格认定:合格的凭证入场，来蹭吃蹭喝的就不让进了，而且限制了来贡的船只数量、人数和时间，比如当时的日本，按规定十年一贡。

十年才让人来一次，这不等急眼了吗？我猜当时的倭寇之乱那么严重，跟此政策有一定关系。不让来就抢！再加上当时沿海地带的富商巨贾为了谋取不法利益，勾结倭寇进行海上交易，或者直接入股海盗事业，都给当时沿海居民带来了祸害。

说了这么半天，重点是什么？就是生产力的提高和贸易的发展导致了商品经济的发展，商人和手工业者较之以前大幅度地增加了。我们都学过政治经济史，这个时候，明朝出现了资本主义的萌芽。这说明了什么？商业的发展造成了商品需求量的增加，需求量的增加促成了从业者的增加，从业者多了，手工业的规模必然要增大，乃至出现了专门的雇佣工人，再加上政府的财政支持（赋税比较低），手工业的发展壮大是必然的。

这对我们的好处就是，明朝的手工业大发展，为我们带来了众多优秀的手工艺作品。这里面重点说一下明代家具吧。

明代家具的特点：造型简练、结构严谨、做工精细、装饰得当、繁简相宜、纹理优美、气质脱俗。

这是一个宽泛的命题，我们有专门研究明代家具的机构，其理论成果卷帙浩繁，有的高校还有明代家具专业，可见，我们只拿出一个小小的章节来写明代家具，实在是……大题小做了。

所以，我不打算去陈述家具设计的诸多细节，只交待明代家具大发展背后的故事，就可以写很多内容了。

还是先从根儿上说吧：明代家具是一种"士族文化"的物化设计。

明代的士族群体是一个特殊的群体，这跟明朝所处的历史时期有关系。我们知道，在蒙元时期，其臣民是分三六九等的。作为被统治的对象，汉族人即便再有才能，也是处在权利核心的边缘，尤其是那些抱定"学而优则仕"的读书人，真是"念天地之悠悠，独怆然而涕下"。

所以，当明朝建立，洪武三年（公元1370年），太祖诏令恢复开科取士后，我们能想象得到当时读书人的欢欣，真正有"翻身当家做主人"的感觉。生活有了奔头，前途一片光明，同学们，向着科举这条大道，进发！

明朝的士大夫，与历代不同，他们是这个王朝真正的"主人"！这就不难理解，在明朝，以江南士族为班底组成了明末最大的政治集团——东林党，这是一群有文化素养和政治抱负的士大夫团队。在历史上，对于他们的作为虽然褒贬不一，但足以证明：明朝时期，士大夫的力量是很强大的，强大到可以左右一个朝代的兴亡。

士大夫们都是读书人，有文化，他们的追求自然跟别人不同。事实上，有了政治地位的士族阶层，特别热衷于修建私家园林和民居，尤其是南方地区体现得比较明显，这里面又以苏州园林为最。这个园林呢，本质上来讲，属于文雅之士的私人聚会和文化社交场合，其情形相当于现在的“高级会所”。

由于都是有文化的读书人，品位是第一位的，于是，他们经常自己参与到园林设计中，追求那种自然空灵、高雅委婉、超逸含蓄的情致。

有了雅致的“私人会所”，里面的陈设也要配套吧，一句话：要低调奢华有内涵！明代家具设计的高水准跟园林设计的高水准是密不可分的。家具设计秉承的还是那些原则，更重要的是，他们还把家具完全当成了园林与家居生活中的一个鲜活的角色，这个角色所承载的是一种人与人、人与环境之间的关系。想想士大夫的形象，再想想明代家具的形象，是不是有些共同点呢？谦和好礼、廉政端庄、稳重大方，这分明不是家具嘛，这是一种带有社交仪式感的伦理工具！

可见，家具设计从来就是一种物质生活和精神文化的结合体（图 2-4）。

图 2–4　明代圈椅

至此，我们就可以理解为什么明代家具对比例关系、材料选择、制作工艺、线条流畅有着近乎苛刻的要求，那要看它们所面向的用户是谁——士族！有内涵的文化人真“可怕”！

所以，有人说明代家具严格符合现代人机工程学的要求，坐起来很舒服，其实是堂皇的附会之辞。我不否认当初的设计者们考虑到了家具在使用时的舒适问题，但这绝对不是该设计的关键。试想，当你端坐于一把明代圈椅当中，腰杆挺直，两手松松地置于扶手之上，脚踏实地，气定神闲，时间穿越到明朝，是不是觉得自己就是一个“居庙堂之高则忧其民，处江湖之远则忧其君”的文人墨客呢？

好设计都是有仪式感的！

除此之外，物料的丰富也为明代家具的发展提供了充足的物质条件。尤其是以郑和为代表的商队，除了作为肩负文化传播的“友好使者”之外，还将所到之处的丰富物产引入中国。这其中就包括了大量优质木材，如在热带生长的花梨木、红木等。大家知道，木材的生长环境、生长周期不同，其质地、纹理也是不同的。对于苛刻的明代家具设计者们来说，这些物料的供应极大地丰富了他们的创作空间。

总之，我们若想了解清楚某一历史时期的设计，不能止步于研究其表现形式，而应转到设计的背面，去了解设计产生的历史背景和文化概貌以及经济政治环境。等这些都搞清楚了，我们才会恍然大悟：哦，原来如此！

这明朝的设计给我们最大的启示在于：做一个有内涵的文化人吧！加油！

埃及不仅有金字塔

提到埃及，你会想到什么？大漠孤烟、长河落日、宏伟的金字塔、神秘的狮身人面像……还有吗？定然有一个人小声说：埃及艳后？好吧，好吧，这些都是能够代表古埃及形象的元素……但今天我们不讲历史，讲一讲埃及的设计。要知道，作为四大文明古国之一，埃及的手工艺设计曾经直接影响了整个西方的设计，什么罗马啦、希腊啦，在他面前都得拱手叫一声：老大！

若想了解古埃及艺术设计的风格特点，就要清楚埃及的社会背景和政治文化状况。

第一，彼时的埃及是一个典型的奴隶制国家，阶级森严。法老，是这个国家绝对的权威和统治者。以法老为代表的权贵阶层对日常生活的一切事务都具有毫无质疑的话语权。

我的地盘我做主，艺术也不例外！

他们喜欢宏伟的建筑以宣示自己的统御力，金字塔的诞生正是他们至高无上权力的体现。

第二，古埃及人相信，人死后会进入另一个永恒的世界。在那个世界里，他们照样可以幸福快乐地生活，所以，现世中有的东西，死后也是可以享用的！这种对“死后生活的崇拜”使他们对身后之事倾注了大量心血——比如修建陵寝(这方面,中国的皇帝也毫不逊色)。

当然，尸体要保存，否则灵魂将无处安放，于是木乃伊出现了。

第三,古埃及是政教合一的国家,宗教信仰和对王权的崇拜是结合在一起的。在古埃及，各种动物都有可能成为他们的图腾崇拜，各种动物都是他们的“神”，而同为“神”的法老也就顺理成章地被赋予了动物的形象。所以，这种“人兽混合体”出现在了各种设计创作上，比如狮身人面像（图 2-5)，比如古埃及家具的四条腿多为兽腿等。

图 2–5　狮身人面像

与神灵共在，他们由此取得了心理上的慰藉。

有了如上的背景分析，我们就不难理解古埃及的家具设计风格的由来了，因为任何人造物都有可能是整个时代精神的载体与再现。想象一下，古埃及帝王端坐于大殿的宝座之上，殿外，尼罗河低吼而过，金字塔巍峨挺立，狮身人面像威严静默，奴隶与臣民们俯首称颂，极权统治的荣耀使他相信：神体之上的自己已经是一个无所不能的神灵了……

这神体，就是他的宝座。这足以说明，古埃及家具上出现的兽脚、鹰头、狮身等动物的局部细节，绝非造型和功能上的需要，而是向世人昭示：这家具，是与神灵共在的！

所以，埃及不仅有金字塔，那些与神灵共在的家具们正是古埃及的法老和权贵们由“生世”转入“亡界”的载体！

图 2-6　埃及图坦卡蒙黄金座椅

实际上，埃及的木材原料并不丰富，棕榈树、榕树、柳树尺寸都小，不能满足需要。怎么办呢？要么进口，从苏丹进口乌木，从叙利亚进口橄榄木、松木等；要么提高加工水平，可以拼接啊，小的拼成大的，不规则的拼成规则的。连接上有榫卯，有胶粘，还把彩色玻璃、石头镶嵌到椅背上，除了起到装饰作用，还有效掩盖了材料的瑕疵。如图 2-6 所示，图坦卡蒙时期的黄金座椅就是古埃及家具的集大成者，高贵华丽、金碧辉煌。有人说，埃及家具是西方家具设计的源头，此言非虚，时至今日，我们仍旧能够从这里面汲取营养。

埃及为什么能影响欧洲呢？看看地图就知道（图 2-7），埃及位于非洲东北部，东与西亚毗邻，北接地中海，越海而过，直达欧洲，地理位置非常重要。1798 年的时候，法国帝王拿破仑·波拿巴（Napoléon Bonaparte）就发起过一场针对埃及的战争，说是打埃及，其实是与英国对抗，因为当时埃及是英国的殖民地。拿破仑是有备而来的，他不但带了军队和枪炮，还带了大量的科研人员和工程技术人员，当然还有艺术家。很明显，这是要去常驻埃及做统治者的节奏。当然，这场战争最终以拿破仑的失败而告终，败得很窝囊，具体过程这里不写，大家有兴趣可以查查这段历史。说起拿破仑之败，我们第一会想到“滑铁卢”，拿破仑因之一蹶不振，被流放，一代枭雄郁郁而终。然而，很多人不知道，远征埃及之败才是拿破仑最耿耿于怀的。

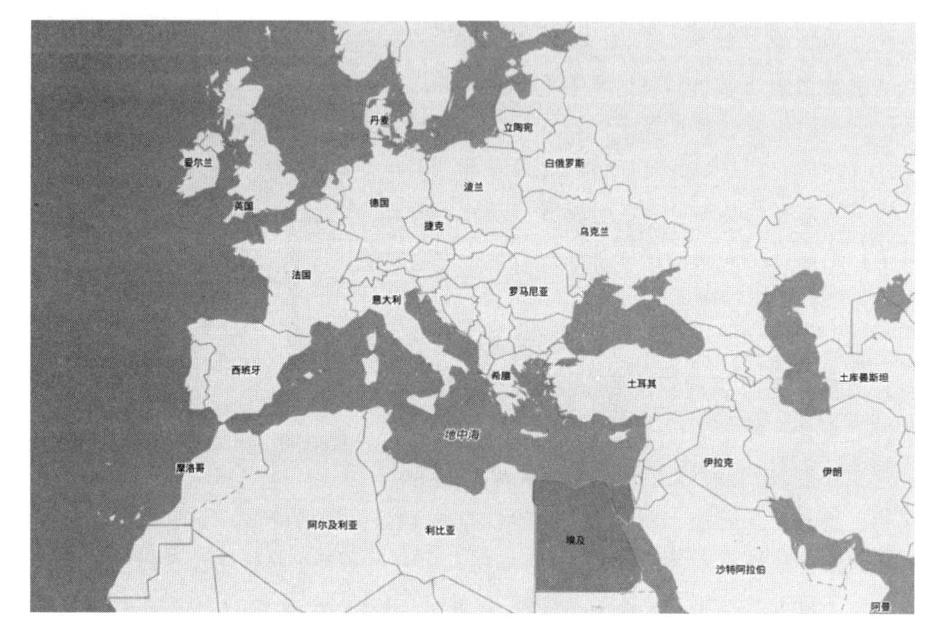

图 2–7　埃及地图

拿破仑的帝国之梦破灭了，但他带去埃及的艺术家们，却记录下了埃及的家具图样，并带到欧洲，对 19 世纪的欧洲家具设计产生了极大影响。我觉得欧洲的家具设计师们都应该感谢拿破仑，这算是“无心插柳”吧？！

希腊！希腊！

欧洲南部，地中海东北部，包括希腊半岛、小亚细亚西海岸和爱琴海的岛屿等地，建立有若干很小的奴隶制国家，这些国家的政治、经济、文化诸多方面有着紧密联系并且形成了统一的风格，故统称为古希腊（图 2-8）。

古希腊，并不是一个国家。

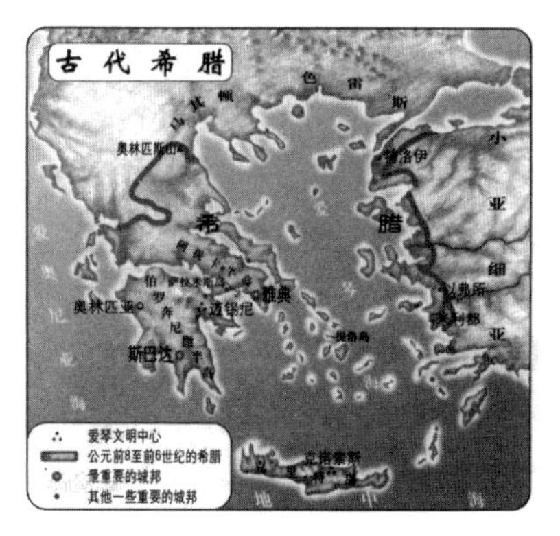

图 2–8　古希腊地图

这里面最著名的两个城邦国家就是雅典和斯巴达。在著名的“希波战争”（希腊和波斯）中，这两个城邦国家都扮演着重要的角色，但凡看过电影《斯巴达 300 勇士》的同学都会对这一段历史有着比较感性的认识。打败波斯后，两个国家轮番做“大哥”，谁也不服谁，各自领着一帮小弟相互攻伐，耗尽元气后，被希腊人视为“蛮族”的马其顿人坐收渔翁之利，取得了对整个希腊的控制权。再后来马其顿人中出现了一个旷世猛男，他就是亚历山大大帝（Alexander the Great）。这个被奉为欧洲史上四大军事统帅之首（另三位是汉尼拔、凯撒和拿破仑）的军事奇才率军东征，破叙利亚，下巴比伦，占埃及，攻波斯，直抵印度河流域，四大文明古国独占其三，拓疆土 500 余万平方公里，成为当时最伟大的帝国之一。

对后世来说，这一切最关键的意义在于促进了东西方文化的传播与交融，将多姿多彩的希腊文明播撒到了世界的东方。

古希腊的文明包括哲学、诗歌、建筑、科学、文学、戏剧、神话等诸多方面，难怪人们称其为欧洲文化的摇篮！而其中，设计作为文化的表现形式之一，在古希腊琳琅满目的文化遗产中，始终闪耀着璀璨的光芒。那些建筑、家具以及陶器制品等，都是其中的杰出代表。

到底有多杰出？不说别的，先从“柱式”说起吧。

话说古希腊的地界多山石，其建筑主体材料多用石材构建（这个跟古埃及有点类似），但不像埃及统治者们热衷于建造金字塔，古希腊人最钟爱的是神庙。神庙这种建筑多采用围廊式，就是在神庙四周设置一圈柱廊。话说这石材的抗压能力是很强的，以密集的柱子来支撑建筑的做法充分考量了石材的物理特性，是很好的做法。想想一圈石柱整齐排列，在营造了秩序美感的同时，也把神庙巍峨神秘的气质支撑起来了。

这柱子可是建筑的脸面啊！既是脸面，素颜是不好的。似乎希腊人天生浪漫具备艺术气质，他们对柱子、额枋和檐部进行处理，借鉴数学几何知识和人体比例美的法则，形成了成套定型的做法，这便是“柱式”。

古希腊柱式有多种，主要有多立克、爱奥尼克和科林斯等（图 2-9）。这每一个柱式都有一段来历，在这里就不讲了，只要记住希腊柱式的形式化主要来源于自然、人体、数学和神话等，就可以了。

图 2–9　古希腊柱式

了解了不同的柱式风格，可以观察一下：著名的雅典卫城帕提农神庙采用的就是多立克柱式（图 2-10）。

图 2–10　帕提农神庙

想想希腊人也是蛮可爱的，他们既感性又理性，既浪漫又果敢，艺术深受埃及影响，又全面超越，以至于成为整个欧洲文明的发祥地。仅这一个“柱式”就让后世的设计师、艺术家们痴迷了几百年。不信？看看工业革命早期的机器设计吧，那些腿部支撑都还保留着柱式的形式，更不用说家具设计了。我想即便是现在的欧洲人，想起古希腊的辉煌成就，只要闭着眼睛咂摸一下，心中就会涌起一种“家园之感”……这不是我说的，是黑格尔说的。

图 2–11　克里斯姆斯靠椅

好东西是要能禁得起咂摸的！这是我说的。

再看看这把椅子——克里斯姆斯靠椅（图 2-11），是不是像一件现代家具作品？其实这是古希腊的后期作品。前期作品可没有这么轻盈的体态，而是仍旧继承着古埃及家具的特点，狮子头啦、斯芬克斯（古埃及神话中长有翅膀的怪物，狮身人面像即为“斯芬克斯”的表现形式之一）啦、兽腿啦，一样都不少！但不同的是，他们改变了埃及家具兽足朝向一致的做法，改为向内聚敛或者向外发散。我猜想，这可能是希腊人觉得，只有这种形式才能满足其对形式美感的追求吧，因为只有如此，才能达到视觉上的均衡。

回头再看这把克里斯姆斯靠椅，则完全没有了埃及家具的影子。仅这纤细的曲线造型就是一种颠覆，在塑料出现之前，用木材能加工出这种造型，也是制造工艺上的突破了。有人也许会问：为什么希腊人可以制作出这么“优美”的家具造型？我只想说，去看看那些“柱式”的细节吧，去看看那些堪称完美的人体雕塑吧，去看看那些繁复的浮雕吧……用几段曲线来装饰一把椅子，不是轻而易举的事吗？当然，这里面也许还有一个隐秘的原因，就是这把椅子的使用者（有可能是某个至高无上的统治者），不喜欢高高在上，不想靠一把椅子来强撑起其作为统治者的权威，也不喜欢硬邦邦、毫无人性的椅子结构。舒服一点、自由一点不好么？椅子就是用来坐的呀！

让椅子舒服一点，这是一个“产品”所能表达出的最朴素的“民主”思想。事实证明，以民主精神统御设计，才愈加接近设计的本质。

陶器当然是不能绕过的。古希腊的陶器主要有两种形式，按时间出现的先后顺序分别为黑色陶和红色陶。

前者是红底黑图（图 2-12），以刀刻画形象；后者是黑底红图（图 2-13），以笔画形象。二者的共同点在于都是主要用线条来表现形象，内容多是神话、战争和日常生活，以人物为主；不同点在于表现手段不同，所呈现的效果必然不同。相对于刀刻，笔绘自然更加自由，更有表现力，所以所绘人物更加逼真、细节更丰富。但凡事总有度，我倒认为，过于逼真的形象反而损失了其作为装饰图案的仪式感和表现力。

图 2–12　古希腊黑色陶
–《阿喀琉斯与埃阿斯掷骰子》

图 2–13　古希腊红色陶
–《辞行出征的战士》

古埃及人喜欢把生活的场景绘制成壁画，希腊人则不同，他们没有这个习惯，却喜欢在陶器上进行绘制。这就导致古埃及绘画借由壁画保留下来，而陶罐易损，保留下来的不多。前面两个例子，都是描写战争。一个出自《荷马史诗》，讲两个英雄——阿喀琉斯与埃阿斯，出征特洛伊途中遇到风暴，于是玩心大发，衣不卸甲、长矛依肩，玩得兴致勃勃。其绘画风格还有古埃及的影子，比如严格用侧面表现人物，眼睛又生生“正”过来，不符合人体结构，却也可爱，如图 2-12 所示；另一个叫作《辞行出征的战士》，如图 2-13 所示。一家三口，左侧是父亲，手拄拐杖，身着宽袍，仿佛在苦口婆心嘱咐着什么；中间是儿子，垂首拢肩，作听话状；右侧是母亲，同样身着宽袍，正给儿子戴头盔。总之是虽然描述战争，但生活气息浓厚，处处展现人性的光辉。这就表明，与古埃及相比，古希腊人更为务实、理性、尊重人性。现在我们常说古希腊是西方“古典主义”的典范，我觉得，这个典范的意义，不只体现在艺术成就上，还应体现在思想成就上。他们精神上的民主倾向才是我们最应关注的闪光点。

当然，任何民族文化的形成自然有其深刻的根源，溯本逐源，本人很乐意揭开这一切表现的源头密码，让大家看得更真切。

就像尼罗河畔的古埃及人偏爱大漠孤烟式的恢宏建筑一样，古希腊人生存在狭小的地域之中，城邦林立，虽然盛产橄榄、葡萄和大麦，但地少人多，发展种植是不可能的了。不过幸而临海而居，不能躬耕田园，那就泛舟入海吧！

于是乎，商人、海盗、冒险家一齐出马，波光潋滟的地中海，成了他们人生拼搏的试验场，大自然的神秘和诡变催生了他们无穷尽的奇思幻想。当宙斯诸神齐聚奥林匹斯山的时候,他们也坚信自身即是诸神的一员。自信,也是自恋！无论器物还是雕塑，他们不厌其烦地描绘着自己的身体，并从中发现了美，发现了数学，也发现了哲理。

追求吧，探索吧，唯自由和民主可以与人神共在！这便是古希腊。

原谅我用了如此多的笔墨来描绘这个伟大的文明，因为我觉得，即便是马上迈入工业 4.0 时期的现代人，仍然有必要俯下身来，好好看看这一段历史，咂摸一下，或许能品出不一样的味道。

条条大路通罗马

先来说一段绕口令。

现代的罗马是一座城市，古代的罗马是一个国家。

现代的希腊是一个国家，古代的希腊是一个区域。

古罗马在军事上征服了希腊，古希腊在文化上征服了罗马。

从大的历史背景来看，罗马和希腊的关系是一个地地道道的“罗生门”，情节不断翻转。罗马建立了横跨欧、非、亚的强大帝国，希腊只不过是其统治的一个小小环节。后来罗马帝国解体，历尽岁月的风霜并最终浓缩成一个城，仿佛一枚历史的勋章，别在意大利的“战靴”上（意大利地图像一只靴子），而希腊则得以建立国家，独享这个彪炳千古的伟大名字。

从文化传承的角度上来说，古希腊是古罗马的老师。罗马的艺术、文学、建筑乃至法律和政体都与希腊有着千丝万缕的联系。

看地图可以知道（图 2-14），古罗马帝国由意大利半岛（亚平宁半岛）中部兴起，历经王政时代、共和时代和帝国时代，终于在安东尼王朝图拉真在位时，其帝国版图达到顶峰，西起西班牙、不列颠，东到幼发拉底河、南至非洲、北达莱茵河与多瑙河。地中海被整个儿地围了起来，好像它的内陆湖。

战争与征服最能够使人具备英勇无畏的气概，最能够为一个民族注入坚毅果敢的民族性格。而任何艺术与设计的表现都是以文化为主导，文化则反映着一个民族的内在品质。

古罗马的设计艺术不同于古希腊，即是由其民族性所决定的。古希腊充满理想主义和浪漫情怀的艺术表现形式被代之以古罗马的现实主义与宏伟张扬，有人说，罗马对希腊文明是一种破坏性的继承，其实不然。说到底，任何的文化表现形式都是为其民族性和阶级性服务的，古今中外，概莫能外。

古罗马最典型的象征物，则非罗马竞技场莫属了（图 2-15）。

我们无法亲历历史的诸多细节，但电影《斯巴达克斯》为我们展现了一幅波澜壮阔的历史全景图。血腥、暴力、色情，贯穿着整个罗马时期，当角斗士们为所谓荣誉和自由而战的时候，竞技场四周的贵族们正围衾而坐，身着宽大的罗马托加长袍，笑容满面，全然不顾及这些勇士们的生死。

“他们只是奴隶！而我们，是掌管着整个帝国的统治者！欢呼吧，为这帝国的荣光！为这诸神赐予我们的光明！”

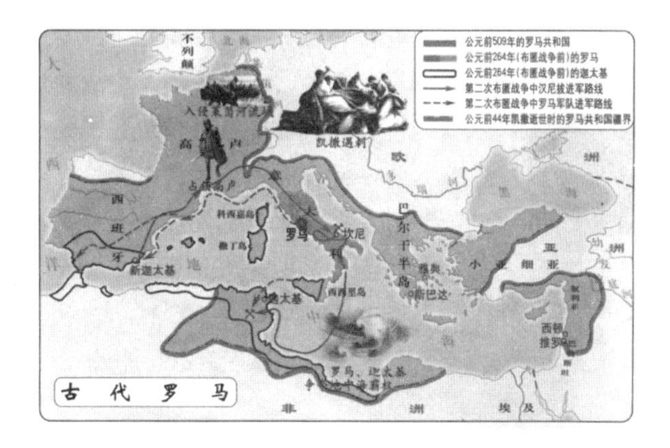

图 2–14　古罗马地图

图 2–15　罗马竞技场

只有竞技场这样恢宏的建筑，才能把罗马人对于神的信赖和武力的崇拜表达出来。只有圆形、拱券的形式才能衬托帝国的强大和至高无上。他们自信、现实，又奢靡、享乐，他们追求宏伟壮丽又个性鲜明，他们发明新材料，用混凝土和巨石雕刻塑造出凯旋门、万神殿、角斗场……

建筑的风格波及了家具设计。它们坚实厚重，充满男性气概，就连装饰雕塑都采用战马、雄狮以及胜利花环等代表男性力量和战争的元素。大理石和青

图 2–16　古罗马折叠凳

铜材料的使用大大强化了家具的象征意义。因为青铜远比木材更加具备历史的质感，而古罗马的青铜铸造技艺已经达到了很高的水平。例如椅腿已经可以铸成空心的，这便大大减轻了家具的重量。庞贝古城（参见第三章内容“古城苏醒之后”）出土的“古罗马折叠凳”（图2-16），由厚重的木块架起坐面，尖锐的鹰嘴化成椅脚。感受一下：坐在上面的执政官该具备怎样的威仪？

罗马不是一天建成的！罗马的建筑和家具以及器皿，不过是这一段辉煌历史的见证罢了。但再强盛的帝国也会面临灭亡的危险，史学家们将罗马帝国的覆亡归罪于“蛮族”势力的入侵，其实堡垒往往是从内部攻破的。当凯撒大帝废黜了共和制，并一步步将罗马引入专制主义泥淖中的时候，当罗马的执政者们逐渐贪腐、生活堕落的时候，当罗马的奴隶制经济难以为继的时候，当更多的“斯巴达克斯”逐渐站立起来的时候，内忧外患的古罗马，如一轮落日，不再光芒万丈。

太阳晒过正午
在最后一个山头留下的鞋印
仿佛少女的红唇
燃烧着的妖娆

凯撒站在鹰的翅膀上大声说
快把历史关上
天黑了
解散

日头落下，中世纪开始了！

“黑暗”的中世纪

中世纪为什么是“黑暗”的？

其一，长期的封建割据，没有统一的政体，各个“国家”连年争战，民不聊生；其二，教会成为其中重要的统治力量，意识形态、精神世界乃至日常生活，教会的影响如影随形。它诋毁古罗马时期辉煌的古典主义文化，提倡禁欲，宣扬世俗的罪恶，而人欲则是“万恶之源”；其三，也是很重要的，所谓“黑暗时期”完全是钟情于古典主义的人文主义者们以古典主义的发展为准则划定的所谓“历史时期”，并无历史学的严谨态度。

那么，中世纪的手工艺发展，必然要根植于这个特定时期的历史政治文化环境。对于设计来说，这个时代也许并不是那么“坏”。关于这个问题，我们从以下几个方面说。

第一点，从宗教的角度来说。教皇全面控制了人们的生活，神学第一，学校不能传播科学思想，教士不能结婚，禁欲，要无条件把自己献给上帝。生活不能“腐化”，那么所用的器具也就具备了“清教徒式”的禁欲主义风格。现在有人形容日本式的极简主义风格为“性冷淡风”，那和中世纪的“禁欲主义”比起来，就小巫见大巫了。性冷淡还只是冷淡，有缓和的余地，禁欲就是野蛮粗暴了，想缓和？直接打成异端，要上绞刑架的。所以你看中世纪初期的家具，就只能用粗陋来形容，贵族也不例外。

如果说“去装饰化”，没有比教会势力的禁锢更决绝的了。由于这个原因，中世纪的“设计师”们，只能把精力放在产品结构的逻辑性和经济性上，设计出的东西都理性和规矩。这么一来，歪打正着，正符合“现代主义”设计师们对设计的理解。所以，从后面设计发展的经验来看，那些有着现代观念的设计师们之所以钟情于中世纪的设计风格，是有道理的。尤其是工艺美术运动和新艺术运动中，总有人痴迷于中世纪手工业的组织方式和对于产品质量的尊重，纷纷表示要向中世纪学习。

最直接的就是查尔斯·雷尼·麦金托什（Charles Rennie Mackintosh），这个新艺术运动中英国设计的代表人物，直接借鉴了中世纪典型的“哥特式”风格，起了个名字叫作“新哥特式”。关于这方面内容，会在第四章予以呈现。我们还是接着讲宗教对中世纪设计的影响，为什么会产生所谓哥特式？其实这种风格最先出现在教堂建筑上，其最典型的特征就是高耸的塔尖。如果你沿着建筑高直的线条向上望去，望去……有没有很眩晕？如果没有，那就多望一会儿。目极处，要么是飘渺的天空，要么是炫目的色彩，那便是天堂的颜色，来世递过来的光芒！没错，这种建筑的形式能够让人产生错觉，这正是教会所希望的。如图 2-17 所示，法国巴黎圣母院大教堂就是典型的哥特式建筑。

图 2–17　巴黎圣母院大教堂

建筑上如此，家具上也不例外，这个橱柜（图 2-18）就是一个典型代表，“哥特式”特征很明显——高直线条、尖拱，不仔细看还以为是一个小型教堂呢。

图 2-18　哥特式橱柜

第二点，从行业发展的角度来说。出现了行会制度，同一行业的手工业者组织起来了，为了共同的信仰、共同的目的，当然最主要的是为了共同的利益，大家团结起来，一致对外。行会成立的基础就是商业的发展和手工业的发展，后来商业再发展，手工工场出现，行会就瓦解了，这是后话。但在中世纪，行会的出现具有积极意义。

首先是专业化，这么多人在一起，最大的规矩就是专业规矩，要保证产品质量，反对弄虚作假。从某种意义上来说，公众的信任就是行会的根本利益，这颇似现在的“职业道德”说：做设计的，要创新，做自己的东西，不要抄袭，否则难以立足，古今一理。其次就是标准化，由于行会存在，大家一起做事，技术标准必须统一，标准统一了才能提高生产效率，提高生产效率了，大家才有饭吃，生存为根本，这是一切团结的基础。再有就是专业分化，设计者和生产者分离。这是现代设计的特点，那个时候已经萌芽了。分离的结果是什么？更加专业！设计师只管设计，生产者只管生产，分工明确，效率必然会提高。

所以说，中世纪是否“黑暗”，要批判来看。人文主义者眼中的黑暗，也许是设计师眼中的星火。立场不同，结果就不同。对于人文主义者来说，中世纪这么一暗，“文艺复兴”出现了，于是天下大亮。文艺复兴从 14 世纪持续到 16 世纪，17 世纪开始衰落，欧洲设计进入新时期。

这个时期有两种设计风格，一个是意大利的巴洛克，一个是法国的洛可可。二者都有浪漫主义的基因。

巴洛克热情奔放、豪华夸张，线条的起伏象征了情感的热烈，仿佛一个狂烈的男人，毫不掩饰自己的欲望（图 2-19）。

不同于巴洛克的粗犷豪放，洛可可轻快、纤细，更加精致，像一个甜腻的妇人，纤弱娇媚（图 2-20）。

图 2-19 巴洛克风格家具

图 2-20 洛可可风格家具

有人说洛可可是巴洛克的晚期表现，是它的瓦解和颓废，我不反驳，这里只交代一下这两种风格所带来的负面影响。一句话："浪漫" 得过了头就是让人厌烦，从而心生变故。难怪法国大革命前兴起了 "新古典主义"，首先要打倒的就是巴洛克、洛可可式的 "虚无主义" 装饰。后来，用 "新古典主义" 伪装起来的法国资产阶级失信于民，违背了启蒙运动中许下的自由、平等、博爱的诺言，"新古典主义" 又成了被打倒的对象，遂促成 "浪漫主义" 的兴起。历史就是一个螺旋，设计史也是一个螺旋，转一圈又到 "家门口"，探头往家里看，两个大缸，一个装着古典主义，一个装着浪漫主义，此消彼长，都是骨子里的东西，都不能丢！

革命者被革命，这个轮回也是够有意思！这些内容在下一章中会详细讲。

第三章 商业兴，始设计！

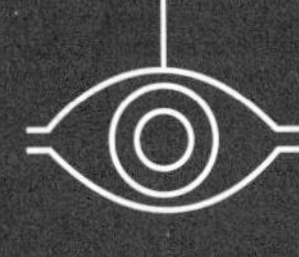

一切总会过去的，社会这架隆隆的大车才不会理会什么是巴洛克、洛可可，不去分辨到底是意大利还是法国的贵族们更奢靡。当一个时代的气息接近尾声的时候，总有一股新的力量生发出来。就像一场春雪后，掩盖了前一个季节所有的浮华，一株绿苗破壳而出，早起的人们很快记住了它的模样，至于雪下埋了什么，早就不是那么重要了。新鲜事物的出现总是让人有些健忘。虽然昨天我们还在咬牙切齿地批判中世纪的贵族们，将手工艺设计引入歧途，今天，当一场革命为人类社会揭开新的一页的时候，人们蓦然发现：改变一切是那么艰难！等遇到困难的时候，似乎又有了对历史的留恋。

反复无常的人类啊！

这场革命就是英国的资产阶级革命。我无意将一本讲设计史的书与政治运动扯上关系，但这场革命无疑是一个标志性的事件，就如同夏朝的建立、古罗马的征服战争、中世纪的教会统治一样，它带来了生产关系的改变。一个新的起主导作用的阶级——资产阶级出现了。他们要建立一个新世界，一切都要重构！各种社会关系都在变革，它们相互影响，彼此带动，而设计作为一种社会文化的表现形式也不例外。

榜样的力量是无穷的。继英国之后，美国和法国也发生了类似的革命。总之，开工厂的打败了种地的，那些为封建贵族们服务的手工工场也难以为继了，取而代之的是大机器生产。为什么？资产阶级需要的是生产效率，是服务大众，手工操作太慢了，批量化、标准化才是正道。当这些新概念摆到手工业者眼前的时候，千百年来传承下来的规则被打破了，他们迟疑进而大放悲声：我们做不到哇！

只能依靠机器！

人们靠着机器摧毁了古已有之的生产关系和社会经济结构。殊不知，机器也是人们的一件设计作品，是人类肢体和意识的延伸。那么现在问题来了：既然手工工场的生产关系被打破了，之前那些依附于这种生产关系所塑造的产品风格该何去何从？新的风格尚未建立，老风格依然在统治着人们的审美，这是一个前所未有的混乱时期。你会看到，一个如庞然大物的机器长了四条洛可可式的纤纤细腿，仿佛一个彪形大汉踮起脚尖在跳芭蕾；或者是一台装饰着多立克柱式的座钟头顶着一尊惟妙惟肖的罗马式微型雕塑，那身着托加长袍的罗马人，极高傲地举起右手，好像正在元老院进行演讲；又或者是一台被花草纹饰包裹住的显微镜（图 3-1），如同一个男扮女装的演员，总让人有些疑惑。

图 3–1 乔治三世时期装饰繁琐的显微镜

这个时期持续了很长时间，直到某位先驱灵光一现：我们需要用一种全新的设计语言来定义大机器！于是乎大家松了一口气，气氛开始活跃起来，有的拍手称快，有的犹疑不决，有的低头凝思，有的干脆跳起来反对……在本章，我会为大家尽力描绘出一个设计风格大讨论时期的众生相，这对我们学习设计形式的演变是大有益处的。

市场！市场！

16 世纪的时候（1519 ~ 1522 年），一个叫做费迪南德·麦哲伦（Fernão de Magalhães）的葡萄牙青年用生命证明了一个现在看起来超级简单的道理：地球是圆的！但麦哲伦绝不是一个科学家抑或地理学家，为着科学的发现而战斗。此处必须揭露他们殖民主义者的本质，那就是：开辟新航线，发现新大陆！在所谓的大航海时代，欧洲列强们最喜欢做的事儿就是随身带很多“小旗子”，一旦发现没见过的陆地，就把“旗子”一插：这地儿是我们家的了！也不管人家同意不同意。这道德素质可比同时期的大明朝郑和先生差远了。

然而一个不争的事实是，彼时的海上强国如葡萄牙、西班牙、英国之流用这种方法强占了大量的“殖民地”并进行“海外贸易”，进而掠夺了大量的财富甚至人力资源（臭名昭著的黑奴贸易）。这就为本国的资产阶级积累了原始资本和广大的海外市场。

得海上者，得天下！自从西班牙的“无敌舰队”被打败之后（为了争夺海上霸权，西班牙和英国于1588年8月在英吉利海峡进行了一场大海战），英国逐渐坐上了海上霸主的宝座，其殖民地遍布全球。19世纪的大英帝国号称“日不落帝国”！

除了在国外折腾，自己家也不消停。英国的资产阶级新贵们，用了近六百年的时间，把农民从他们的土地上“解放”出来，沦为了产业工人。这就是有名的“圈地运动”。干吗这么狠？想想吧，英国的贸易遍布全球，市场那么大，需求那么多，工厂需要尽量多的人干活儿。更重要的是，当时的羊毛出口和毛织业是最赚钱的行业，所以都别种地了，赶紧养羊吧！于是乎，耕地变牧场，“羊吃人”的事件发生了。

在传统的工厂里，原有的生产条件也不能支撑这么多的产品需求量了，一场技术的改革势在必行。1776年，已经不惑之年的詹姆斯·瓦特（James Watt）改良了蒸汽机（图3-2）。这个没有受过正规教育的发明家（其教育多是由其母亲在家里进行）绝对没有想到，他的改造发明具有改变世界的力量。从此，世界进入了“蒸汽时代”。

图3-2 瓦特改良的蒸汽机

写到这里时，我的脑中突然出现了这样一幅场景：当武装着蒸汽机的火车在铁轨上奔驰而过的时候，被黑烟熏得直呛的司机骄傲地露出瓷白的牙齿，他举起“剪刀手”，摆出一个胜利的姿势：人类从未如此强大过！就像瓦特的讣告里写的：他武装了人类，使虚弱无力的双手变得力大无穷，健全了人类的大脑以处理一切难题。他为机械动力在未来创造奇迹打下了坚实的基础，将有助并回报后代的劳动。

万事俱备，只欠东风。从18世纪60年代开始，借由蒸汽机的发明，一系列技术改良得到了推广，如怪兽一般的机器占据了手工工场，规模化的机器生产逐渐代替了工场式的手工劳动。这场工业变革的影响力远甚于任何社会生产关系方面的革命，它的触角无所不在，连在万里之外的中国也不例外。我们所熟知并引以为耻的“鸦片战争”就发生在英国工业革命之后。当大清朝统治者们还在做着“天朝上国”美梦的时候，西方列强纷纷完成了工业革命，并虎视眈眈地盯着这块东方最大的肥肉。

说到底，这还是一个市场问题。以通商之名行侵略之实，其最终目的无非是看中了广阔的中国市场。这些，对于以农业经济为主，正“闭关锁国”的中国来说，是始料未及的。好比人家正在家里插着门睡觉呢，你来到门口，扒着门缝冲屋里喊：喂，老王！我想跟你商量点事。咱俩做点生意吧，我卖你点毒品行不行？还有，你家屋后边那块地也不错，我想借来用用。你不同意是吧？那我可打你啦！于是顺手就捡起一块板砖，“啪”地拍门上了。

我是流氓我怕谁？鸦片战争，不过是其流氓行径的开始而已！

分开干，岂不更好？

资本是一个怪兽，有着嗜血的本性。它们掠夺资源、占领市场，用最先进的技术发展生产。在这种背景下，以机器生产代替手工劳动被誉为是资本主义生产力的第一次飞跃。

然而，这一切与设计又有什么关系？有很大关系！因为这些背景的交代对于我们理解工业设计的发端有着重要的意义。试想，当初在手工工场里，人们都是怎么干活儿的？从设计到生产制造全活，一个人完成！当机器代替了人力，产品都批量化生产了，人闲下来了，至少在生产的环节没有什么事儿了。那生产的质量如何？做个什么样的效果？不还得靠人来控制吗？干脆，我们只管设计吧！

时间长了你会发现，把设计做好了可不容易。不像以前，我做十个壶，十个都不一样，你买哪个都是独一份儿，跟卢沟桥上的狮子似的，各个不同。现在不一样了，因为你得批量化呀，标准化呀！你面对的是冷冰冰的机器和没有专业素质的产业工人，他们只管按部就班地操作，设计做成什么样，他们是不操心的。于是，设计与生产，就这么硬生生地分离了。这样也好，我好好地做我的设计，你专心管你的生产，咱们各自为战！

然而，工业革命的风暴对于建筑设计师的地位几无影响，他们继续做着自己喜欢的建筑设计，只不过偶尔也客串一下，做一些日常产品，比如椅子、陶瓷或者小五金等。而手工艺者就没那么幸运了，他们赖以生存的环境被破坏了。传统的手工作坊代之以现代工厂，机器的介入让他们不必再对一个产品设计生产的整个过程负责，传统的行会制度难以为继了。存在了数千年的手工艺者们，从历史舞台的中央走下场来，瞬时有一种被抛弃了的感觉。这很让人沮丧。手工艺人们不得不转换角色，重新适应，尽管他们极不情愿，也不得不接受现实。

但一个利好的消息是，设计师得到了更多的尊重，因为他们的工作好坏直接影响了产品的质量，而产品质量则是一个工厂的生命线。所以，为了提高产品质量，设计师们不得不仔细规划每一个产品的设计。从一个“全能型”选手到专职设计师，他们的转变过程是痛苦的。而更痛苦的事情在于，机器的出现，打破了原本由手工艺生产所塑造的美学生态，用原来的风格来装饰机器产品，很多时候显得格格不入。

所以，是时候创造一种崭新的语言风格了。

古城苏醒之后

公元79年，位于今意大利南部那不勒斯湾东海岸的维苏威火山爆发了，它的爆发掩埋了一座古城——庞贝城。一千多年后的1748年，人们在火山附近挖掘出了被火山灰包裹着的人体遗骸，开启了庞贝古城的挖掘之旅。这个过程至今仍在继续。

一座古城的苏醒揭开了一段惨烈的历史。二万多人被永久定格，无论高贵还是低贱，富有或是贫穷，都在劫难逃。火山灰从不吝啬自己的用量，也并不挑剔他们是否摆好了的姿势，它直白的包裹方式让人憎恶。这是座享乐之城、文化之城、商业之城……哦不，这是座死亡之城！

这座城市的建筑、雕塑、壁画体现了古罗马时期文化艺术的高水准，开掘之后，对当时的建筑设计、绘画艺术、产品设计都产生了广泛的影响。人们突然发现，古罗马的艺术是如此的优秀，有很多思想可以借鉴。相比较之下，巴洛克与洛可可的艺术品质就差多了，他们只是从那些奢靡的装饰中看到了蔓延的欲望。

古典风格就不一样了，不止有形式，还要看气质！

于是乎，研究古典艺术的热潮被点燃了。整个欧洲大陆都在历史的故纸堆里翻来翻去，希腊和罗马成了追捧的对象，他们在那里找到了久违的理想艺术感觉。那些典雅的雕塑、简洁的柱式风格以及节制的装饰欲望，不正是自己追寻的吗？为了向古典主义致敬，他们把源于古典风格的新式样冠以“新古典”的名称。

其实，对于某种风格过于狂热的追求，总是难免盲目和一厢情愿。新古典艺术家们对于理性的追求，显示了他们急于摆脱洛可可式矫饰风格的强烈愿望。他们认为，洛可可和巴洛克太任性了，而设计是要讲理的，艺术家也要克制，服从理性与规则。这里面当然还有政治上的因素，新兴的资产阶级为了巩固其政治地位，便网罗了大批文化艺术人才为其服务，艺术为政治裹挟也是在各个历史时期不断上演的戏码。

除旧布新，打造自己的世界，是每一个新势力都希望看到的。革新的手段无非两种：创造新的或者改良旧的！这“拿来主义”显然是机会成本最低的一种选择。卡尔·马克思（Karl Heinrich Marx）说，法国古典主义就是穿着古罗马的服装，用借来的语言，上演世界历史的新场面。

以历史之形式配以现实之精神并在一定程度上为政治“代言”，新古典的诞生从一开始就带有一定的原罪色彩和功利性。最直观的体现便是，新古典的绘画作品经常借用古希腊和罗马的英雄人物为资产阶级革命张目。如雅克·路易·大卫（Jacques-Louis David）的名作《荷加斯兄弟的宣誓》，图 3-3 就是借用了公元前 7 世纪发生在古罗马的一个故事，通过画家的描述来表现当代意义。

图 3–3　大卫绘画作品《荷加斯兄弟的宣誓》

一座古城的发掘，开启了一场轰轰烈烈的艺术运动，有如火山喷发后奔涌的岩浆，所到之处，草木皆亡。这是一个有意思的现象，火山的喷发毁灭了一座城市，而城市的苏醒又导演了一场不吝于火山喷发的艺术风格的爆发。

从设计史的角度来说，庞贝城诞生于 1748 年，作为设计师，我无法反驳。

然而新古典主义绝不是一个简单的风格，它在绘画、雕塑和建筑上的表现抢眼，而在产品设计上的表现就有些差强人意了。事实上，此时的建筑设计师经常需要“放下身段”，去做一些与建筑装饰有关的东西，比如家具设计。所以此时的产品设计师大多数都是建筑师的兼职角色。

如图 3-4 所示，法国著名的“雄狮凯旋门”就是典型的新古典主义风格建筑。据说当年（1805 年），拿破仑打败了“俄奥联军”，粉碎了“第三次反法同盟”，为了纪念这个伟大的日子，遂决定建立一座“伟大的雕塑”，用来迎接凯旋的战士。但这座凯旋门的直接参照物，就是罗马的提图斯凯旋门（图 3-4）。

图 3–4 法国雄狮凯旋门（左）和罗马提图斯凯旋门（右）

浪漫主义不浪漫

在欧洲，经过几个世纪的酝酿，文艺复兴运动拨云见日，开启了科技与文化艺术改革的大幕。在广阔的历史背景中，先进的思想是最有利的武器，那些战士们——科学家、艺术家、文学家，纷纷拿起武器，在各自的领域里开始战斗。

斗争是惨烈的，成果是丰富的！以科学阵线为例，科学家们揭示了很多自然界的奥秘，教会的很多说法不攻自破。当伽利略（Galileo Galilei）从比萨斜塔抛下那颗铜球的时候，中世纪的神学体系就被砸得支离破碎了。一个专制的时代从来不缺乏搅局者，哥白尼、布鲁诺们蜂拥而上，一番撕扯，将“神”从至高无上的位置上驱逐了下来。

携文艺复兴之余威，启蒙运动继续对封建专制主义和教会统治进行反抗，他们以“理性崇拜”为纲，为法国大革命的发生做了很多思想上的铺垫。“自由、平等、博爱”，多么美好的愿景！大革命中的资产阶级忙得焦头烂额，这种对个性解放的宣扬正是他们借以联合各界人士对封建领主和教会进行反抗的筹码。但如何向大众兑现理想？他们一直没有做好准备，这导致其态度一直很暧昧。

政治家的话也能信吗？果不其然，革命胜利后所确立的资产阶级专政和社会新秩序与“理想家”们的梦想相去甚远。自由？平等？博爱？呵呵，见鬼去吧！人们失望了，愤怒了。

“和启蒙学者的华美语言比起来，由‘理性的胜利’建立起来的社会制度和政治制度竟是一幅令人极度失望的讽刺画。”——弗里德里希·恩格斯（Friedrich Engels）

资产阶级食言了。

恼羞成怒的人们，不由分说，发起了一场席卷欧洲的运动，史称浪漫主义运动。说实话，这场运动的发起一点也不光彩，仿佛“理想家”们与资产阶级谈了一场有始无终的恋爱，被抛弃后的索赔行为：你答应我的还没兑现呢！还我青春！

同时，新古典主义与资产阶级政治联姻的行为，也成为浪漫主义攻击的对象。对他们来说，新古典主义的“理性”和封建主义的“专制”一样，只不过是另一套精致的枷锁罢了。当然，浪漫主义不乏支持者，德国古典哲学和空想社会主义就从思想理论上论证了浪漫主义存在的价值：天才的人们，发扬你们的个性和灵感之光吧，你们的个人价值是高于一切的！

然而，拉帮结伙打群架，没有统一的纲领，再加上阶级立场不同，山头就多了，行动起来也不协调。这里面就形成了对立的两派，谁也不服谁。一派敢于正视现实，批判社会黑暗，有话直说，说不了就开打，充满战斗的激情。它们是有理想的一部分，向往美好生活，寄希望于未来。另一派则逃避现实，眼前的一切都是不好的，那些丑陋的机器和工业化生产与我何干？中世纪，其实我还是爱你的！它们是消极和退缩的一部分，在历史和自然中寻求安慰和精神寄托。

言归正传，这浪漫主义在设计中的表现很矛盾和彷徨。它们反对工业化的机器产品，就从中世纪的艺术中拿来一些自然的形式进行装饰，或者从大自然中汲取营养，那些花花草草经过改头换面之后都成了产品的华丽外衣。浪漫的艺术家们都很任性，我的设计我做主！新古典用"克制的理性"维持的设计局面，经常被一些消极浪漫主义者打破。总之，这一时期的设计风格是混乱的，身处历史漩涡中的人们并不能完全主导自己的行为。是啊，一个新阶级的崛起带来了一场生产关系的变革，随之而来的大机器生产碰碎了多少人的"梦想"？那些抱残守缺者的表现也实属无奈。

大家都在等着一些人跳脱出来，顺应时代发展，拿出诚意和切实的办法，让这场纷争早点过去吧。

三个英国人的别样人生

18 世纪的英国，资产阶级革命已经完成，资产阶级和转型为资产阶级的新贵族取得了政权。"民主"第一次打败了专制，君主立宪了，女王的权利被架空，代之以议会制度。至于什么爵士啊、骑士啊都成了一种荣誉，他们的"王"只有在给人颁发这种爵位的时候才能依稀回想起昔日的荣光。

然而，这最现实的好处就是，政治的稳定为资本主义经济的发展创造了良好的环境。这就是为什么工业革命会首先在英国取得成功，这是一个很重要的原因。

此时，镜头切换到“设计名利场”。18世纪的英国，从清晨的雾霭中走过来三个人，他们都很自信，虽脚步匆匆，但不失一个英国中产阶级的优雅姿态和体面。他们高谈阔论，谈话的内容暴露了身份：一个木匠，一个烧陶的，还有一个打铁的。以上的用词毫无鄙薄之意，而是为了便于区分他们的职业。事实上，凭着各自不同的专业技能以及深谙资本主义商业自由的经济价值观，他们都用自己的方式在工业与艺术之间架起了桥梁。

（一）不懂销售的企业家不是好木匠

托马斯·齐彭代尔（Thomas Chippendale）1718年出生于英国的约克郡。这个拥有英国最大哥特式大教堂（约克郡大教堂）的英国“纺织之乡”，弥漫着古罗马和中世纪的混合气息，如今已是世界上最具吸引力的旅游胜地之一。

齐彭代尔在十几岁的时候就开始了木匠学徒的生涯，成为一名独立的家具设计师后，迁居伦敦。彼时，家具行业波涛汹涌，正在发生着一场急变。早期的行会制度已经瓦解，为贵族定制家具的时代已经一去不复返。没人定制，就意味着没人找上门来告诉你要做什么，家具设计师们一时手足无措。

这个时候,组织生产和销售都需要专门的人才。齐彭代尔就是这样的人才。

他成立生产企业、细化分工、办展厅、出图集(《绅士和家具设计指南》),客户喜欢什么风格他就制作什么。懂工艺、懂生产、懂销售，成功就是为这种人准备的。

有一个很关键的问题，设计脱离了定制的模式，改为统一设计制作，这种风格能为大众所接受，也是一种社会民主在设计领域中的体现。试想，绝对王权在英国的没落，让更多社会阶层的人们有了自我表达的机会:“人人生而平等”,你有的我也想要！大众价值观的趋同使人们逐渐认可了这种“统一性”的设计，此时，大众市场便形成了。

市场的三要素:购买者、购买力、购买欲望。

人人都成为潜在的商品需求者，好大的市场啊！

如前所述，在市场面前，人人都是平等的。购买者的泛大众化让企业家们看到了前所未有的商机；想买东西但没钱也不行啊，这购买力的解决并不是企业家擅长的，他们能做到的只能是强化设计分工，提高生产效率，最终降低生产成本。购买欲望的激发则是设计师的拿手好戏了，时尚的、有趣味的、漂亮的，一切能够引起人兴趣的东西都是设计师的猎物。于是乎，古典主义、洛可可、哥特式乃至中国风格，轮番登场。

对，你没看错，是中国风格！我猜想，中国风格能够进入当时欧洲的主流社会，与欧洲启蒙时期中国古代文化对欧洲的持续影响不无关系。18 世纪的欧洲，“中国热”正成为一种风尚，他们喝中国茶、穿中国丝绸服装、坐中国轿，甚至建中国庭院。这个时候，东方贸易盛行，也为东西方经济文化的交流创造了条件。其实，从中国文化中寻找灵感，并不是英国家具设计的专利，后面将要讲到的英国陶瓷工业，也从中国偷师不少。

总之，齐彭代尔因为出色的成就，成为英国家具设计界第一个以自己名字命名设计风格的设计师。同时，为了表彰他对中国元素的合理运用，人们称他的家具设计为“齐彭代尔式的中国家具”（图 3-5）。

图 3–5　齐彭代尔设计的中国风格书桌

（二）像英国贵族一样喝下午茶

“他将一个粗陋不起眼的产业转变成了优美的艺术和国家商业的重要部分”，这是英国有史以来最伟大的陶瓷设计师约西亚·韦奇伍德（Josiah Wedgwood）先生的墓志铭。

1730年，当齐彭代尔正在市郊的木匠铺当学徒的时候，韦奇伍德出生了。这里是英国伦敦北面一个美丽的小镇——斯坦福德，拜韦奇伍德所赐，现在已经是闻名遐迩的“瓷都”，还是一个旅游的好去处。但在当时，这一切都还没有显露出任何迹象。韦奇伍德只不过是一个普通陶工家庭的孩子，从小在陶瓷工坊里学习制陶技术，没人知道，他以后会被冠以“英国陶瓷之父”的名号。

话说，这个小镇早期出产的陶瓷用品都是非常粗糙的，因为技术上的不先进，也因为人们并没有意识到瓷器可以成为一种身份的象征。对于实用性要求来说，这些粗陋的产品已经可以满足了。直到1759年，韦奇伍德创办了第一家陶瓷厂，并用自己的姓氏——Wedgwood作为产品品牌（图3-6）。开办工厂的钱，主要来源于他富有的妻子，可见，一场“恰到好处”的婚姻是多么重要啊！

不过，他将用实际行动证明：瓷器也可以成为一种优美的艺术。韦奇伍德并不是“吃软饭”的。

值得一提的是，几百年前的宋朝，勤劳智慧的中国人，已经将瓷器制造的艺术发挥到极致了，这是我们足可以骄傲的一件事。在这种情况下，若想取得重要突破，其难度可想而知。不过仍要祝贺的是，韦奇伍德在1775年研发成功的“浮雕玉石系列”瓷器制造技术，被誉为中国人一千年前发明陶瓷之后最杰出的陶瓷加工方法。这大概是上帝对韦奇伍德刻苦钻研、锲而不舍精神的回馈。

图3-6　Wedgwood出品的瓷器

作为一位有理想的设计师，他把“优美而简洁”作为自己的设计理念，由此设计制作出了许多权威的茶壶样式，既简洁又实用。1762年，他研制出一种优雅细致的乳白瓷器，并于1765年被命名为“女王牌”，这是一种莫大的荣誉。“女王牌”瓷器大部分都形式朴素，没有多余的装饰，这几乎实现了他“优美而简洁”的设计理想。

总之，韦奇伍德是一个设计师，他以设计师的身份在近代设计史中占有重要的位置，但他更是一个商人，有着敏锐的商业眼光。他将产品市场进行了细分，分别针对不同的人群生产不同的产品。上流社会的顾客热衷于靠艺术性的装饰来表明其身份和地位，那没问题，韦奇伍德为他们进行“高端定制”。这讨巧的行为使他能够为主流社会所认可，并由此取得了国际声誉；但是，为大众进行的设计则体现了韦奇伍德产品的核心价值。这不但是一种现代民主设计意识觉醒的表现，也在客观上为他的事业发展奠定了物质基础。

由此我想，韦奇伍德是聪明的，他清楚地知道自己想要什么。他有着自己的理想，而并不会因为客观条件的限制放弃自己的追求。这从他锲而不舍、数十年如一日地研制瓷器的加工方法上可以一见端倪。他也许抵触那些定制的装饰性设计，但这些设计又会为他带来声誉，他不得不做，因为名誉对于一个设计师来说是多么重要！取舍之间，方显智慧。

1795年，韦奇伍德结束了他传奇的一生，他不知道的是，自己亲手创立的Wedgwood会在日后成为享誉世界的陶瓷品牌，并最终发展成一个旗下有多个品牌的居家精品集团。他的“优美而简洁”的设计理想得以延续，并最终将店面开到了“陶瓷之乡”的中国（广州），这不能不说是一个美好的相遇。实际上，早在韦奇伍德去世前的1793年，其瓷器已经由乔治伯爵作为礼品带到中国，献给了当时中国的统治者，号称“十全皇帝”的乾隆皇帝。

200多年的发展，使Wedgwood成为一个英国符号的象征，不知道那些使用动辄成千上万元茶具的人们，于一个阳光充沛的下午，端起茶杯凝神的时候，是否有了英国绅士的贵族范儿呢？

插句闲话：韦奇伍德有一个的外孙，叫做达尔文。没错，就是那个赫赫有名的《物种起源》的作者查尔斯·达尔文。

（三）两个男人，一台机器，一个事业

在家具、陶瓷之后，另一个值得说一说的产业就是英国的小五金。与同时

期的很多人一样，马修·博尔顿（Matthew Boulton）出生于一个小五金生产的世家，也和大多数人一样，博尔顿做学徒、学技术，以备若干年后子承父业。如果没有后来发生的事情，他会一直这样，直至终老。然而，造化弄人，博尔顿出生的时代是一个工业变革时期，风起云涌、日新月异，经济技术的发展从来不是孤立的,各种新技术和新材料的出现打破了旧有体制的藩篱。人们突然发现，人与人之间的关系也发生了变化，里面就包括了做事的方式和组织方式。传统的方法难以为继了，小型作坊面临着激烈竞争的挤压。这个时候，唯有头脑清醒、求新图变才是躲避风险、创造机会的唯一方法。

博尔顿正是一个头脑清醒的人。

真正将博尔顿推到历史和时代的前台的，是他认识了一个很重要的人——瓦特。对，就是那个改良了蒸汽机的瓦特！两个男人的风云际会：一个有头脑和资金，另一个执着于自己的技术和理想。这样的组合想不成就点什么都难，他们将会演绎出什么样的精彩人生呢？我们拭目以待。

实际上，二人的结合并非出于“友谊”，而是基于“利益”。博尔顿结识瓦特是因为要为工厂的发展寻求动力（呃，你知道，以水为动力的话就必须要求工厂临水而建，有多麻烦！），而瓦特则是典型的“技术男”，他的理想只是要找人帮其实现蒸汽机技术。其实，他最初的合伙人叫做约翰·鲁巴克，而鲁巴克欠了博尔顿很多钱，为了抵债，转让了瓦特蒸汽机三分之二的专利权。最终，三人各取所需，一番周折后，博尔顿和瓦特在一起了。

总之，最终的结果是大家都知道的，本着双赢的原则，博尔顿倾其所有支持蒸汽机的研发，使瓦特的梦想照进了现实，而他自己则借着这个技术优势和个人能力，将蒸汽机技术应用到了很多行业当中，从一个更广阔的空间里变革了工业生产的技术。所以，找一个好的合伙人是多么重要。能够相互尊重，相互成就，他们都够得上是幸福的人！

博尔顿是一个合格的管理人员和优秀的甲方，这让我想到了如今委托设计过程中广泛存在的甲乙双方打口水仗的现象，谁都会站在自己的立场上大倒苦水，听起来蛮有道理。事实上，二者相互尊重与成就才是解决这种矛盾的良方。

18 世纪的英国，两个男人合作的故事或许会给我们带来启发。

再后面的事情便是，博尔顿在他的小五金事业里继续深耕，他开发新的生产方法，开拓市场，为了迎合不同人的需求，进行设计风格上的跟随。他是一个简单直接的人，为了利益最大化，可以尝试各种不同的风格。无论是洛可可，还是新古典，一切能够实现商业价值的，他认为都是美的！（图 3-7）

图 3–7　博尔顿和他的银制产品

总之，以博尔顿为代表的时代先驱们在设计与商业的结合上为我们开拓了一片新的领地，但他们的经营同时暴露了一个商人疯狂逐利的野心。从此，设计不但继续与技术纠缠不清，又增加了一个新的对手——那便是“商业”。一些设计师在这条路上渐行渐远，逐渐迷失，少数清醒者又会扛起一面面旗帜，斗之，争之。

设计与商业的关系若水若乳，谁都是谁的俘虏。

以商业的名义，也裹挟着新型权贵们的政治理想，手工艺体系逐渐瓦解。设计的概念尚不明晰，那些快消品的灵感多来源于一种叫做“图集”的东西，而“设计师”们也热衷此道，将自己的风格以这种方式付梓出版，昭告天下。然而，这种设计与生产分离的局面终会带来一系列的问题。没有什么是永恒的，一些生产关系还在重组。如同一场戏剧前的候场，道具、灯光、演员、剧务都已到位，只等着大幕开启，掌声响起，开始！

“实用性”之初体验

大家还记得本章开篇时提及的那台乔治三世装饰繁琐的显微镜吗？就是那个

浑身缠绕着花草的“宫廷玩物”。那么,有没有人想过,为什么会出现这样的设计?有三个原因:第一,因为传统的设计风格经营多年,已经根深蒂固。这种风格对于一些传统物件如陶瓷、家具等是适用的,但与机器结合便显得不伦不类;第二,用户们的需求所主导。那些权贵们看中的往往不是产品的实用功能,而是它的象征意义——越奢靡,越高贵!大概是一种攀比心理,那些新晋的权贵们也热衷于借此来宣示他们的地位。原谅他们吧,人们的骨子里都有一种“价值趋同”心理,就像当下的人们喜欢戴名表、背名包是一样的道理。而这些却与产品的实用功能无关;这第三呢,则是设计师们的责任。如你所知,设计师们都是“热情”的,对于产品的装饰往往使他们难掩激情,从某种程度上来说,这也是一种渴望“被认可”的思维在作祟。在那个时代,谁会装饰,谁就是好的设计师。

总之,上帝与人们开了一个玩笑,将一个历史命题摆在了一群并不擅长此道的人们面前。一番喧闹之后,手工艺者们退出了,鼓吹装饰的艺术家们还要摇旗呐喊一阵子,权贵们的认识需要慢慢改变——多令人沮丧,难道“美”的不应该是“复杂”的吗?

不!实用的才是美的!

哲学家们吵了半个世纪,从理性主义美学到经验主义美学,从德国到英国,从康德到培根,他们都无意参与设计圈的是非与纷争,但对“美”的定义与思辨还是影响到了设计师。那些工程师、技术工人们是最先践行这种“新型美学”的人,而机器和科学仪器则是他们的实验对象。一切从经济性和实用性上的考虑使他们习惯用最坦率和直接的形式来描述产品。这种形式是简洁合理的,没有任何装饰,当然也无需装饰。逐渐地,人们惊讶地发现,将产品的“实用性”赤裸裸地呈现出来,而不用去费尽心思地套用什么纹样与图案,并非是“不美”的。科学理性和对于材料的尊重构成了“新美学”的基本要素。

而“新美学”的发现过程中,工程师们首当其冲,传统的设计师是缺席的。而当他们终于耐不住寂寞,手忙脚乱地想要拼凑一些图案放到机器上的时候,却突然发现,自己成了搅局者。从产品的功能出发而不是形式,使“功能主义”设计成为一种趋势,尤其是在各种机器不断走入人们生活的历史背景下。对于传统设计师来说，那无处安放的美感，一直是他们心中最真实的“伤痛”。

一场有关机器设计的大论战，一触即发。

装饰？还是不装饰？

英国工业革命后，大机器登场了，改天换地，整个生产秩序被破坏了。有两点变化：机器生产代替手工艺，工厂代替手工作坊。这是个大事件，是整个18、19世纪的大事件，所以要反复提。

生产效率提高，产品变得廉价，老百姓用得起了，这本来是好事。但手工艺人失业了，产品虽然廉价但制造粗糙，美感缺失。矛盾这么大，所以他们吵得很厉害。核心只有一个：装饰？还是不装饰？整个18世纪的欧美设计界是一个大课堂，老师提问：装饰？还是不装饰？

商业的发展给出了直接的答案：一定要装饰，否则产品卖不出去。

新兴的资产阶级也给出了答案：要装饰，要装饰，产品的“美”是身份和地位的象征。

哲学家们说：要装饰，但要适度，实用的才是美的。

工程师们说：我同意！

一方面是生活消费品，比如陶瓷、家具，手工艺的传统尚未流失，大家仍然认为，装饰过的产品是精美的，更容易受到宫廷权贵和新兴资产阶级的欢迎。

另一方面是工业产品，比如机床、机车，由于是新生事物，设计者不是传统的手工艺设计师，而是工程师。工程师的理想：实用性大于美观性。于是他们造机器、修铁路、做机车，他们认为工程就是一切，可以改变人们的生活，可以取得商业上的成功。这就够了，要美学做什么？进而补充：如果说“美”的话，我就是美的。

工程师对于工程设计的自觉源于他们的自信。他们排斥传统美学，相比较之下，依靠数学和几何学的精确性所营造的三度空间才是美的，而这正是机械设计所赖以存在的基础,这是一种新的设计语言。我们现在知道这叫“技术美学”，那个时候不知道，因为还不系统，是原始的萌发状态。

戈特弗里德·森佩尔（Gottfried Semper）提出了一种折中主义的理论：承认机器独有的美学标准，但传统美学也要有所结合。这位德国19世纪著名建筑设计师，毕生都是文艺复兴的忠实拥趸。他学过数学、考古，后又学建筑，在欧洲南部游学时邂逅古罗马建筑，被深深打动，从此一发不可收。他自诩为意大利文艺复兴理念在欧洲的传播人，致力于古典建筑的复兴工作。如图3-8所示，为森佩尔设计的新文艺复兴建筑——森佩尔歌剧院。

图3–8　森佩尔歌剧院

森佩尔一定是一个温和的人，他的建筑手法之折中绝对可以从性格里找到原因。他喜欢纯粹，但也不排斥华丽的装饰，他崇尚科学，接受工业革命的现实，但也对传统工艺念念不忘。后来，森佩尔到英国，直接参与了英国水晶宫博览会（关于水晶宫博览会的介绍详见第四章）的组织工作，后出版《科学、工业与艺术》一书，对博览会展品或粗糙或繁琐的不当风格进行批评。但他很清醒，随即提出了自己的主张：要建立一种基于机械化大工业的新美学！

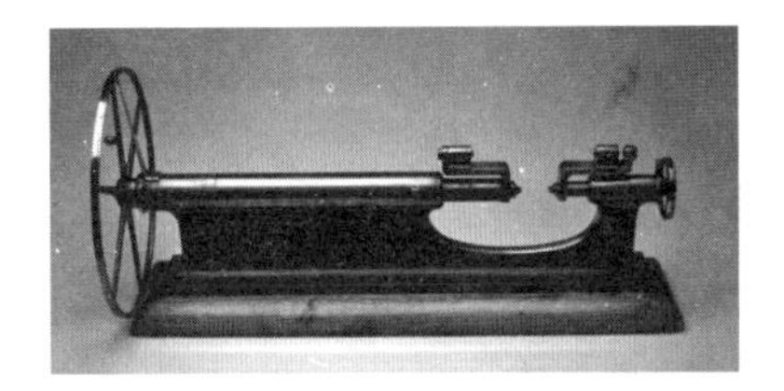

图 3–9　惠特沃斯发明的测长机

这一点，有一个人做到了，他叫约瑟夫·惠特沃斯（Joseph Whitworth），英国人，发明家，被称为英国 19 世纪最著名的机械技师。而我觉得，他更是一名合格的工业设计师，虽然那个时候还没有这个称号，但他凭一己之力，将机床设计风格定型为一定标准，并一直影响到现在，给他任何赞誉都不为过。

当然，惠特沃斯的功绩远不止这些，他制定螺纹的标准，发明测长机（图 3-9），制作标准平板，在精密制造和标准化的道路上一路狂奔，成为整个时代机床制造业的一面旗帜。而更为特殊的是，别人家制造机床是为了自己用，而惠特沃斯设计机床是为了卖给别人用，所以他的研究范围更加宽泛。在 1851 年的英国水晶宫博览会上，惠特沃斯共展出了 23 种不同的机床产品，引起轰动，大出风头。

惠特沃斯是一个“机床狂人”，他把所有精力都放到机床的核心功能的研发上，自然没有精力去对产品进行无谓的装饰。所以，正是在这种目的指引下，他的产品体现出来毫无功利性的功能感。

他是机床行业的英雄，也是工业设计行业的无名英雄。他的努力让所谓机器美学有了一个绝佳范本。他冷峻、无情，就像机器一样，把自己的人生也过得很“标准”和“精确”。他一言九鼎，不允许别人更改自己的任何主张，是名副其实的“暴君”。了解这些，就不难理解他为什么对机器的标准化情有独钟了。

机床设计，到惠特沃斯这儿，成型了，没有装饰，并不像之前的机床设计，加一个洛可可式的纤纤细腿，以为是美了，其实大大损失了功能性。他参加万博会，引起的是轰动，并非批评。得到了鼓励的惠特沃斯于是再接再厉，十年后的第二届工业博览会上，又引起了轰动。

新发明、新产品就像一张白纸，人们并不知道它应该是什么样的，所以由技术驱动设计，由工程师扮演设计师的角色就不奇怪了。与此类似的还有火车的设计。1825 年，当“铁路机车之父”乔治·斯蒂芬森（George Stephenson）第一次将他的蒸汽机车“旅行者”号送到铁轨上去的时候,他清楚地知道,人类出行的新纪元开始了！

而最初的“火车”,是名副其实的“冒火”(不断从烟囱里冒出火来)的车。其实，与其说是车，不如说是给蒸汽机装了几个轮子。这里面自然有“马车”的影子，但很快，属于火车自己的造型语言就被开发出来了。

标志性事件就是“火箭号”的诞生（图 3-10），它被认为是具备了现代蒸汽机车的基本构造特征。“火箭号”是斯蒂芬森 1929 年的作品，源于利物浦 – 曼彻斯特铁路委员会组织的一次蒸汽机车的设计竞赛。这是斯蒂芬森的成名作，之前他默默无闻，年轻时更苦，没上过学，靠自学成才，其父是矿工，所以对蒸汽机械感兴趣，于是潜心研究，终于成功。

斯蒂芬森的成功大抵可以归为穷苦子弟的一次完美“逆袭”，从此华丽转身，迎来人生巅峰。相比较之下，理查德·特里维西克（Richard Trevithick）的经历就要惨得多。作为一名典型的“富二代”(矿主之子),小时候家境优渥,没吃过苦,学习条件也好。他脑子聪明，同样对蒸汽机械感兴趣，他改良了瓦特的蒸汽机，并设计成功了第一台蒸汽机车（1804 年），如图 3-11 所示，比斯蒂芬森早了足足十年（斯蒂芬森 1814 年设计成功了“旅行者”号）。

图 3–10　斯蒂芬森设计的“火箭号”蒸汽机车

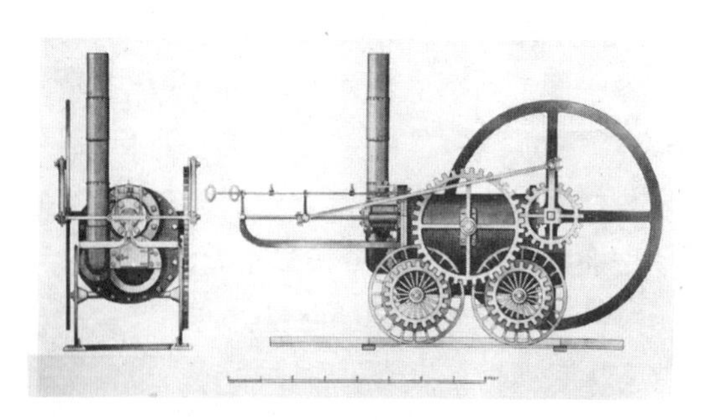

图 3–11　特里维西克设计的第一台蒸汽机车

没错，特里维西克才是发明蒸汽机车的第一人。

但特里维西克并没有将蒸汽机车的发明当作不得了的事情，他没有申请专利，也没有推广计划，而是将之当成了一个大玩具，用后即弃了。当然，特里维西克的蒸汽机车有很多缺陷，人们尚未从他的设计中发现更加广阔的前景，所以也只是本着看客的心态凑了凑热闹。而且，直到1825年，英国才建成第一条铁路，在这之前，蒸汽机车并没有用武之地。

谁也没当真，斯蒂芬森当真了。他是一个有远见的人，而且有着坚强的信念和拼搏精神，并持续推广自己的发明成果。“机会总是留给有准备的人？”这句话要改一改，“有准备的人总是在想尽办法寻找机会”。

而英国第一条铁路，正是由斯蒂芬森主持建造的，由斯多克顿到达林顿，短短四十公里的路程，“旅行者”号跑了将近两个小时，但这是具有划时代意义的两个小时。而两个小时，足够现在的高速列车横贯英伦大陆了。但那个时候，可以想见，无论是车厢里的乘客，还是路边“看风景”人，都惊奇地见证着这个铁链般的庞然大物，是如何沿着既定轨道徐徐前行的……

后来的事儿我们都知道了，设计师们一边改良着“火车”的动力结构，一边改良着它的外观，从裸露着“骨骼”的蒸汽机到拥有流线形外观的“子弹头”（图3-12），动力机车的设计，走出了一条自己的发展道路。

图3-12　现代高速铁路列车造型

以美国为例

美国的历史，从1776年开始算，迄今只有二百多年，是很“年轻”的国家。这不同于中国，动不动就“上下五千年”，美国人听了，肯定是懵的，作为一个典型的移民国家，五千年前，是不可想象的一个时间长度；这也不同于英国，曾经的“日不落帝国”，举手投足间自带一股“贵族气”。当英国18世纪60年代开始工业革命的时候，还没有美国这个国家，大西洋沿岸的13个殖民地还在英国的统治下过着“水深火热”的生活。1776年，为了对抗英国的经济政策，莱克星顿一声枪响，揭开了北美人民反抗英国殖民统治斗争的序幕，及至1776年，《独立宣言》发表，美国这个国家才诞生。按照中国的纪年方法，1776年是美国“元年”。所以你看，美国这个国家，没有悠久的历史，也就没有历史的负担，也就没有传统文化的羁绊。学习的时候，姿态放得很低，谦虚得很，只要有用的都拿来用，所以，美国的“实用主义”思想深入人心。这又跟英国不一样，英国的手工艺太发达，又是曾经的“大地主”，所以动不动就“我们家以前如何如何”，穷讲究，太耽误事儿。

放到工业发展的角度来说，也是这样。美国独立战争打了8年，1783年才获得“独立法人”资格。解除枷锁，美国抬头一看，18世纪都快过完了，赶紧发展吧！于是乎，这个时候美国才正式走上自主发展的道路，开始工业革命。用数字说话，美国工业革命起步要比英国晚了整整30年。但到了19世纪中期，美国就逐步赶超英国，成为世界上工业最发达的国家之一。靠什么呢？这既得益于美国广阔的国内市场，也得益于美国务实、高效的发展态度。

从具体的加工制造行业来说，就是大批量生产，更进一步说，就是零件的“标准化”和“互换性”，这是两个基本点。靠着这两点，美国逐渐发展出一套自己独有的制造体系。不像欧洲老牌资本主义国家们，面对新事物，彷徨啊，纠结啊，迟疑啊，放不开手脚。美国不一样，好像一个被禁锢太久的人，刚一解除枷锁，就不顾一切奔跑起来。不知道为什么，这让我想到了“阿甘”（美国电影《阿甘正传》的主角）——那个毫无道理但锲而不舍奔跑的人。“阿甘”是不知道自己为什么要奔跑的，但美国知道，他很知道发展对于自身的重要意义。而且经济、文化、科技一齐发展，眉毛胡子一把抓，还都抓得不错。

它拿来欧洲先进的制造技术，很快形成了自己的特点，到后来，还拿来欧洲的文化，也很快形成了自己的风格，不只如此，他还“拿来”世界各地的人才……反正，能为我所用的，尽管来吧！这便是典型的“实用主义”。

“美国制造体系”的形成，与战争是分不开的。因为这种标准化和互换性首先是在武器（枪支）中出现的。有一个人，叫做伊莱·惠特尼（Eli Whitney），被称为“美国制造体系之父”。这又是一个被后世追认的“封号”，以表彰他在产品零件标准化和互换性上所作出的贡献。

下面说一说惠特尼的故事。

其实吧，惠特尼有机会提出和推广零件的标准化和互换性完全是一个意外，他是“被迫”的。怎么回事儿呢？我们知道，惠特尼之所以提出了零件的标准化，是因为他承接了一个“大工程”，就是为美国政府在短期内生产一万支步枪。在这之前，惠特尼最有名的头衔是“轧花机”的发明者。轧花机就是轧棉花的机器，他的发明极大地提高了生产效率，据说一个人操作机器每天可以轧五十多磅棉花，差不多四十五斤的样子。这个数据放到现在没什么，在当时可是引起轰动了。我猜如果惠特尼没有“美国制造体系之父”这个称号的话，他也得被称为“美国轧花机之父”。于是，惠特尼申请了专利，并把全副精力投入到专利的维护和轧花机的开发上去。但是，那个时候美国的专利保护也不完善，于是就有很多仿制者大发不义之财，反而是发明者惠特尼本人的利益无法保障。有人说打官司啊，那得投入时间啊，对于一个生产者（惠特尼在经营自己的轧花厂）来说，哪有那么多精力呢？这与中国目前的状况多么类似啊！为什么受伤的总是发明家和设计师呢？

不得已，惠特尼才接了美国政府制作枪支的任务。原因很简单，他想赚钱啊，不然工厂就难以为继了！可是谁能想到，惠特尼因此开创了美国制造业的新时代呢？所以说，这件事儿给了我们一个启示：一定要善待你生命中的每一次机会，谁知道哪次机会会成就你的人生呢？！

但是，一开始，惠特尼并没有“善待”这次难得的机会，他还是把自己的主要精力放到了轧花机的生产和推广上。政府那边一拖再拖，后来实在没法儿交代了，他想了一个办法，把政府代表请过来，给他们现场演示了一支步枪的组装过程，即“一支枪是如何诞生的”。我猜惠特尼肯定在前期做了铺垫了，就是当政府催货的时候，肯定先给人倒了半天苦水：说这个枪的设计是如何不容易云云，因为设计复杂所以才拖延交货的。总之责任不在我，我也很努力啊，不信你们就来看看！

于是，演示开始。像魔术师表演之前一样，惠特尼找来一个干净的台面，或许还铺上了一块干净的台布，然后拿来几支装好的步枪，哗啦一声扔到桌子上，再然后把所有枪拆成零件。这个动作一定要快、要潇洒，证明你是非常熟悉步枪的拆解过程，最后就是“见证奇迹”的时刻了。惠特尼志得意满地环视了一下四周，那些观众已经被完全带入这个情境之中了，瞪大眼睛，急迫地想要看看究竟会发生什么。结果就是惠特尼抓过一把零件，又快速地组成了一把新枪，用了多长时间不知道，反正他的专业性震惊了在场的所有人：这也行？要知道，当时流行的制枪方法是由工匠打造。一支枪，一个人，制作周期长不说，所有零件都是独一无二的。零件互换？想都不要想。

零件互换性的概念经由惠特尼的推广变得尽人皆知，它像一枚石子投入水中，美国制造业的湖面变得不平静了。其实，美国制造体系形成规模可不是一两个人的功劳，而是所有有志于此道的先行者共同努力的结果。

惠特尼给政府代表“变魔术”这事儿发生在18世纪末19世纪初。50年后，另一个“造枪者”出现了，他叫塞莫尔·柯尔特（Samuel Colt）。和惠特尼不同，柯尔特从小就是一个手枪迷。当惠特尼首提互换性的时候，柯尔特尚未出生，而当柯尔特1835年发明新式左轮手枪（图3-13）的时候，此去经年，惠特尼早已去世多时了。如果历史有假设，1835年，古稀之年的惠特尼遇见二十多岁的青年柯尔特，不知会产生什么样的对话。我觉得最恰当的方式是一句话不说，只需重重拍一下对方的肩膀，然后拄着拐杖走远，只留下一个背影……作为看客，我们肯定会想到传承，想到一条绵延不绝的河流。这就对了，正是这些人持续不断的努力，才会把一个国家乃至世界的制造业发扬光大。

图 3-13 塞莫尔·柯尔特发明的自动左轮手枪

实际上，柯尔特生活的年代，产品的标准化和互换性已经不是什么新概念了，而且，“转轮手枪”也不是他的发明，他只不过是将手动转轮的方式改成了自动转轮而已。所以说，一个人生活在一个好时代不算什么，要善于利用这个时代给予我们的，才能显示出你与众不同的智慧。

据说，柯尔特是在一次远洋的旅途中受到启发而发明自动左轮手枪的，而那个启发他的东西，就是轮船的“舵轮”。

讲到这里，会不会有人感到奇怪？为什么美国的制造体系会频繁出现在武器制造领域？这里有一个时代背景没有交代。那就是美国独立后，又不断发生战争，打英国，获得了密西西比河东岸土地；打法国，收购了路易斯安那；打西班牙，夺取了佛罗里达；打墨西哥，得到了得克萨斯、新墨西哥、俄勒冈和加利福尼亚……这些战争统一发生在美国的“西进运动”进程中。

这期间，美国还打了一场最大的战争，不是对外，而是内战，就是所谓的美国“南北战争”。你想啊，发生这么多战争，没有军火行吗？不行！生产少了都不行！而惠特尼接受政府订单那次，正风传美国要与法国交战，所以政府很着急。

这算是交代了背景了。

美国的“西进运动”持续了差不多一个世纪，大大促进了美国经济的发展，从此，美国开始了真正的腾飞（但美国的腾飞是印第安人的血泪浇灌出来的）。发展起来的美国就开始影响世界了，而且，借由发展军火工业获得锻炼的美国制造业很容易就辐射到了其他行业当中。于是乎，钟表、缝纫机、打字机、吸尘器、洗衣机、电话机，这些民用产品陆续被大批量制造。美国，这个不知疲倦的“阿甘”，终于从一个跟随者，成为赛道上实实在在的引领者。

这个时期，19 世纪 60 年代，第二次工业革命爆发，人类进入了“电气时代”。

当然，美国制造只是这个国家的一部分，当机械师们忙于拆解和组装机器，研究零件的标准化和互换性的时候，美国的社会运动从未止息。一场“南北战争”让美国的黑人奴隶看到了解放的曙光，一场“女权运动”让更多的女性拥有了自己的地位。那个时候，西风尚未“东渐”，西风自己刮得热烈，从北美刮到欧洲，从欧洲刮回北美，经济发展、政治激荡、文化繁荣，自知文化根底尚浅的美国人，一次次张开臂膀，以前所未有的开放态度迎接来自世界各地的移民。当然，这里面最主要的还是欧洲人。在蜂拥而至的人群中，有一个毫不起眼的德国人，他叫弗里德里希·特朗普（Friedrich Trump），才十六岁。他像数不清的底层欧洲人一样，被美国大陆“遍地黄金”的谎言吸引着，毫不犹豫地加入了“淘金大军”之列，并最终在西雅图加入了美国国籍。那是 1892 年，西雅图还不像现在这么拥挤。一百多年后，唐纳德·特朗普（Donald Trump），一个不按套路出牌的地产商人，当选了第 45 任美国总统。而唐纳德正是弗里德里希的孙子。

一百年，可改变的事情太多了！

一百年，美国也从一个暴发户一样的国家，开始寻求文化上的认同感，所以他们一直觊觎欧洲的传统文化。但欧洲传统文化到了美国，就身不由己了，马上被同化，被商业性利用，其“实用主义”放到文化上也是适用的。这往好了说叫包容性，鼓励文化的多元化发展；往坏了说这叫没文化，因为没有传统的积淀，看什么都好，不加选择，饥不择食，很容易就堕落成了折中主义了。如图 3-14 所示，史密斯总理 1 号打字机，号称世界上唯一带有雕花的打字机，诞生于美国 1989~1895 年间，正是美国式折中主义风格的体现。

图 3-14　带有雕花的史密斯总理 1 号打字机

第四章 拿什么美化你，我的机器？

关键词：改革

事件：设计风格的“主义之争”和制造业的“道德感”的建立

背景：19 世纪下半叶

国家：英国、美国、德国、比利时、法国等国家

在本章的开篇，笔者必须交代一下整个时代背景。绵延了近一个世纪的第一次工业革命已经接近尾声了，这个人类发展中极其重要的历史时期，先后改变了人们的生产关系、政治关系以及文化关系，同时史无前例地将“机器”这种怪物推到了历史的前台。如果说在工业革命初期，机器一直是工业生产的帮手，游离于人们的日常生活之外的话，那从后期开始，他的触角则越来越多地深入到人们的家庭生活和工作环境中。及至第二次工业革命（19 世纪 60 年代），人们并没有如开始时那样对机器持有一种天然的抵触情绪，反而是一种很迎合的姿态，仿佛说：来吧，欢迎光临！从这个时候起，机器对人们日常生活的影响就真正开始了，如果时光快进到当代，我们很难想象，没有那些名目繁多的家用电器，我们的生活该会过成什么邋遢的样子。而在当时，机器是作为一个家庭的“新成员”出现的，它谨小慎微，生怕有什么不当的行为而打扰了业已存在的生活秩序。

当然，不同国家的人们对待机器的态度也是不同的。当工业革命的发祥地英国的设计师们还沉浸在传统的带有浓厚“工艺”味道的产品设计中时，大西洋彼岸的美洲大陆，则已经兴高采烈地把工业革命的成果安置到人们的居家生活中去了。缝纫机、打字机、自行车、各种小家电，美国人是典型的实用主义者，好玩好用又有趣，关键是可以改变生活，干吗不用呢？至于传统的欧洲风格产品，也很好啊，既然有人喜欢，那我们就生产！

对于耿直任性的美国人来说，兼收并蓄，没有什么比直接产生价值更让人心生愉悦的了。

相比较之下，英国人则更保守而且忧郁，因为对于手工艺设计，英国是有传统的。他们也满足于自己在传统行业中的正统地位，仿佛一个没落贵族，时不时会翻出曾经穿过的华美宴会服，跟人家说：“想当年……”估计他们连做梦都是这样的傲娇。而今，机器的出现打破了这种平衡，好像一列黑色的蒸汽火

车入侵到了一片田园牧歌式的庄园中一样，那种文化被撕裂的阵痛感是强烈的。由此，他们不得不感慨：我们时代的审美趣味正在衰落！

这是可以理解的。激进一点说，他们是在抱残守缺，对新事物有一种天然的抵触心理，委婉一点说，无论是一个人，还是一个群体，都有怀旧的心理，对于长期存在的事物或者观点，总会有“理应如此”的感慨。不然又会怎么样呢？那是他们熟悉的呀。

然而，机器的突然出现，打乱了人们的生活节奏，但设计师们是不会让一台机器“素颜”示人的。所以，就出现了这样一幅有趣的画面，一方面是工业化的影响持续蔓延，另一方面，设计师们手忙脚乱地为机器尽情打扮，以提高其“高附加值”。当然，用工艺美术的思想去装点一架机器显然是不合时宜的，这多少有点沐猴而冠的意思，一次次地尝试换来的是接连不断的打击，人们失望了。这种情绪在英国水晶宫博览会期间终于达到顶峰，人们爆发了。而在另一个角落里，忧伤的设计理论家们一再哀叹：世风日下，制造业的“道德”在哪里？难道机械制造的产品就该是粗制滥造的吗？拿什么美化你，我的机器？

当有人提出这个疑问的时候，手工艺人们笑了：很简单的事儿啊，我们创造了那么多风格，尽情挥洒吧，我们有那么辉煌的工艺史，总能找到适应你的风格。有什么好悲伤的呢？文艺复兴的调调喜欢吗？要不新古典吧？洛可可总可以了吧？哦哦哦，中世纪的哥特式怎么样？要么直面机器制品的刻板无趣和粗制滥造，要么忍受“折中主义”和“集仿风格”的泛滥，还会不会有第三种选择？有！一定会有的！普金、拉斯金、莫里斯们用实际行动践行了自己的设计理想：不喜欢就改变你！

他们后面还会有很多追随者，各种设计思潮风起云涌，正所谓“江山代有才人出，各领风骚数百年”。

喧闹的水晶宫

水晶宫？别想歪了，这当然不是传说中龙王的住所，而是一幢实实在在的建筑。时至今日，连这幢建筑的设计建造者们都没有想到，它在很长的历史时期内,成了英国伦敦的一个地标性建筑,并且在建筑界的影响延续至今。为什么？因为这是人类第一次尝试使用钢材和玻璃来建造房屋，这在以前是不可想象的，而事实证明，这种建筑方式具有多重效用：模块化，方便建筑和拆装；通透明亮，视野极佳；更重要的是，建造速度快，不到9个月就建成了。如果当时有吉尼斯世界纪录，这样的建筑速度打破世界纪录大概是没有问题的。

他的设计者叫做约瑟夫·帕克斯顿（Joseph Paxton），是一位园艺师。对的，他是园艺师，并非建筑师，因为擅长在温室中培育维多利亚王莲而著名。将建造温室的材料用来建造建筑，这大胆的尝试是建筑师们不容易想得到的。这充分证明，能够做出好设计并非是设计师们的专利。从某种程度上来说，专业知识往往会成为你突破创新的禁锢条件。而非专业人士则更加自由，可以放心大胆地进行创想。水晶宫其实是一个非常棒的“移植设计”的例子（图4-1），帕克斯顿先生则没有想到，他的任性行为会成为建筑设计史中最著名的“跨界”行为之一。

图4–1　水晶宫博览会外景

其实，水晶宫的出现是一个偶然，它的真实身份是英国伦敦在1851年筹备的第一届“国际工业博览会”的展览馆。这次展会号称“万国博览会”，由英国艺术学会提议，政府督办，维多利亚女王的丈夫做了组委会主席。推动者都是当时炙手可热的先锋设计师，如普金、柯尔、森佩尔等。

奥古斯塔斯·普金（Augustus Pugin），英国建筑师，崇尚中世纪的生活方式，致力于复兴哥特式建筑，为威斯敏斯特宫（英国议会大厦）做过内饰设计，做过伊丽莎白塔（大本钟）。当泰晤士河畔的钟声响起的时候，大家要记住这个人。

亨利·柯尔（Henry Cole），英国人，官员，英国近现代设计教育的拓荒者，创立南肯辛顿博物馆，以博物馆为载体教化大众。

戈特弗里德·森佩尔（Gottfried Semper），德国人，流亡英国，前面提到过。

回到展览馆设计的问题，由于时间紧、任务重，用传统的方法去快速建造一个展馆是不可能的，这个时候，帕克斯顿出现了。作为救火队员，他出色地完成了任务，也因为他的出色表现，这位伟大的园艺师获封“骑士”，成为“英雄”的化身。是不是听起来颇具传奇色彩?

然而更加传奇的是，这件“速成”之作本来是作为展馆来用的，结果却比当时那些展品更加出名，甚至被贴上了“现代主义建筑先驱”的标签。英国女王也很给力，博览会结束后，将“水晶宫”由海德公园移至伦敦南部的西得汉姆，向公众开放，成为伦敦的娱乐中心。80多年后的1936年，一场大火吞噬了这座颇具象征意义的“宫殿”，被吞噬的大概还有英国人的“帝国梦想”。我想，正当时，英国人的内心是悲凉的，如同日薄西山的老翁，行将就木之感日盛。大英帝国毕竟辉煌过，但那都是过去式了。

此时，还是英国下议院议员的温斯顿·丘吉尔（Winston Churchill）路过此处，怆然道：这将是一个时代的终结……事实证明他是对的。1939年，第二次世界大战爆发，用安抚手段使局势稳定无果的英法等国被迫加入战斗。而丘吉尔，这位也许是英国100年来最伟大的政治家，将于1940年第一次登上英国首相的宝座，并带领英国人与法西斯轴心国进行战斗。战争中的英国不复“日不落帝国”的荣光，经济和军事的落后使其沦为美国的“跟班”，成为名副其实的“二流”国家。

从这个意义上来说，“水晶宫”的被焚毁正代表了一个帝国衰落，具有其时代语义。这恐怕也是帕克斯顿们没有想到的。是的，他们一定不会想到。他们举办这次博览会的目的是为了炫耀英国工业革命后的伟大成就，并以此来改善大众的审美，以期形成工业时代的“国家风格”。

然而，他们失败了。“水晶宫”成了一个各种历史风格的荟萃之地。为了装饰而装饰，谈何“国家风格”？

对于设计师们来说，他们会想：这可是世界博览会啊，不拿出看家的本领来装饰，我们还能干什么呢？本着这一原则，“设计师”们使出浑身解数，打开图集：嚯！这么多样式，都很漂亮啊，能用的都用上吧。我们可以想象得出，设计师们将自己的作品呈现在展台上，沾沾自喜、志得意满的样子。走一走，相互品评一下：看那个工作台，洛可可风格，腿部多么纤细精致，线条繁复而有规律，整体风格细腻、轻快，不错！再看那个书架，侧板上遍布着花瓣的纹理，真实自然！哦，支撑件是一个动物的爪子，大概是狮爪吧？

很热闹！展品很热闹，现场也很热闹，据说来了超过50万观众，足见这次展览的吸引力。当时没有互联网和电视媒体，不知道他们是怎么做到的。总之，这次展览会似乎办得很成功，就连参加剪彩的维多利亚女王，都在现场不断说：荣光、荣光、无尽的荣光！

然而，有些人的心情则不是那么乐观。以普金为首的设计师们，在博览会期间就开始了大规模的批判活动：这完全是一场表演，那些产品们的出现就像舞台上的演员一样，着戏服，化浓妆，完全看不出它们本来的面目了！什么才是产品的真实目的？是它的功能啊！

为了教化大众，另一位组织者柯尔则创建了一家博物馆——南肯辛顿博物馆。这家博物馆兼具设计通识教育的作用，通过展示精心挑选的展品来向民众介绍什么是好的设计。

热闹非凡的水晶宫为我们带来了很多思考，关于装饰，关于美，关于什么才是合适的设计。那么，有没有人认真思考一下，为什么会有那么多产品将繁琐的装饰作为提升其附加值的手段呢？一句话，市场决定一切！这样的东西卖得好啊，你想改变风格，凭什么？就凭几个人登上高台，振臂高呼吗？得拿出实际行动来，还要进行长期的努力。路漫漫其修远兮，吾将上下而求索……

号外消息：其实在那一届工业博览会中，也有中国产品的身影。1851年正值清朝的咸丰元年，广东商人徐荣村寄出“湖丝”十二包参展，终获金奖。不过可惜的是，他是以私人名义参展，而且并未亲身前往。更加可惜的是，以“湖丝”参加“工业”博览会，似乎有些名不正言不顺，这也正说明，19世纪的中国，尚没有真正经受工业文明的洗礼。但无论如何，这终究是古老的中国第一次参与世界级的产品盛会，仍旧值得纪念！

一个半世纪后的2010年，上海世博会召开，这是真正属于中国的世博会，也是一次中国力量的展现。世博会的主题曲唱出了我们的心声：

今天的坚持是明天的故事
未来得到了启示，幻想变成了真实
让历史成为阳光灿烂的日子

工艺美术运动

然而并不是每个人都喜欢“水晶宫”博览会，约翰·拉斯金（John Ruskin）就是其中一位。过分的是，他不但不喜欢“水晶宫”里的展品，连“水晶宫”本身都是否定的。这是为什么呢？都是因为这幢“现代”建筑所使用的材料惹的祸。钢铁与玻璃是一种工业材料，而不是来源于自然，凡是非自然的材料，拉斯金都是反对甚至厌恶的。他大概还没有意识到材料学的研究和发现是推动设计进步的重要力量，这从钢铁、塑料以及各种合金的发明中都可以发现端倪。然而我更愿意把拉斯金的思想归咎于当时英国社会思想的僵化，尤其是一些“知识分子”。他们的保守是有来由的。

这保守首先来源于地理因素。打开地图看一看，如图4-2所示，英吉利海峡像一把刀，将英国与欧洲大陆割开。“孤悬海外”的结果便是，他们与外界的沟

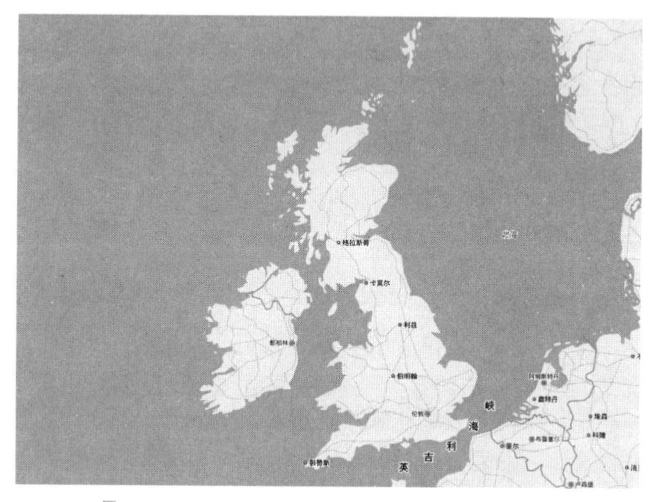

图 4-2　英国地图

通变得困难。如同一个人性格的养成，无法对外生发，就会对内自省。英国“内向”的性格是其保守的重要原因；而英国人又是很傲娇的，为什么这么说呢？想想看，独一无二的圣经、永垂不朽的莎士比亚戏剧、工业革命的佼佼者、议会制度的始作俑者！呃，还有“日不落帝国”的荣光……如果把世界各国置于一个大的班级中，那么，在很长一段历史时期内，英国都是这个班级中的“优等生”。他内向、勤奋、敏感，最忌讳的就是别人的成绩超过他，或者说他哪方面能力不行之类。而恰恰如同一个人的求学过程，不同的学习阶段，其成绩的衡量标准是不同的。“优等生”英国在第二次工业革命后逐渐落伍了，尤其是“家道中落”（第二次世界大战后，彻底沦为二流国家）后，英国变得更加内敛和保守。

总之一句话：一个“尖子生”由于学习方法的原因没有考上好大学，变成了“宅男”。

就是这样的，保守的英国人具有很多“宅男”的品质，比如不愿意接受新事物，他们至今还采用“英里”，而不愿采用国际通用的“米制”，比如他们至今还保留着君主制，英国女王仍旧是这个国家的精神象征，比如他们乔迁新居后会自觉地扎起篱笆，“距离产生美”，这种与他人若即若离的态度，也正是英国与世界交流的方式。

有了这些背景的铺垫，我们就不难理解，为什么“工艺美术运动”会出现在英国而不是其他国家。比如这个拉斯金，作为一个作家，不好好往文学方面发展，却做起了“愤青”。他是一个理想主义者和怀旧主义者，向往中世纪的手工艺劳动，完全否定了工业产品的美学价值。拉斯金认为：美的东西要交给幸福和道德高尚的人，至于机器，它们喧闹、鲁莽，是扼杀创造力的元凶！

拉斯金不做设计，但理论颇丰，他提出了有关设计的若干准则，如：向大自然寻找设计元素；要使用传统材料，比如木头之类；设计师要遵守材料本身的属性，而不是“以材料模仿材料”。这些准则经过演化后，都成为后来工艺美术运动的行动纲领。我能明显感觉到，拉斯金对于传统手工艺的依恋已经到了无以复加的程度。这一点他并没有错，即便现代的设计师，在做手工艺设计的时候仍要遵循这些原则。这是工匠精神的基础。而盲目抵触新鲜事物，非黑即白，非对即错，这就是他的不对了。所幸他的学生们批判继承了他的思想，并未落井下石，没有将机器推到万劫不复的境地。

威廉·莫里斯（William Morris）就是其中一位。他是“工艺美术运动”的引领者之一。

莫里斯与拉斯金不同的地方在于，他是一个设计践行者。“设计是做出来的，而不是说出来的”！对于一个设计师来说，没有哪一种方法比用自己的设计直接影响别人产生的作用更大；更重要的不同在于，莫里斯没有像拉斯金那样将设计品的衰落完全归咎于机器，而是用一个更加广阔的视角来审视这个问题。“恩，这是一个社会问题！”他敏锐地发现，导致这一切现象的根源并不是现实中的机器，而是背后隐藏着的起主导作用的“生产关系”，是商业。功能与形式之间的“鸿沟”为“历史主义”的滋生提供了温床，大量为装饰而装饰的设计的出现就不足为奇了。

1851 年的“水晶宫”里，17 岁的莫里斯目睹了机器制品的残暴和装饰设计的无所不用其极，他一定是极度失望的。我一直认为，一个人生命阶段的前期所经历的一些事情会对以后的人生产生持续的影响，小莫里斯的反感一直持续到他真正拿起设计的武器来捍卫手工制品的“诚实”和“自然”。当然，这一切的发生不是瞬间完成的，成年后的莫里斯有着多重身份：设计师、画家、诗人、行会负责人以及公司老板，他的经历也颇为耐人寻味。我们倒不妨八卦一下，去看一看这个工艺美术时期的代表人物，是怎样一路走来的。

传道士、诗人与“艺术骑士”

威廉·莫里斯出生于一个富裕的券商家庭，物质上予取予求，生活得到了极大满足，有一个快乐的童年。这个准“富二代”打小就觉得自己与众不同，与同时期的孩子们一样，小脑袋中充满着各种离奇的幻想。乡间大宅的生活开阔了他的视野，使他可以尽情地亲近大自然——辽阔的田野、淙淙的流水、丰饶的土地，当然还有雨打纱窗和风动池水的妙处。他还可以骑着矮种马扮演中世纪的骑士，去密林里探险。

多美好的童年！

这些都培养了小莫里斯懵懂的“骑士精神”和“诗性”的品格，这很难说不会对其以后的人生道路产生影响，因为在其后来的一系列表现中仍能发现小时候的影子。然而，命运首先安排他去做一个传道士。他在牛津大学学习神学，梦想着成为一个牧师。其实后来他确实成了一个“牧师”，不过不是为神学服务，而是致力于为设计“传道”。事实证明，这其中的意义，委实比当一名真正的牧师要重要得多。不过我猜测，大学期间的莫里斯还没有想好以后将要从事的事业，至少不会想到会成为一名出色的设计师，并引领了一股设计风潮。他给自己的定位还是牧师，不然也不会参加“牛津运动”——这是一场致力于恢复教会昔日权威和传统宗教的复兴运动。这场运动对于莫里斯最大的意义在于，他结识了同为牧师的爱德华·伯恩·琼斯（Edward Burne Jones），于是乎，二人结为了终身挚友。更奇葩的是，这对牧师朋友不去传道，却致力于对文学和艺术的探索。他们加入“拉斐尔前派”(1848年在英国兴起的美术改革运动)，写作、徒步旅行，他们遍访哥特大教堂。终于，他们认识了19世纪英国著名建筑师菲利普·韦伯(Philip Webb)。韦伯是当时英国本土设计的重要代表，对现代建筑的诞生作出了重要贡献。

图 4–3　莫里斯红屋

当然，彼时，韦伯还籍籍无名，他只是一个设计事务所的签约学徒。一切就像安排好的样子，他在一次建筑设计训练中负责指导威廉·莫里斯，于是乎，二者又成了终身挚友，再加上之前的爱德华·伯恩·琼斯，“铿锵三人行”，这才有了“工艺美术运动”的发轫。

而真正让“工艺美术运动”蜚声世界的则是一栋房子——红屋(图4-3)，确切地说是一栋婚房。这是怎么回事呢？话说莫里斯结束学业后并没有成为一名传教士，而是投身于“艺术实践”中。他的梦想之旅颇为坎坷，本着对哥特式建筑的狂热追捧，他最初的梦想是成为一名建筑师，后来进入一所著名的新哥特派建筑事务所当学徒。在那里，他很快发现自己并没有多少建筑设计天赋，反而对装饰艺术产生了浓厚的兴趣，同时他也开始办杂志，发表诗歌、小说，并且开始艺术创作，积极参加各种时尚艺术家小圈子的聚会。

由此，他认识了以后成为他妻子的简·伯登(Jane Burden)。

这是怎样一个姑娘？据说美艳动人、身材高挑，拥有自然的卷发和细长的脖子，有一种野性美，总之她让年轻的莫里斯为之着迷。别忘了，他是一位浪漫的诗人，有着最纯粹的情感，简·伯登成了他的偶像和信仰。爱，使这个男人疯狂了。他固执地认为，这“最绝妙的尤物”是他人生中最美好的邂逅。于是，他发誓娶她为妻，并亲自打造属于他们自己的婚房。好“基友”韦伯设计了这栋房子，莫里斯承包了里面所有的装饰。红屋后来成为“工艺美术运动”的一个标志，大概是他们始料未及的。

爱情的力量是伟大的，当她到来时，什么也阻挡不住！而莫里斯也于此时出版了他的第一本诗集，坐实了他浪漫主义诗人的地位。

实际上，莫里斯的完美主义爱情观也为他们后来感情的破裂埋下了伏笔。当简·伯登搬离红屋的时候，莫里斯正在为他的事业奔忙，这幢著名的建筑并没有让他们的感情如预想般长久。感情如一件精美的瓷器，一旦出现裂纹，便再难修复。当然，这都是后话。

红屋的意义远不止于此，莫里斯和韦伯同时发现，他们可以在建筑设计和装饰设计中有所作为。更为关键的是:做设计,我快乐！那还等什么？开公司吧！说干就干，于是，莫里斯的第一家公司成立了。

将私人兴趣延伸到商业设计,这该是很多设计师的梦想,即便现在也是如此。莫里斯给我们的启示是:有想法就去做吧，行胜于言！“动人以言者，其感不深；动人以行者，其应必速”，在这方面，我们要向莫里斯学习。

然而莫里斯是有设计理想的。他热衷于中世纪的设计艺术，同时深受拉斯金的影响，力图为产品设计生产建立新的标准。这一切，都可以理解为对“水晶宫万国博览会”所暴露出来的设计问题的有力反击：粗制滥造的机器制品，矫揉造作的风格设计，我来了！

仿佛是一个骑士,银盔银甲,身跨白马,心里默念着“忠诚、信仰、荣耀、勇气”,义无反顾地冲向敌群,身上的红披风随风飘扬,很耀眼。骑士，因为理想的笼罩，会更加神秘和具有某种悲壮的力量。然而莫里斯是真骑士，他正打着手工艺的旗号，向一切陈腐而不合时宜的设计制造方法冲撞过去。

他要用设计来改造社会！

对，改造社会！莫里斯还是一位坚定的社会主义者，他主张社会平等，反抗压迫，并力图把这种思想贯穿到设计中去。

他说，产品设计是为千千万万人服务的，而不是少数人的专利。

他还说，设计工作必须是集体的活动，而不是个体劳动。

这些都是现代主义设计原则的重要组成部分，而我更愿意将之解读为一个社会主义者的崇高理想在设计中的折射。但莫里斯是矛盾的，他崇尚社会主义，而他的设计却最终无法进入普通大众的生活。他的手工制品相较于机器生产，售价高昂，而他的设计委托也多是为豪华宫殿进行装修。这似乎表明，作为一个设计师，向传统致敬并没有错，但罔顾经济社会发展的必然，与机器为敌，与先进的生产力为敌，终究是违背历史发展潮流的。而这也是当时所有有理想的设计师的命运，比如阿什比，比如沃赛。

这也是工艺美术运动的命运，推及其他，这也是英国的命运。作为一个老牌的资本主义国家，曾经是最先进生产力代表的国家，一个“日不落”的国家，一个世界规则的制定者，却未能率先建立起现代的设计体系，怪不得别人！工艺美术运动产生于斯，它也将这个国家的设计意识定格在了田园诗般的手工艺阶段。

回望传统没有错，错就错在回望的时间太长了，忘记了前行的路！

而莫里斯无疑是一个成功的设计引领者，他著书立说传播设计，身体力行践行设计，并且把社会理想贯穿到设计中去，这体现了一名设计师的社会责任感。

1896 年 10 月，莫里斯走完了他传奇的一生。在其六十几年的年华中，作为一名传道士、诗人、艺术家，他以骑士之精神，为着他的荣耀与梦想，奋力前行！当莫里斯简朴的棺木由一辆敞篷马车载着走向教堂的时候，就像一个传教士受到了神祇的指引，他完成了人生的一个闭环；菲利普·韦伯为他设计了墓碑，这个几乎与其相伴一生的挚友，从红屋到墓碑，助他完成了设计的一个闭环。

韦伯将那块简洁的墓碑称之为“老男人的屋顶”，是在隐喻什么吧？

工艺美术运动后传

有四个人物要写，沃赛、斯各特、阿什比、德莱赛。

查尔斯·沃赛（Charles Voysey），生于英国约克郡（和托马斯·齐彭代尔是同乡），建筑师、家具设计师、纺织设计师，名头很多。其实那个时候的建筑设计师同时又是产品设计师，沃赛更特殊一些，因为他强调建筑、室内和家具的一体化设计，这与麦金托什（英国建筑设计师和产品设计师，格拉斯哥学派代表人物，“新艺术运动”中会重点提到）的观点类似。而他们的设计风格也类似，均受到哥特式建筑风格的影响。

这不难理解，沃赛与奥古斯塔斯·普金也有交集。前面提到过，普金终生致力于复兴哥特式建筑，这自然影响到了沃赛。但沃赛很聪明，他受到哥特风格的影响，但掌握原则后即开始脱离，到最后完全脱离，形成自己的风格。这是一个优秀学习者的态度——学习但不沉湎其中，终究还要走自己的路。

从这个角度来看，沃赛一定是一个极有主见的人。

实际上，沃赛是将拉斯金、莫里斯“美术与技术”结合的思想发扬光大的人，也是将工艺美术理论真正推向实践的人。看他的作品就知道，“哥特式”的克制辅以理性的自然线条，成就了沃赛独特的造型语言。如图 4-4 所示。

据此，有人说，沃赛是最早洞见“工业设计”真正含义的设计师，也有人说，沃赛是现代建筑的先驱，还有人说，沃赛启发了后来的“新艺术运动”。对此，沃赛一一予以否认，他只不过遵从内心，做了一些“诚实”的设计。

巴里·斯各特（Baillie Scott），英国建筑师，生于英国肯特郡，那里农业发达。斯各特家拥有自己的农场，所以斯各特最初在农学院学习，但他很快找到了自己的真正兴趣所在，那就是学习建筑。所以他去巴斯（大概是去巴斯大学）短暂学习，这个“精致而美丽的城市”（傅雷语），以建筑为时装，仰温泉为鼻息，确实是一个好去处。

后来斯各特去马恩岛居住，在这里，他学习艺术，做教师，与设计师交朋友，并最终成立公司，把建筑设计做成了自己的事业。斯各特是一位多产的建筑师，据说其职业生涯中设计了近 300 座建筑，正是因为大量的实践，斯各特形成了自己的设计风格，那就是遵照材料和功能的真实性进行设计，并依赖精确的工艺性。他的这种风格也延续到了家具设计中，仔细一看，和沃赛的设计有异曲同工之妙（图 4-5）。

图 4–4　沃赛设计的餐具柜　　图 4–5　斯各特设计的钢琴内阁

查尔斯·罗伯特·阿什比（Charles Robert Ashbee），英国建筑设计师，但广为人知的却是他的器皿设计和首饰设计（图 4-6）。阿什比受到了良好的教育，他毕业于著名的贵族学校惠灵顿公学（真有钱），后去剑桥大学国王学院读历史，但最后还是做了设计师，师从建筑师乔治·弗雷德里克·博德利（George Frederick Bodley）（博德利与莫里斯过从甚密）。阿什比的设计思想深受拉斯金和莫里斯的影响，不仅如此，他还是工艺美术运动的主要推动者，身体力行践行着莫里斯的设计理想。

最典型的表现是，阿什比成立了自己的手工艺行会组织，并按照中世纪的模式进行运作。这种理想化的“乌托邦”式的社会生活方式正是莫里斯所提倡的，莫里斯没有做成功，阿什比帮他实现了，但实现后旋即失败，因为这种方式违背了经济发展规律。这迫使阿什比重新审视拉斯金和莫里斯的思想，结论是：不能一味抵触大机器，对抗工业生产，设计师应该有自己的主张。

失败后的阿什比并未消沉，他设计房子、经营出版社、保护古迹，并出版了两本“乌托邦”题材的小说。可见，阿什比也是一个全才，他这两本小说，估计也是向莫里斯致敬的吧？

克里斯多夫·德莱赛（Christopher Dresser），生于英国的格拉斯哥，设计师和理论家。

图 4–6　阿什比的器皿设计

图 4–7　德莱赛设计的茶壶

德莱赛的出现是一个意外。有人说他是第一个真正意义上的独立设计师，因为他率先阐明了“功能”与“形式”之间的对应性关系。他装饰，也模仿自然，但以一种“合理的目的性”作为宗旨，他是一个浪漫的科学家，理性的设计师。他做了大量的设计实践（图 4-7），身处工艺美术运动的漩涡中，却能独善其身，拥抱机器，表达出自己的主张。这一切，都与德莱赛的特殊背景分不开。

事实上，德莱赛是一个植物学家。他进行研究并撰写了大量论文，并在大学里担任植物学教授。将这种科学的态度放到设计中来，自然就有了更多理性的要求。要知道，植物学家眼中的植物和艺术家眼中的植物是不同的，各有所宗，各唱各调。时间证明德莱赛是对的，他的“规范化”去掉了更多人为要素，仿佛剥开“装饰”的层层外衣，让人看到了“灵魂”和精神实质。这个精神实质，就是所谓“合理的目的性”。

19 世纪 70 年代，德莱赛曾去日本游历，受到日本天皇接待。彼时正是日本明治维新时期，对于西方文化的推崇使日本人给了德莱赛“国家级”的高规格接待。而作为一个设计师，德莱赛详细记录了日本传统艺术的风格，并创造性地应用到了以后的设计中。

算起来，德莱赛与莫里斯算是同龄人（同样生于 1834 年），但二人的主张不同。莫里斯的理想主义和诗人气质决定了他不可能放下身段去真正与机器大工业握手言欢，况且他又继承了拉斯金的衣钵，无论从哪个角度说，都是代表了“正统”。所以他的“设计民主”理想始终无法落地，阿什比帮他实现了一次，结果“大败而归”；德莱赛就没有这种负担，他是一个务实的科学家，他的开明与实用主义让他很容易接受新生事物,与“工业”联姻就更不在话下了。也正因为如此，在当时的文化环境中,德莱赛是一个十足的“另类”。但他不在乎,仍旧我行我素，他是一个“杂家”，设计风格并不统一。所以我们从他身上可以看到现代主义的影子，也可以挖掘出后现代主义的因素。德莱赛是高明的，他不说话，任由别人解读。对于设计史的爱好者来说，我们也终于从德莱赛身上，看到了设计师应该有的模样。

感谢他！

芝加哥学派

还记得1851年“水晶宫”博览会上美国的表现吗？当欧洲的众多产品都以作品中的繁琐装饰为傲的时候，美国人颇为“不识时务”。他们带来的展品已经流露出了对于机器生产的尊重，当然这种态度的表达有时又很“暧昧”，既在设计中充分考虑了产品的结构特点，过后又“不放心”这种赤裸裸的表达，反而辅以欧洲人喜欢的装饰风格，如将一段精致的“洛可可”式装饰附着到机身上，或者一个极简洁的椅子搭配了妖娆的“卷涡形”椅腿。总之，美国的实用主义遇到了如火如荼的欧洲风格运动，就形成了这样一种奇怪的产品搭配。

但即便如此，欧洲人还是看到了美国在产品设计中不同寻常的一面。他们对结构的重视和对机器的热爱表露无遗，这种实用主义的观点使他们得以沿着一条符合历史发展的道路前进。终于，在19世纪末的时候，以芝加哥为中心，形成了世界上估计是第一个现代主义的设计流派——“芝加哥学派”。

那么，为什么是芝加哥？

我觉得有必要扒一扒这个城市的光荣历史。因为在美国哪怕是世界历史上，芝加哥都是发展最快的城市之一（大概只有中国的深圳能与之媲美）。话说，在1779年，芝加哥才迎来了第一个定居者，这个来自海地的商人，在芝加哥开设了本地区第一家客栈。在此之前，芝加哥地区一直是印第安部落的领地。直到1833年芝加哥镇成立的时候，当时才拥有三百多的居民。这期间，美国政府在此地建立过要塞，足见其战略地位已经显露。到了19世纪，芝加哥迎来了其发展最快速的时期。首先是人口上的空前增长，由不足万人发展到超过100万；然后成了连接美国中西部地区的重要交通枢纽，特别是美国南北战争后，芝加哥成了全国铁路中心。地理位置如此重要，想不发展都难！这时候，芝加哥地区的商业得到了很大发展，其制造业和零售业一度成为美国中西部经济的主宰力量，即便在整个美国，其经济地位也不容小觑。

总结一下吧，几个关键词：战争、交通、经济，芝加哥是历史造就的。然而，这还不够！终于，1871年，芝加哥又“火”了一把，这直接把诸多优秀设计师们推到了历史的前台。怎么回事儿呢？下面详细说。

已经很长时间没有下雨了，天气干燥，土地龟裂，空气中热浪滚滚，偶尔有点微风过来，也难以给人的心灵以抚慰。近100年来，这座美国中西部的城市迅速发展，由6万多木质建筑组成的大都会到处散发着木头的香气，有风的时候，还能看到木屑刨花在大街上奔跑的身影。总之，这座城市是“木质”的。

1871年10月8日21点45分，那是一个寻常的星期天，估计很多人都在熟睡或者将要进入熟睡的时刻。然而，他们没有想到，一场灾难正在悄然而至。像往常一样，一个农妇来到了自家的牲口棚，一头奶牛生病了，她要去照料一下。然而奶牛焦躁起来，碰翻了地板上的马灯，火星迸溅出来，靠着灯里的燃油，很快泛起了一片火花。干燥的木质地板、围栏、柴草们，仿佛很早就渴望一粒火星的到来，它们热烈响应，很快就把火苗拱上了屋顶。可怜的农妇，她能做什么？恐惧夹杂着大火燃烧的噼啵声，穿透夜空：着火啦！

晚了！

当邻居们听到她的呼喊，计划救援时，才发现，自己也置身于一场火海中了。

总之，像有预谋一样，大火的蔓延速度超乎人们的想象，30个小时，三分之二的芝加哥城化为灰烬。木材成灰、石头崩塌、金属熔化，伊利诺伊河也沸腾起来，人们纷纷跳入密执安湖——想象一下，这是怎样一场灾难？事后，官方统计有300人遇难，这样的统计数据鬼才信！？

芝加哥大火因其破坏力巨大而载入了史册，至今仍在警醒着人们：凡事需未雨绸缪，一个城市的应急救援系统是多么重要！在灾难面前，人类的力量又是如此渺小！令人悲痛的是，在后续的岁月中，类似的灾难还在持续上演，大火、洪水、地震、泥石流，天灾人祸，一头奶牛碰巧成了肇事者，而最大的罪魁，还是人类自己啊！

当人们都笃定地相信：这场大火会将芝加哥从世界地图中抹掉的时候，顽强的人类已经开始思考重建的方案了。报纸开张、市场开业，最重要的是——盖房子！众多建筑设计师到来了，要在有限的市区内建立尽可能多的房屋，任务艰巨，困难重重，而且，痛定思痛，更重要的是：防火！不能好了伤疤忘了疼。

怎么办？地方小，建筑不能广布开来，那就向空中发展吧。木质结构是不行了，一是不防火，而是材料的原因，没办法支撑那么高的空间，就用钢铁吧。要知道，在新技术的推动下，钢铁的生产已经能够满足大批量的需要了。注重实用的美国人，将钢铁材料的属性淋漓尽致地发挥了出来：立面简洁、结构清楚，大面积玻璃窗的整齐排列。想想吧，那清爽的现代气息，挡也挡不住！

这是一种新的风格。

芝加哥学派诞生了，真是城市不幸而设计幸！

路易斯·沙利文

如果说谁能成为芝加哥学派的代表人，第一个能想到的人就是路易斯·沙利文（Louis Sullivan）。

"形式追随功能"，这个漂亮口号的提出者，就是沙利文！我总结了一下，一个设计师若想青史留名，需要具备如下条件：

第一，独一无二的历史背景。说白了，你要生对了时代，"我就是为……而生的"，多么霸气！比如，芝加哥学派的出现就是历史性的，作为那个时代新型建筑的开创者之一，沙利文是幸运的。

第二，要有大量实践。所谓实践出真知，只有在具体的设计事务中，才能深刻体会一名设计师筚路蓝缕、开天辟地的伟大之处，尤其是一些创新设计。芝加哥大火后，用钢铁结构代替木质结构的实践，既是开创性的，又冒了很大的风险。设计师毫无疑问是这场运动的执牛耳者。

第三，要有理论依据。如果说具体的设计案例是若干"点"的话，那么，由设计实践而升华出的理论则是基于"点"而连接出的"面"，具有更大的传播性和指导意义。在由实践上升到理论的过程中，设计师也完成了一次升华。

没有第四了。

那么，沙利文是一个怎样的人？建筑师？不！他首先是一个诗人。他以建筑师的身份游走在设计界，其本质却是一个诗人。沙利文的建筑设计都被冠以"诗意的建造"称号。他浪漫、率性、不随波逐流，时刻做自己，坚持自己，有时却陷入自相矛盾的漩涡。虽然被冠以"美国现代主义建筑之父"的宏伟称号，但他却未见得愿意领受这一顶帽子，他只不过在一个恰当的时代做了一件对世界有利的事情，顺便实现了自己的人生价值。

16岁的时候，沙利文进入麻省理工学院学习建筑，但他只坚持了一年，就进了佛兰克·弗内斯（Frank Furness）的建筑事务所。在那里，他认识到了自己专业知识的不足（当然了，他只学了一年设计），计划再去巴黎美术学院继续学习，巴黎美术学院是当时建筑设计的圣殿。去之前又去了威廉·詹尼（William Jenne）的事务所实习，并在那里结识了约翰·埃德尔曼（John Edelman），后者奢华的装饰风格对沙利文产生了深远的影响。巴黎美术学院毕业后，沙利文与丹克马尔·艾德勒（(Dankmar Adler）开始合作，二人合伙成立了设计事务所。沙利文的个性与浪漫表达加上艾德勒的理性与对设计的尊重，这对最佳拍档从此开启了职业生涯的巅峰时刻。我之所以交代这么多沙利文的教育背景，是想告诉大家：第一，沙利文的成长并非一帆风顺；第二，沙利文是爱装饰的，而非你想象当中一副“禁欲”的现代主义风格。

事实上，即便是他的名言“形式追随功能”也是有提出的背景的，并非单纯如你所想，仅仅是现代主义设计运动最有影响力的信条。我们有必要先了解一下这个人的思想。

沙利文是沃尔特·惠特曼（Walt Whitman）的粉丝，惠特曼，美国著名诗人、人文主义者。这就注定了沙利文具有诗人的气质和思维方式，他聪明勤奋又复杂多变，这种“唯心”的特质正是诗人气质提供给他的。将诗歌和文学作品作为设计的来源，是沙利文一直坚持的。他说：只有将自然科学和人文科学相结合才能得到灵感，而灵感则是唯一能协调整体与细部的元素，是一切创作艺术的基础。看清楚了吧，他是一个诗性上的理想主义者。就像惠特曼诗里所描述的：

我听见美国在歌唱，我听见各种各样的歌，
那些机械工人的歌，每个人都唱着他那理所当然的欢乐而又雄伟的歌，
木匠一面衡量着他的木板或房梁，一面唱着他的歌，
泥水匠……

我想，身为建筑设计师的沙利文也一定在唱着他的歌，他一面丈量图纸，一面唱着他的歌！这么一个感性的人怎么会拒绝装饰呢？奥地利人阿道夫·路斯（Adolf Loos）说：装饰就是罪恶。沙利文说：形式追随功能。乍一看，这二人似乎在一唱一和，共同阐释了现代主义建筑设计的准则。然而沙利文继续说：我们内心中有一种浪漫主义，一种强烈的表现装饰的愿望……我们的建筑将披上诗意和幻想的外装。看到了吗？一个如此浪漫之人，一个立志将建筑赋予诗意的人，怎么能吝惜装饰呢？实际上，沙利文希望建立一种根植于自然意象的建筑装饰风格（图 4-8 所示的温莱特大厦，其立面上就有很多装饰性浅浮雕，深受工艺美

图 4-8　沙利文设计的温莱特大厦

术运动的影响)，追求自然的生机和有机连贯性，这便是所谓的“自然的诗意”。

了解了沙利文的思想背景，我们就会明白，所谓“形式追随功能”并不是“功能主义至上”论，而是阐明了形式与功能之间的关系，即自然界中事物存在的形式都有其功能性。这些满足了功能性的形式是最恰当的和独一无二的，这样才能有效区分世间万物。或者我们也可以这样理解：形式是一种功能性的表现，是一种有目的的行为。其实，沙利文的言论是其“诗意建筑”理论的延伸和更广泛的表达，而“形式追随功能”恰恰出自他的一篇论文，叫做《高层办公建筑的艺术思考》。

可见，理解一个人的言论，首先要了解这个人，了解他所处的历史背景，才能够准确判断。这也就可以解释，沙利文在其建筑生涯中设计了很多相互矛盾的作品，给人的感觉是忽而很“现代”，忽而又极尽装饰，有人归咎于他的不坚定和对于客户的妥协。其实不是的，他是一个诗人，他的很多行为都是自发的、自然的，就像春发绿草、夏长柳条那么自然。不刻意追求什么，存在的就是最好的。至于说他可以迎合客户，就更不对了，相反，沙利文过于强调个体的作用和自身能力，从不愿意改变自己而迎合潮流。

弗兰克·劳埃德·赖特

从某种程度来说，沙利文是赖特真正意义上的老师。这不是说赖特出自沙利文的建筑事务所，也不是说赖特继承了沙利文“形式追随功能”的理念，更不是说赖特与沙利文一样，不好好上大学非得辍学做建筑，而是说，赖特与沙利文一样，都遵从于自己的内心，将设计做成了自己想要的模样。

弗兰克·劳埃德·赖特（Frank Lloyd Wright）曾在威斯康星大学短暂学习（学习的时间大概比沙利文还短），后来担心毕业后就会丧失去芝加哥做建筑设计的机会，毅然退学（跟沙利文一样）。虽然只学了简单的基础知识，但年轻的赖特初生牛犊不怕虎，凭着优秀的效果图表现能力进入了大名鼎鼎的沙利文手下工作。六年后，赖特自立门户。六年可以发生很多事情，赖特是一个个性独立的人，难免与人发生冲突，他也是一个善于学习的人，他与沙利文亦师亦友，他学习沙利文，也保有自己的主张。当沙利文朗诵惠特曼的诗歌的时候，不知道赖特是否会受其影响，但可以确信的是，沙利文“诗意建筑”的理想与赖特“有机建筑”理论的形成肯定有着千丝万缕的联系。

事实上，沙利文终其一生都在追求所谓“美国式”的建筑，这也是他推崇惠特曼诗歌的内因所在，因为后者的作品中表现出的强烈的“歌唱自我”、“歌唱民主”的情感倾向正迎合了沙利文的内心诉求。

他们都力图从文化上建立一个真正的“美国”,让自己成为真正的“美国人”。这个过程是艰难的，譬如在荒漠中植树，需要克服很多困难。沙利文是探索，提理论，尚不成熟，而赖特是真正实现老师愿望的人。他的“有机建筑”理论做到了这一点：

第一，建筑要与周围环境相协调，建筑应是环境的一部分，二者共同组成一个和谐的整体；第二，建筑内部空间要注重延展性和流动性，空间衔接最好是水平延伸，方便人的自由活动；第三，建筑材料最好使用天然材料，以便与大自然相协调。

他的“流水别墅”(图 4-9),也有翻译“落水山庄”,名字很诗意,设计也很诗意。平台错落，流水潺潺，整个建筑仿佛是在山里自然生长出来的一样，可说是赖特“有机建筑”理论的集大成者。

我想，赖特如此钟情于大自然，自然有其作为职业设计师的专业诉求，任何一个因“怀疑”而“求告无门”的设计者，都可能将大自然作为自己最信赖的师者。但除此之外，赖特自身的成长环境也是促成其设计风格的基础。遥想

图 4-9　赖特设计的“流水别墅”

当年，定有一个不俗的少年，屡屡徜徉于威斯康星大峡谷侧畔，他“仰观宇宙之大，俯察品类之盛”，聆听四季节律，对于大自然的神秘力量深怀敬畏之心。终于在其成年后，内化为一种“设计品格”。

是的，我们常常沉迷于一个设计师的精湛表现，并对他的成熟风格大书特书，却不知，他儿时埋下的种子，才是所有现象的根源所在。所以，1934 年，当德裔富商埃德加·考夫曼（Edgar Kaufman）找到赖特，想要在依山傍水的密林深处建立一幢别墅的时候，赖特一定是兴奋异常的，尤其是当他听到潺潺的溪水声，那些蛰伏在他身体里的自然律动顷刻间活跃起来，实现了长久的共鸣。

赖特去世后，考夫曼将别墅捐献给了当地政府，他说：这是一件人类为自身所作的作品，不是一个人为另一个人所作的，由于这样一种强烈的含义，它是一笔公众的财富，而不是私人拥有的珍品。

这是对赖特极高的评价了。

后来，弗兰克·劳埃德·赖特被评为现代主义最重要的四个建筑设计师之一，另外三个是柯布西耶、格罗皮乌斯和密斯·凡·德·罗。

新艺术运动

首先说，这“新艺术”不是一种风格，而是一场运动——一场轰轰烈烈的“装饰”运动。有人发问：这艺术家（设计师）们又折腾什么呢？这“主义”，那“运动”，就不能消停一会儿吗？不能！简单说，两个原因。第一个，19 世纪的设计风格太不得人心了，以维多利亚式、巴洛克式为代表，矫揉造作，无所不用其极；第二个，大工业生产摧枯拉朽，产品也是粗制滥造，毫无美感。前者反映了腐朽阶级的堕落糜烂，后者反映了新兴阶级的简单粗暴。

设计师们是公正的裁判，这两种风格我都不喜欢，要改！1851年的英国水晶宫里，出现了很多新旧风格的“杂交品种”，比如将维多利亚式的繁琐装饰附着到现代机器上，逼得亲自观展的小莫里斯“泪流满面”，这就埋下了“仇恨”的种子了。后来，拉斯金振臂一呼：我们要回归自然，向中世纪的手工艺传统学习！再后来是莫里斯，他像一个先锋一样冲锋陷阵，一场“工艺美术运动”浩浩荡荡开始了。这是温习了前面的内容。

工艺美术运动是在英国，而新艺术运动，发生在法国（也有说是比利时）。下面详细说。

文化艺术的发展在于推陈出新，在于否定之否定，在不断的螺旋式上升中完成自我。况且，新艺术运动发轫于19世纪末20世纪初，世纪之交，一个新纪元！一切都是新的，出于本能，设计师们也要有一种新的设计思想来指导新世纪的创作。就像一日之晨，我们在一片朦胧混沌的意识中醒来，昨天发生的事情和晚间的梦境还依稀可见，但这已经是新的一天了，我们必须以新的面貌来面对一切。对于艺术家来说，重复和守旧是一种失去自我的表现。

新的时代，要拥有属于自己的风格！

以上是设计师们的主观意志，当然还有客观条件。

首先是社会因素，欧洲这个地方，素来也是战火纷飞。为了争夺欧洲的霸权，1870年，普法战争爆发了。普鲁士借此机会统一了德意志，成立德意志帝国，而法国丢失了欧洲霸主地位，第二帝国覆亡，第三共和国成立。但是资产阶级临时政府没能阻挡普鲁士当局进军巴黎的计划，转而谋划出卖国家利益，于是割地赔款。这大大激发了法国人民的爱国热忱，他们组建军队，在抗击普鲁士侵略的同时，也进攻巴黎，推翻了资产阶级临时政府的统治，成立了“巴黎公社”。这也是世界历史上无产阶级革命的第一次胜利，史称“巴黎公社运动”。而战争都是具有破坏性的，这种破坏性带来了世界格局的重组。我们可以看到，在普法战争中，法国的帝制瓦解，资产阶级、无产阶级相继登场，普鲁士统一，意大利独立,还有很多欧洲小国在新的欧洲格局中找到了自己新的定位。无论如何,这都反映了一个新时代的到来。

而经济政治上的变化必然要反映到文化艺术上。新兴的帝国们迫切需要用文化艺术来证明其在民族之林中的地位。仿佛大家异口同声地宣布:刚刚到来的一切都是我的,这个时代是我的,艺术也是我的!怎么体现?我要新的,非传统的!

其次是科技发展的因素,19世纪中期开始的第二次工业革命,将人们的生活水平提高的同时,各种新材料和新产品的出现也给设计师带来了更多的灵感,比如铸铁,比如各种电器产品的设计。这恰恰给他们以机会:再见吧,历史主义,我要去创造一种新的风格了!

最后就是工艺美术运动的影响。单纯从时间上来说,工艺美术运动和新艺术运动是相伴相生的,工艺美术运动更靠前一些。因为从二者的关系来说,前者对后者有着重要的启示和引领作用。那么,是不是就可以说:二者的本质是一样的呢?不是!前面说过,新艺术运动是对历史风格的反叛和决裂,它要开创一个新的纪元,虽然有人说新艺术运动是英国工艺美术运动在欧洲大陆的延续,但二者也有很多不同点。

第一,二者追求的风格不同,工艺美术运动将哥特风格奉为圭臬,而新艺术运动不追求任何一种风格,已经存在的都是被摒弃的对象。

第二,二者虽然都在强调自然风格,但工艺美术运动多强调自然的装饰作用,而新艺术则是更新了装饰的概念,用抽象的手法来表现自然的活力,是对旧风格的净化和过滤。换句话说,二者对自然的态度是互为表里的关系,新艺术运动的表现显然更为深刻。

第三,非常关键的一点是,二者对于机器的态度。工艺美术运动的设计师们抵触机器,认为那是阻碍其实现梦想的罪魁祸首,而新艺术运动则呈现了更为包容的态度,他们不反对工业化,因为这是“新时期”的重要标志,反对它就相当于反对了运动的宗旨,搞不好又会落入窠臼,这是不允许的!然而,他们似乎也没有找到一条恰当的途径来将机器批量生产的特点与新艺术的设计特点进行结合,很多设计并不适合机器生产。

但是没有关系啊，新艺术运动对于世界设计最重要的贡献在于，它是连接现代主义设计和传统设计的桥梁，因为它的一系列思想都是与现代主义有着千丝万缕的联系。比如追求艺术与技术的统一，强调形式追随功能，以及对新材料的探索和尝试等，这些都有助于一种新的设计形式和设计规范的出现。

发源地之争

关于新艺术的发源地一直存在争议。有说是发源于法国，理由是“新艺术”的名称来源于巴黎一家商店——“新艺术之家”的名称。这家商店的拥有者萨穆尔·宾（Siegfried Bing）是一个出版商兼设计师，他大概也是威廉·莫里斯的拥趸，所以这家商店实质上是莫里斯设计事务所的翻版；另一说法认为发源于比利时，理由是比利时是欧洲大陆开始工业化最早的国家之一，有着深厚的经济基础和广泛的社会基础，其首都布鲁塞尔更是19世纪以来欧洲的文化艺术中心。更为重要的是，比利时出现了一位在欧洲乃至世界设计界影响深远的人物——亨利·凡·德·威尔德。在后面的章节中我们还会隆重介绍这位设计师。

这么说来，谁是新艺术运动的发源地还真不好说。其实何必深究呢？新艺术运动是一场影响广泛的运动，席卷整个欧洲大陆，甚至影响到美国，而不是一种带有地域性的国家风格，抑或是一个带有明显人物、时间、地点的事件。我们只需清楚一点，它是英国工艺美术运动在欧洲大陆的延续和发展就可以了，至于时间先后问题，就交给“考证学家”好了。

不过接下来我们将要展开的，将是一场波澜壮阔的画面。试想一下，从工艺美术运动到新艺术运动，设计师们掀开了一场场规模宏大的设计运动。仿佛一颗火星投入到荒原（没错，在设计的蒙昧状态下，世界上的荒原比比皆是），呼啦一下，蔓延开来。星星之火，成就燎原之势，画面定格，从浓烟背后走来一群人，个个表情严肃，他们是：威尔德、霍尔塔、吉马德、盖勒、高迪、贝伦斯……这一段历史将由他们书写，每一个人都有一段不得不说的传奇人生。我计划将这些设计师安放到一个颇具演义风格的小说章节中，只有这样，才能让我们对这些设计翘楚们有一个很明晰的印象。如果可以，我还想搞一个新艺术运动中设计师“武力”排行榜，想必大家也是不会反对的。

那好吧，开始！

维克多·霍尔塔（Victor Horta）

籍贯：比利时

武力值：四星

大杀器：“比利时线条”

主要战绩：塔塞尔公馆（传说中的都灵路12号住宅）、索尔维公馆、埃特维尔德公馆、霍尔塔公馆

1861年，比利时根特古城，维克多·霍尔塔出生了。后面的事实证明，对于比利时乃至整个欧洲建筑界，他的出现绝对正当其时。霍尔塔的一生横跨了两次世界大战，世界经济政治动荡不安，设计界的发展也是波澜壮阔。霍尔塔以新艺术风格而著称，甚至被冠以“新艺术运动之父”的称号。按照经验来说，但凡被称为什么什么之父的，都是走在了时代前沿，是具有开创性的角色，而霍尔塔确实能够担当这样的称号。

我们先来看看他的教育经历。

他先是在根特美术学院学习了四年，然后前往巴黎接受培训，两年后，返回比利时的布鲁塞尔，进入布鲁塞尔皇家美术学院学习。在学习期间，霍尔塔受到建筑师阿方斯·巴拉特（Alphonse Balat）的青睐，作为助手，霍尔塔协助巴拉特设计了皇家温室，这是他第一次使用玻璃与钢。其实早在巴黎期间，霍尔塔就接触了当时的印象派与点彩派，并对新型材料玻璃、钢铁等进行过研究，

探索其作为建筑材料的可能性。可见前期的积累和概念构思尤其关键。

图 4–10　霍尔塔设计的塔塞尔公馆

霍尔塔在独立进行设计之前，一直在为巴拉特工作，后者是一位著名的古典主义建筑设计师。正是在这个时候，霍尔塔逐渐摒弃了传统建筑的风格，转而寻求一种整体性的设计思维。他认为：建筑应该与周围的环境融为一体，而不是为了形式而设计。形式与结构、功能应该建立联系。他的设计观点不单体现在了建筑设计上，在室内设计中也是如此，比如被广泛赞誉的“比利时线条”就是霍尔塔在室内设计中经常用到的元素（图 4-10）。这些如藤蔓般缠绕扭曲的线条去掉了植物本身喧闹的细节，而保留下最具生命力的部分，这正是符合“新艺术运动”宗旨的形式。而这些线条的起伏也并不是任性的，而是与住宅的结构与功能相联系。这些，都显露出现代建筑的冰山一角。

第一个吃螃蟹的人，并不一定是成就最高的人，但一定是一个具有引领作用和启蒙作用的开拓者。霍尔塔就是这样的人。他把比利时的威名留在了世界现代设计史上，也让比利时的设计在由民族路线向现代风格过渡的过程中少走了很多弯路。霍尔塔另一个让人敬佩的地方在于，他总是有意识地将其设计风格应用到针对普通民众的设计中去，而不以牺牲设计的质量为代价。这就让更多的普通人体验到了设计大师作品的魅力。我觉得，仅这一点，就比那些一味迎合权贵，将设计作为一种形而上的意识形态代言人的设计师们要高贵得多。

设计总归是要回归大众的！

而霍尔塔同时也是一名设计教育家，他做过布鲁塞尔大学与布鲁塞尔皇家美术学院的教授，还做过院长。这些都为他传播设计理念提供了得天独厚的便利条件。

不过可惜的是，新艺术运动的风潮过去之后，霍尔塔的多数建筑没有得到很好的保存，现存最完整的就是所谓的霍尔塔公馆，是他在布鲁塞尔的故居之一，现为霍尔塔博物馆。

亨利·凡·德·威尔德（Henry Van de Velde）

籍贯：比利时

武力值：五星

大杀器："德意志制造联盟"缔造者之一

主要战绩：威尔德住宅、德意志制造联盟剧院

如果我说，一个画家，经过自己的努力成长为一个建筑设计师、室内设计师和产品设计师，然后开办工艺美术学校，成为设计理论家和演讲家，并最终奠定了现代设计理论的基础。更为重要的是，他在一定时期内同时成为比利时和德国两个国家新艺术运动的领袖。你信吗？确实有这么一个人，他叫亨利·凡·德·威尔德。这名设计巨匠活了九十多岁（这让我对设计师的人生长度充满了信心），在他传奇的一生中，为我们留下了众多的设计财富。下面，让我们梳理一下威尔德开挂的一生，顺便思考一下：他是如何做到这一切的。

前面说过，威尔德本是一名画家和平面设计师，他的画家生涯怎么样呢？他曾是印象派画家之一，在比利时属于先锋派设计运动"二十人小组"成员。可见，人家在成为建筑设计师之前也是很优秀的，如果一直沿着画家的道路走下去，也极有可能会很成功。

但1891年，威尔德受到了莫里斯的影响，转向了建筑设计。还记得莫里斯吗？那位在英国工艺美术运动中的伟大旗手、设计师、诗人、社会主义运动者，此时已至暮年。我无法考证二者是否有过交集，不过可以想象一下这样的场景：一个秋季，年届花甲的莫里斯和即将而立的威尔德偶遇了，忘年之交，二人聊得很好，莫里斯的坚持和对设计的贡献让威尔德敬佩不已。此时，一阵风吹动了莫里斯已近斑白的鬓发，一片落叶恰好落下，这位前画家突然意识到一种使命感：将莫里斯的理论和对于设计的探索与实践继续进行下去，远比做一名印象派画家要有意义得多！

以上内容纯属虚构，如有雷同，纯属巧合。

威尔德作为建筑师的处女作是其位于布鲁塞尔的住宅。此时，他已经在有意识地在寻求一种“非装饰形式”，要“合理”地利用材料来表达设计的功能和目的。这是很了不起的进步，也表明了威尔德设计思想的萌芽状态。

当然，威尔德的设计理论也是在具体的实践过程中不断积累和演化的，并且不可避免地带有时代的局限性。1897 年，他在德国与人合办“工业艺术装饰营造工场”，依靠艺术家和手工艺人进行设计创作，后来又在德国魏玛举办“工艺美术讲习班”，为工匠和工业家们宣讲设计，这些积累终于促成了 1906 年“魏玛市立工艺学校”的建立。如果大家对这所学校没有概念,那一定会知道“包豪斯”吧？“魏玛市立工艺学校”正是后来蜚声设计界的“包豪斯”的前身,是不是很牛?

这还没有完，一年后，威尔德与穆特修斯、贝伦斯（另一位大牛，后面会单独讲他的精彩人生）等一起创立了“德意志制造联盟”，通过开展设计实践、出版年鉴、设计展览等活动，来推广设计理念。关于德意志制造联盟的详细情况，后面还会专门介绍，这里要说的是，威尔德们有一个很重要的共识：工业革命和民主革命的成功带来了社会经济文化等多方面的改变，设计要以工业技术为前提,以时代的需求为前提。这是一种开明的态度,仅这一点,就比“工艺美术运动”的先驱们要进步得多了。

其实，以威尔德为代表，这一时期的很多设计师们都自觉或不自觉地拥抱了技术，拥抱了整个时代，这本身就是一个进步！

这中间当然会经历很多挣扎，威尔德也是如此。比如，他一方面宣称：“我所有工艺和装饰作品的特点都来自一个唯一的源泉：理性！”是的，他也是这么做的。但由于工艺美术传统对于欧洲大陆持续而深远的影响，威尔德在一定程度上无法摆脱对于装饰的热衷。而他又曾是一名职业画家，那种对于线条韵律的热爱是渗透到骨子里的。那怎么办呢？只能“合理地利用装饰”，将装饰限制到一个合理的范围内（图 4-11），说起来，这是一个折中的办法，颇有中国“中庸之道”的感觉。但实际上，在具体执行的过程中，理性的克制与感性的张扬本就是矛盾重重，工业标准化给设计师带来的限制常让他们手足无措。这情形就像一个精神出轨的男人，面对旧爱与新欢，一方面充满了对新鲜旅途的憧憬，

图 4-11　威尔德设计的木柜

另一方面又难舍已化到骨子里的亲情。

多么纠结！

不过，对于威尔德来说，我宁愿相信，他还是爱装饰多一些的，或者说，装饰是他的设计中不可或缺的一部分。不然的话，他也不会在德意志制造联盟的一次讨论中，就设计的标准化与个性化问题与穆特修斯“大动干戈”（1914 年威尔德与穆特修斯之间有关“标准化”的论战）。可见，对于这位过渡时期的设计师来说，“彻底改变”是多么艰难的一件事！但他们已经作出了最大努力，仅凭这一点，就值得我们称赞！

赫克托·吉马德（Hector Guimard）

在介绍吉马德之前，必须要说一下另一位设计师萨穆尔·宾，他是一位定居巴黎、喜欢东方艺术的德国籍犹太人。

1895 年 12 月，一家画廊在巴黎普罗旺斯路 22 号开张了，它的主人为它起名为“新艺术之家”。与一般画廊不同的是，这家画廊不仅展示美术作品，也会展示实用的艺术设计作品。据说，“新艺术运动”的名称就来源于萨穆尔·宾的“新艺术之家”，所以有人据此说新艺术运动起源于法国。

法国新艺术运动的执牛耳者，就是赫克托·吉马德了。

籍贯：法国

武力值：五星

大杀器：“地铁风格”

主要战绩：巴黎地铁入口设计等

为什么法国的新艺术运动这么出名呢？人家是有优秀传统的，那里是学院派艺术的中心，所以并不奇怪。从传统的历史主义和古典风格转而过渡到新艺术风格，法国的设计受到了唯美主义和象征主义的深刻影响。

和同时期的所有设计师一样，吉马德在开始的时候并没有那么高的觉悟，没有想要成为新艺术运动的旗手之类。特别是在法国，这个一度成为欧洲文化艺术中心的风水宝地，此时，古典折中主义正大行其道。当然，在这样一个变革的时代，来自外界的任何影响都会改变艺术的表现形式，比如诞生于东方的日本艺术形式,这大概可以称之为外因或导火索之类。然而对于吉马德本人来说，一场具有历史意义的邂逅，才是促使他走上新艺术之路的关键要素。

1895年，29岁的吉马德去了比利时，见到了大名鼎鼎的霍尔塔。彼时的霍尔塔,也不过三十几岁,他们一定是相见恨晚,尤其是两个有着共同理想的年轻人，一定秉烛夜谈了，谈人生、谈理想、谈对于设计的理解。霍尔塔已经拥有了自己的天空，他的“比利时线条”家喻户晓，这对吉马德影响至深。吉马德仿佛忽然找到了设计的方向，他们一起去参观霍尔塔的代表作品——塔塞尔旅馆，他见识了霍尔塔的“结构理性主义”,知道了材料应该表现为线条、光和空间的抽象形式，而不只是大自然的复制品。他的目标更加明晰，他找到了自己想要的。

毫无疑问，对于吉马德的设计生涯来说，1895年，是一个转折点。

于是，他一回到法国，就将正在进行的贝朗榭公寓的图纸进行了修改，用了一种整体而统一的设计风格。如果说贝朗榭公寓的设计标志着吉马德追求理性、协调和情感的设计风格形成的话，那么巴黎地铁入口的设计（图4-12），则是他设计成熟的标志，成了他的代表作。

图4-12 吉马德设计的巴黎地铁入口

在巴黎地铁入口的设计中，吉马德似乎在向霍尔塔致敬，栏杆、灯柱、护栏，这些起伏卷曲的植物

图 4–13　吉马德设计的咖啡几

纹样与“比利时线条”有着异曲同工之妙。但吉马德较之霍尔塔似乎更有过之而无不及，这让他的作品有了一种超现实主义的风格，就像萨尔瓦多·达利（Salvador Dali）（西班牙超现实主义绘画大师）所形容的：“那些神奇的巴黎地铁入口，人们伴随着它们的优雅走进了自己的潜意识世界中，这是一个憧憬明天，栩栩如生的美学王国”。

如果还不过瘾的话，让我们再来看看吉马德设计的一把咖啡几（图 4-13），那扭曲的线条充满动感和生命的力量，像是自然长成的一样。设计师对自然曲线的崇尚显露无遗。这叫什么？自然主义或者有机仿生主义？可见，自然是一个巨大的宝库，有着取之不竭的造型元素和灵感来源。后来，另有德国的一位设计怪才将一生的努力都放到对于自然的模仿和崇拜中，他就是路易吉·克拉尼（LuigiColani）。在本书的第七章，我们会专门介绍这个人。

相比较吉马德在设计上的成功，他的晚年并不快乐。在其去世的四五年前，他与妻子离开了自己为之奉献了一生的巴黎，迁居纽约，后来客死他乡。他的黯然离去几乎没有在世上掀起任何波澜，这与同时期另一名设计家——西班牙的高迪大有不同。后者得到了巴塞罗那全城的哀悼，下面我们去看一看这位设计师的一生。

安东尼·高迪（Antonio Gaudi）

籍贯：西班牙

武力值：五星

大杀器：建筑的精神力量和纯粹形式

主要战绩：古埃尔公园、米拉公寓、圣家族大教堂他的建筑设计作品遍布西班牙的巴塞罗那。

他脾气古怪，不修边幅。

他终生未婚。

他没有什么朋友，或许有一个，叫做古埃尔。

他只说加泰罗尼亚语（西班牙的官方语言之一）。

他对穿衣吃饭很随便，因此常被认作乞丐。

他死于一场意外。

他的去世引发了全城的哀悼。

他最伟大的作品，兴建了43年，还未完成。

这个人就是西班牙国宝级建筑设计大师，他的名字叫安东尼·高迪，被称作巴塞罗那建筑史上最前卫、最疯狂的设计师。

1852年，高迪出生于西班牙的小城雷乌斯，他们家是世代相传的铁匠，但这并不影响他长大后进入专业的建筑学院进行学习。或许得益于铁匠的家世，小高迪天生具有良好的空间想象能力和造型能力。他又是一个敏感的孩子，因为患有风湿病而不能与其他孩子一样任性玩耍，所以锻炼了他敏锐的观察能力。他观察周围的事物，观察大自然，并熟稔于胸，有着自己的见解。我能想象得到这样的画面，一个孤独的孩子，阴天看雨雪，晴天看落日，他能记住每一片叶子的形状、花开的时间以及第一只蚂蚁该何时出现……及至他成为一名建筑师后，在设计中从不使用直线，而大多采用充满生命力的曲线来诠释建筑的造型，这无疑得益于他对大自然细腻而自觉的观察。

他说：直线属于人类，而曲线属于上帝。他是上帝派来的设计师。

事实上，高迪毕业那年就开始实际项目的设计了，他的毕业设计为一所大学的礼堂。他于毕业次年获得了建筑师称号，并结识了影响其一生的贵人——古埃尔（Eusebio Guell）。如果给古埃尔的身份下一个定义的话，他可以是高迪的伯乐、挚友和同盟军。高迪后面的职业生涯足以证明，正是因为结识了古埃尔这个莫逆之交，才让其获得了更多的设计资源。他所取得的辉煌成就有自己的一半，也有古埃尔的一半。

话说，高迪的毕业设计曾经引起了很大的争议，但最后还是涉险通过了，就连校长都感叹说：“真不知道我把毕业证书发给了一个天才还是一个疯子！”安东尼·高迪就是天才和疯子的结合体，而古埃尔也具有和高迪同样的特质，他总是毫无保留地支持高迪任何疯狂的想法。一个拥有财力和上流社会的地位，一个拥有旷世的才华，这两个人的结合简直是巴塞罗那“最强战队”了。

这个最强战队组合在后面的岁月中，先后设计了古埃尔庄园、墓室、公园、亭台等，这些建筑设计保留至今，都成了西班牙乃至世界上的宝贵财富。这里面最著名的，当属古埃尔公园、米拉公寓和圣家族大教堂。

先说古埃尔公园，这绝对是两个冒险家的疯狂举动。这个宏大的计划源于古埃尔的“突发奇想”，他要建一座独一无二的花园式城市，以供巴塞罗那上流社会的富人们居住。说干就干，他们在巴塞罗那郊区的一个秃山上展开了建筑计划。那个地方山高、路远，交通不便，或许是古埃尔“桃花源式”的浪漫主义情愫在作怪，才会选了这么个不合时宜的地方。当然也可能是那个地方比较便宜，但我更愿意相信前者。后来的结果证明，他们的“富人区”少有人问津，原因当然是极不便利的生活环境，少数购买了他们房子的“疯子”们，也许是冲着高迪的名声或者立志于去做“隐士”了。

总之，古埃尔公园在经济上是失败的，但这并不影响它设计上的成功之处，至少作为高迪的代表作来说，是绰绰有余的。高迪的自然主义在这个宏伟的建筑计划中表现得淋漓尽致，桥梁、道路、长椅都被设计师蜿蜒成了奔涌的河流，柱廊和墙壁上找不到一根完全的直线，它们就像天然生长的树木一样自然。设计师用自己天才的“上帝之手”将整座公园建成了一个童话世界（图 4-14）。

米拉公寓是一个委托设计，甲方是一个叫做佩雷·米拉（Pere Milà）的富翁。米拉给了高迪充分的信任和创作自由，但他终究不是古埃尔那么“大心脏”的人，因为他很快就对自己的允诺后悔了。高迪不按套路出牌的设计思路让米拉忧心不已，图纸没有、预算没有、设计方案也没有，有的只是默不作声的设计大师——安东尼·高迪。高迪是不善于交流的，或者说他不屑于交流，即便说话，用的也是泰罗尼亚语，并带两个学生充当翻译（而且只要两个，多一个也不要），就是这么任性！

米拉公寓被认为是高迪“用自然主义手法在建筑上体现浪漫主义和反传统精神最有说服力的作品”。整幢公寓没有平直的线条，动感流畅，像大海的波涛一样，即便是屋顶上的烟囱和通风管道也别出心裁地被设计成有机的形态，颇具未来感。不知道米拉先生见到这样一座奇怪的建筑时的心情是怎样的，估计他再也不会找高迪先生为其设计住宅了。这整个建造的过程，简直是一次惊心动魄的历险记！

图 4-14 高迪设计的古埃尔公园局部

1984 年，米拉公寓被联合国教科文组织指定为“世界文化遗产”。

圣家族教堂是高迪最出名的建筑，但这座教堂一开始指定的设计师并非高迪，而高迪也没有完成它就因意外而去世了。可以说，这座教堂没有始于高迪，也没有终于高迪，却是他最负盛名的作品，不能不说是一件让人唏嘘的事情。圣家族教堂始建于 1884 年，预计竣工时间为 2050 年，看来，在我们的有生之年见到它完整的样子还是可以期待的，这真是一件幸运的事情。如图 4-15 所示，即为建设中的圣家族大教堂。

当然，高迪之死也与圣家族教堂息息相关。1926 年 6 月 10 日，巴塞罗那举行有轨电车通车典礼，全城庆祝，当装饰着彩旗和鲜花的电车徐徐开动的时候，却把一位衣衫褴褛的老人撞倒了，人们以为只不过撞到了一个乞丐。这名疑似乞丐被送医后不久就断了气，后来，一位老太太认出了身为著名设计师的安东尼·高迪，避免了他被埋入公共坟场的命运。

高迪殒命车底的消息震惊了整个巴塞罗那城，市民们未必认识高迪本人，但一定对他的事迹耳熟能详，仅是遍布全城的“高迪式”建筑就够他家喻户晓了。于是，高迪出殡的时候，万人空巷，全城出动为其送葬。虽然高迪死于一场意外，

图 4–15　建设中的圣家族大教堂

但其身后所受到的礼遇还是体现了一个跨世纪的设计天才的价值，这一点，就比吉马德强多了。

其实，高迪去世的当天正在工地上忙碌，繁重的设计工作，加之他不修边幅的习惯，难免会像一个乞丐。高迪的人生中还有一个不寻常之处，那就是他终生未婚，关于这一点，他曾有言："为避免陷于失望，不应受幻觉的诱惑。"算是一个不圆满的解释。这让我想到了中国作家木心。也许，对于他们来说，被艺术占有了全部，便无暇经营俗世的婚姻了。

这是大师的境界。

彼得·贝伦斯（Peter Behrens）

籍贯：德国

武力值：五星

大杀器：德国“现代主义”设计重要奠基人、全世界第一位真正意义上的工业设计师

主要战绩：AEG 企业形象设计等

在世界现代设计史中，彼得·贝伦斯是一个不能越过的人物，尤其对于工业设计史来说，更是如此。不知大家注意没有，前面那么多内容的讲述，开始是围绕着手工艺展开，后来则言必称建筑设计，合着没工业设计什么事了？也就是说，前面写了那么多，都是别人家的历史。这真是一件令人悲伤的事情。实际上，

工业设计的理论和实践总是根植于手工艺设计和建筑设计中，这是不争的事实，在这个过程中，它一直在孕育，在找一个合适的时机，破壳而出。而工业革命后机器大批量生产和标准化萌芽的出现，已经使工业设计蠢蠢欲动，并获得了更多发声的机会。

总有那么一些人，率先意识到了设计的现实意义和可能的发展方向，贝伦斯就是这样的人。如果说世界上第一个能称得上工业设计师的人物，还得是贝伦斯。

我们现在知道了贝伦斯是德国现代主义设计的重要奠基人，属于后知后觉。其实和当时大多数设计师一样，贝伦斯一步步走来，也迷茫得很。1868 年，贝伦斯生于汉堡，一开始是学画画的（足见绘画基础是多么重要），后来给人家画插图和制作木版画，再后来改学了建筑。

1893 年的时候，贝伦斯在慕尼黑加入了“青春风格”组织，而“青春风格”是新艺术运动在德国的代言组织。这一时期是贝伦斯转型的重要时间节点，也是他由新艺术转而投向功能主义的重要时期。

七年后的 1900 年，贝伦斯正式成为一名建筑师，并将他的理论应用于现代建筑设计中。翌年,贝伦斯设计出名为“贝伦斯体”的字体,在“青春风格”和“现代风格”之间架起了一座桥梁,这是他的设计尝试,也是对装饰主义的宣战。后来，他的“去装饰化”意图越来越激进。1903 年，贝伦斯当上了杜塞尔多夫美术与工艺学院的校长，开始推行设计教育改革。

这是很厉害的，如果说其他设计师只是在默默践行自己的理想，很难有大的社会影响力的话，那么贝伦斯作为一个设计学院的“一把手”，就会有很多机会去推销自己的设计理论。

他就是这么做的。他强调基础课程，将分析几何形态的比例关系作为设计训练的核心内容。这是什么？是不是有“三大构成”（平面构成、色彩构成、立体构成）的既视感？而他的两个学生兼助手沃尔特·格罗皮乌斯和密斯·凡·德·罗显然是最大的受益者。他们后来成为包豪斯设计学院的掌门人，其理论基础就是来源于贝伦斯。

一个牛气的设计教师带出了一批牛气的设计学生,并影响了世界。在这方面，贝伦斯是一个伟大的成功者。可见，设计教育者对于改变社会设计环境的重要意义，作为一名设计教师，千万不要轻贱了自己的职业，而是要怀着一种历史责任感来深耕细作。真是功在当代，而利在千秋！

1907年，德意志制造联盟成立，这是一个大事件。联盟的成员有很多我们前面提及的老朋友，比如威尔德、格罗皮乌斯、密斯，也有一些新面孔，如诺曼、菲什等，就设计来说，其中最著名的还是贝伦斯。他是一个实干家，他的设计实践成了德意志制造联盟宣扬其观点的最好教材，比如他为AEG公司设计的标识，透平机制造车间，以及大量的民用产品，钟表、电风扇、热水壶等。就在这时，人们蓦然发现，贝伦斯在工业设计中表现出来的天赋，成功践行了德意志制造联盟的宗旨："通过艺术、工业、手工艺的合作，用教育、宣传及对有关问题采取联合行动的方式来提高工业劳动的地位。"贝伦斯首次在真正意义上弥合了手工艺和机械制造之间的鸿沟，他使人们相信，恰当使用机械也可以制作出精美的设计作品，而批量生产和分工劳动也没有那么可怕。手工艺和机器之间的纷争可以休矣，顺应时代，共同推进"工业产品的优质化"才是现时代设计师们应该做到的。

贝伦斯从事工业设计离不开德国电器工业公司（AEG）对他的信任，他最初的身份是建筑师和设计协调人。没想到，他为公司设计的标志使其名声大噪，更有人认为，他的标志设计是企业形象设计最早的典型案例，开创了企业形象识别计划的先河。那么说来，我们现在的CI（企业形象）设计继承的是贝伦斯的衣钵啊！这就很牛了。一个搞画画的，不好好作画，跑去设计建筑，后来又做平面设计，做就做吧，还一不留神弄了个"公司风格"第一人。这还没完，贝伦斯做完标志又去设计产品了，水壶、电风扇、电灯，信手拈来（图4-16），还不是旧有风格的复制，纯粹从功能主义出发，强调产品的结构和功能，去装饰化，最终的目的是适应机械化批量生产的需要，终于把自己做成了"现代工业设计之父"。这个名号，是实至名归的。

开挂的人生，不需要解释！

那么，贝伦斯是怎么做到的呢？不要以为光有才华就万事大吉了。还以

AEG的标志设计为例吧，贝伦斯在设计之初，系统研究了公司的历史、背景、产品特点等信息，明确了设计要表达的具体内容是什么，并且反复修改和调整，同时考虑标志的扩展应用，如公司文件、职员卡片、产品目录、海报等，一开始就确立了设计统一性的标准。这么说来，还是对设计精益求精的态度成就了贝伦斯，他不遗余力地将自己的设计理念灌输到设计当中，而不仅仅满足于客户的简单需求，将一个需求点做成了面，大大超出了委托方的预期。这种方法是值得我们借鉴的。

图4-16　贝伦斯设计的电风扇

1907年，贝伦斯开设了自己的设计事务所，这本身倒没有什么。重要的是，来他这里工作过的学徒们，格罗皮乌斯、密斯、柯布西耶，简直是设计界全明星阵容啊！这些人的后续努力，让现代主义设计思想逐渐成熟并为大众所认可。这才是贝伦斯最伟大的地方。

查尔斯·雷尼·麦金托什（Charles Rennie Mackintosh）

籍贯：英国

武力值：五星

大杀器：新哥特式线条

主要战绩：麦金托什楼（格拉斯哥艺术学校主建筑）、艺术爱好者之家

不要误会，查尔斯·雷尼·麦金托什也是一个建筑设计师。虽然他为我们留下了很多家具设计作品，但那不过是他在进行室内设计时，统一设计的一部分而已，如果硬说他是工业设计师的话，那也是他的一个业余角色。为什么说这

图 4–17 麦金托什设计的椅子

些？有一点特别重要，从设计历史上来说，最早的一批工业设计师几乎全部脱胎于建筑设计师，而设计的风格，则大多来源于建筑风格。一部工业设计史首先是建筑设计史。

麦金托什的设计以一种高直挺拔的线条为我们所熟知，这种风格被人们冠以“新哥特式”。其实我认为，他的精神实质还是“新艺术”的，只不过将弯曲虬结的有机线条简化为清瘦的垂直线条，这是一种更高超的抽象，体现的是一种奋发向上的生命活力（图 4-17）。

可见，“直线也是属于上帝的”，我想，高迪肯定不同意他的观点。

无论如何，这种高直的线条与德国“青春风格”的几何构图方式有异曲同工之处，从形式上来说更接近于“现代主义”，但这并不能说它就是现代主义了。任何风格的演化都不是一蹴而就的，而要受到周围环境的影响。麦金托什生活的地方是格拉斯哥，这座克莱德河岸的城市，彼时正处于工业核心位置。繁荣的经济促使消费需求的高涨，批量生产和高规格的工业制品得到普及。这是第一；在文化上，格拉斯哥与东方国家交流密切，尤其是日本。他们将日式的内敛、简洁以及亲近自然的风格称为“日本风格”。日本式的平静与内在美与西方夸张的装饰形成了反差，这必然对麦金托什们产生影响。这是第二；在欧洲，关注功能和实用主义的设计哲学甚嚣尘上，“现代主义”开始萌芽并逐渐走向时代的前台。麦金托什未必是现代主义的，他有自己的想法，他的苏格兰情调加上“日本主义”，同时带着对新艺术深深的敬意，这是第三，可以算作处于时代漩涡中的设计师以设计为媒介对社会发展作出的应答方式。

那些说他功能主义的，只是从表面形式上作的论断罢了。

1900 年，麦金托什参加了一次维也纳分离派展览，获得了极大成功，次年，又在“艺术爱好者之家”设计竞赛中获奖。展览和竞赛，是设计师进行自我推介的重要手段，古今中外，概莫能外。出了名的麦金托什受到了维也纳分离派的青睐，他的“新哥特式”也俘获了很多设计师的芳心，粉丝遍布欧洲大陆。这里面有一个人叫霍夫曼，更是将他的设计构图方式演化到了一个新的境界，关于这个人，后面再讲。

前面说过，麦金托什的正式身份是建筑师，他的作品包括铁路总站、音乐厅、酒吧、餐馆、展览馆等。总量并不多，其中最有影响力的一个建筑——艺术爱好者之家，还是在他去世后才建成的。而他影响最大的国家是奥地利和德国，并不是英国。直到1990年，格拉斯哥当选为欧洲文化之都，作为家乡代表设计师的麦金托什才得到了大力宣传，这大概是他最辉煌的一次。这离他1928年去世，已经过了半个多世纪了。

2009年，克莱德斯戴尔银行发行了以麦金托什为头像的100英镑的纸币，作为一个设计师，我们为之骄傲。或许，这是世人对这位天才设计师的补偿吧。

约瑟夫·霍夫曼（Josef Hoffmann）

籍贯：奥地利

武力值：五星

大杀器：棋盘风格

主要战绩：适于坐的机器（可调节座椅）

约瑟夫·霍夫曼，维也纳分离派的得力干将，是该组织发起人奥托·瓦格纳（Otto Wagner）（奥地利著名建筑设计师，著有《现代建筑》一书）最著名的学生之一。后者是维也纳艺术学院的教授。

维也纳分离派：为时代的艺术——艺术应得自由！彻底的自由是与历史的决

图 4–18　霍夫曼设计的椅子

图 4–19　霍夫曼设计的可调节座椅

裂，所以我们要“分离”！颇有革命的味道：打破一个旧时代，开辟一个新时代！

瓦格纳说：新结构、新材料必将导致新形式的出现！气定神闲的样子，很淡定。换一个说法：该来的总会来的，静静等着就好。我喜欢他的态度。

霍夫曼说：所有建筑师和设计师的目标，应该是打破博物馆式的历史樊笼而创造新的风格。霍夫曼所创造的新风格就是他的“棋盘风格”，这种风格深受麦金托什的影响。不要以为霍夫曼的棋盘风格只存在于家具设计中，他在室内设计和平面设计中也多次运用。

1903 年，霍夫曼与科洛曼·莫瑟（KolomanMose）（维也纳分离派中的另一位代表人物，与霍夫曼是同学）成立了维也纳生产同盟，霍夫曼是主要设计师。他的设计理想得以实现，家具、金属制品、装饰品承载了他的设计梦想，也把他的正方形网格（棋盘）构图发挥到了极致（图 4-18，图 4-19）。事实上，虽然他声称功能和实用性是设计的首要条件，但是他的设计作品并不能完全实现他的宣言。相反，他的棋盘风格经常过于刻意，从而演变成了另一种“形式主义”，比如他的椅子并不见得有多舒服，麦金托什的设计也有这个问题。还有，他们对装饰持一种谨慎的态度，不刻意为之，这种带有理想主义的功能化倾向并没有维持多久。第一次世界大战后，人们发现，“棋盘霍夫曼”完全违背了自己的初衷，他的设计转向了新古典或新洛可可风格。古典主义是什么？洛可可风格是什么？去查查前面的内容吧。就好像从一个秉持禁欲主义的清修者转变成风流倜傥、生活放纵的花花公子的感觉。画风突变，让人多少有点不可接受。

折中主义复活了。联想到维也纳分离派的宗旨，这不能不说是一个讽刺。尽管如此，我更愿意相信，霍夫曼也许是想创造另一种新的风格以便与他的生活状态相适应（维也纳休闲和安逸的生活也许是导致霍夫曼风格转变的诱因），只不过这次又用力过猛了些。分离之分离，否定之否定，仿佛又回到了起点？其实不然，如果我们放眼整个设计历史，设计风格的演变总是呈现一种螺旋上升的状态，复古与反叛是一种常态。我们后面将要讲到的“后现代主义”就是一种大规模的反叛运动。只不过这个过程浓缩在了一个设计师的设计生涯中，难免局促，而霍夫曼被斥为“颓废”也是人们的快意表达，希望他能够原谅。

设计师要宽容一些，不是吗？

1933年，维也纳生产同盟解散了。

赫尔曼·穆特修斯（Herman Muthesius）

籍贯：德国

武力值：五星

大杀器：官员设计师的身份

主要战绩：创建德意志制造联盟

之所以在本章的最后还要介绍赫尔曼·穆特修斯，是因为他是著名的德意志制造联盟的主要缔造者之一，他的身份是教师、建筑设计师、古董鉴赏家和外交官。而德意志制造联盟的成立，使工业设计真正在理论和实践上走到了历史的前台，一批那个时代中最优秀的设计师们，都在这个舞台上作出了自己的贡献，包括我们前面提到的贝伦斯、威尔德、格罗皮乌斯、密斯、柯布西耶、霍夫曼等。关于这些人，还会是后面某些组织或运动的主角，我们还会进行介绍。

穆特修斯之所以能成功，首先得益于他的官员身份，其次他是一位有见识、懂专业的官员。作为德国驻英国伦敦的建筑专员，穆特修斯充分发挥了自己的专业优势，不断考查和报告英国建筑的情况并完成巨著《英国住宅》。我们都知道德国是现代设计的发源地，却不知道，19世纪末20世纪初的英国设计比德国要先进得多。一个优秀的民族，必然是一个善于学习的民族，穆特修斯把英国的实用主义建筑设计理念带到了德国，不仅影响到了德国家庭住宅的设计，也作为一种实用美学的雏形，进入到了一般文化领域。

回国后的穆特修斯有了更高的职务和更重要的工作，作为贸易局官员，负责应用艺术的教育，这给了他更大的施展空间。德国的设计教育在他的推动下，更加“合理、客观”，他对功能性的强调让我们看到了正在崛起的德国现代设计所具有的内在美学动力。

新的形式，一直是穆特修斯所追求的，也是当时的德国所需要的。从某种意义上来说，德意志制造联盟的成立，恰如一颗至关重要的螺丝钉，在德国飞速运转的现代机器上，发出炫目的光芒。那么问题来了，为什么是德国？为什么是穆特修斯？

先回答后一个问题。穆特修斯具有多重身份。官员的身份让他可以获取更多的资源从国家层面进行运作，对于任何一个国家都是如此，由政府（或政府代表）出面，自上而下去推进一件事在执行上会更为快捷和有力；设计师的身份让他始终以专业的眼光来审视整个欧洲的设计，他敏锐捕捉到了英国设计的核心竞争力：实用！并介绍到德国；教师的身份让他深谙理论的传播之道，功在当代，利在千秋。生命力的延续在于传承。一个美学风格若想成为国家标志，必然要通过教育手段。这一点，他也成功了；这最后一个身份是战略家，穆特修斯始终站在高处，从国家利益和欧洲全局来考虑问题。他深谙德国工业在欧洲的优势，并致力于德意志民族的文化复兴，这种理想绝非单纯的个人情怀所能比拟。

所以，尽管穆特修斯在早期阶段受到了德国“主流”设计界的围攻，但凭着坚强的意志和强大的人脉关系以及手中掌握的宣传资源，他得以迅速集结德国最优秀的设计师成立了德意志制造联盟。这颇有德国人严谨、果断、高效的行事风格。

所以，只能是穆特修斯！

再回答第一个问题。19世纪末的德国，工业发展迅速，与之对应的，则是设计文化的落后。如果说经济基础决定上层建筑，那么，德国亟需一种符合现代精神的国家风格与之相对应。怎么办？向英国学习！实际上，英国作为欧洲老牌的资本主义国家，一直是其他国家模仿和追捧的对象，这其中就包括德国。那个时候，德国与英国的差距究竟有多大呢？举个简单的例子吧，1851年英国水晶宫博览会还记得吧？当大英帝国张开手臂，热情欢迎万国来朝的时候，彼时的德国还是四分五裂的大小诸侯国构成的。后来经过了普法战争（1870~1871年），普鲁士获取了更多土地和资源，才以此为契机，促进了工业的发展。此后二三十年，德国像上足了发条的机器，一直保持高速的工业发展，并且完成了国家统一。它就像一个完成了逆袭的穷屌丝一样，“用40年的时间，赶上了英国200年的工业发展成果”。这样的口号是不是似曾相识？是的，在亚洲，另一个现代化国家日本，在第二次世界大战后用了20年的时间实现迅速崛起。在这一点上，德国和日本有着共同的发展历程，即“真诚”地向发达国家学习，同时很重要的一点：都非常重视设计。在政府推动设计方面，德国大概是第一个取得显著成绩的国家。德意志制造联盟的成功，并非穆特修斯一个人的功劳，他在很大程度上代表了政府的立场，政府给予他权利和资源，自上而下推动设计，事情就简单多了。所以，德意志制造联盟是一个半官方组织，绝非一个民间协会那么简单。

再一个就是德国的民族精神。想想当时，德国既没有殖民地以取得廉价劳动力和产品倾销地，又没有廉价的原材料，这一点就不如他的偶像英国，人家殖民地满世界都是（殖民地的原材料、廉价劳动力和广大市场为英国的工业发展作出了巨大贡献）。那怎么办？只能从自身做起，生产高质量的产品，用产品说话！德国人的严谨、科学和自律精神这个时候发挥出了巨大优势，不要小看这些品质，尤其是自律精神，德国人擅长严密组织并以高度的纪律性与国家利益相配合。这成为德国经济超越英国成为欧洲工业领袖的法宝。

说了这么多，大家应该清楚了：德国，可以的！

最后说点题外话，前面提到，成立德意志制造联盟的三个大佬，除了穆特修斯之外，还有威尔德和贝伦斯。贝伦斯不说了，说说这个威尔德。因为威尔德和穆特修斯在1914年“打了一架”。怎么回事儿呢？关键词：标准化！穆特修斯是提倡标准化的，并把它作为设计的“三个准则”之一（另外两个是产品质量、抽象的造型）。威尔德是反对标准化的，他崇尚艺术家般的自由创作，并引用莫里斯的观点进行辩解：从英国工艺美术运动伊始，设计就是如此的。这场论战最终以穆特修斯的胜利而告终，他也得到了大多数设计师的赞同。

威尔德虽然是德意志联盟的三个主要“盟主”之一，但他时不时表现出的对于艺术的热衷，使他常常站到大工业生产的对立面中去。这也是当时很多设计师的真实状态。但无论如何，穆特修斯对于设计的坚定立场让现代设计的理念得以贯彻下去，这几乎成了欧洲工业设计发展的转折点。

感谢这次辩论的正反双方！

最后妄加揣测一下：德国设计的进步更进一步促进了德国工业的发展，此时，生产力与生产关系的矛盾更加突出。对于原料和市场的渴求让德国再也不安心做一个“安分守己”的国家，他们迫切需要一场战争来解决未来的发展问题，于是乎，连续两次世界大战，德国都成为战争的主角……细思极恐，设计难道成了德国发动战争的帮凶？

第五章 战争未休，设计不止！

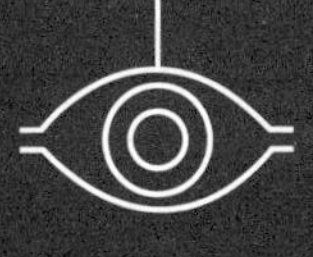

1914 至 1918 年，人类爆发了第一次世界大战；1939 至 1945 年，人类爆发了第二次世界大战。

其实，在人类历史的发展进程中，一直伴随着战争，即便现在也是，局部战争不断。纵观历史，战争爆发的原因，往大了说无非两点：经济和政治。就拿第一次世界大战来说，工业革命了，资本主义经济在各国得到了发展，尤其是欧洲和美洲。作为最先进行工业革命的国家，英国是最先发展起来的，它也是最先在世界各地建立殖民地的国家，地盘多得自己都数不过来，号称“日不落帝国”。但三十年河东三十年河西，那些后起之秀们在经济发展上就后来居上了，比如与英国同属欧洲的德国（注意这个国家），以及一洋之隔的美国。

经济基础决定上层建筑，当时的经济总量是：美国第一、德国第二、英国第三。我比你家有钱，凭什么地盘没你多？我也想圈地，盖大房子！这是德国的真实想法。但老牌资本主义国家英国、法国、俄国不同意，凭什么同意呢？开打吧！

本质上，这是两伙儿强盗因为分赃不均火并了。这直接的结果就是花了好多钱，死了很多人，被打败的德国、奥匈帝国们该赔钱赔钱，该割地割地，还有的偷鸡不成蚀把米，自个儿地盘的人也闹起来了，民族解放、搞独立，于是，很多国家便解体了。

世界格局大变。这里面最冤的就是德国，不但没有当上老大，还得割地赔款，不让发展军队。这不憋死人吗？“我还会回来的！”第二次世界大战，德国又成为肇事者之一……闲话少叙，我们不是讲战争的。

我们讲一讲战争对于设计所产生的影响。众所周知，19 世纪末 20 世纪初的时候，以德意志制造联盟为代表的设计组织已经逐渐确立了现代主义在设计历史发展中的地位，一大批设计师的持续推动，终于让设计风格演变为适合机器大工业发展的样子。

设计就像一个任人打扮的小姑娘，这一次，终于代表了时代。

而世界大战无疑带来了灾难，对设计能有什么影响？第一，客观上加强了世界各国的交流；第二，推动了科技的发展，比如武器和新材料的使用；第三，工业化和城市化，设计大有可为。这是最重要的。

说白了，世界格局变了，经济文化交流频繁了，世界更加融合;科技发展了，设计有了更多的可能；工业化和城市化的持续推进，改变了人们的生活方式，生活方式变了,人们的需求就变了,需求变了,设计的用武之地就大了。关于这方面，后面会慢慢讲。

如果说设计的变革也是一场战争的话，那进入了新的历史发展周期，各种设计改革和实验，乘着现代主义运动的春风，第一次彻底地将历史主义和折中主义扫到了历史的故纸堆里。摧枯拉朽，不留情面，如同社会主义革命，设计师们也是不留情面的：拥抱新时代，拥抱机器大工业，拥抱标准化和批量生产！如果在前一个世纪他们还是小心翼翼在私下里嘀咕的话，那么这次，是喊出来的。

理想主义和功能主义成为现代主义设计的主题。那么，只是把设计做好了就完了吗？不是！在市场经济时代，商品能否卖得出去，是消费者说了算。而消费者的要求又是多元的，随着时间的推移，他们的需求也会变化。这是一个很麻烦的群体。

后来一个叫做亚伯拉罕·马斯洛（Abraham Maslow）的心理学家总结了：人们的需求是不断递进的，由低层次向高层次排列：生理需求、安全需求、爱和归属感、尊重和自我实现，共五个层次。简单说就是先要能活下来，然后是活得舒服，再然后是活得有趣、有尊严。那么我们在做设计的时候就要考虑到你所面对的消费者是处于哪一个消费层次上，可见，设计不是随便做的，这跟艺术家不一样。

说到消费者，除了个体的不断变化外，还会有新的群体持续加入。比如这一时期，越来越多的女人甘为家庭主妇，这原因据说是因为佣人从业者的减少。做家务是一个苦累的差事，劳累程度并不亚于在工厂里劳作，而且，家务活儿也可以组织得很系统。设计师们来吧，给她们设计一些省时省力的工具，帮助她们改善生活的质量，最好增加一些显而易见的功能，还不能太难看。于是乎，冰箱、吸尘器等各种小家电鱼贯而入。

家庭格局改变了。

就像前面所说的马斯洛需求理论，有钱了的消费者渐渐不满于只能解决功能化的产品了，他们有了更多的需求，身份的、地位的、象征意义的……有的时候仅仅是“喜新厌旧”的想法在作怪，这个时候，设计师成了帮凶。他们设计各种各样花哨的包装，以提升产品在市场中的形象，而实践证明，那些光鲜的外衣确实起到了推销的作用；他们推行了“有计划的废止制”，迫使人们在规定的时间之内更换产品；他们注重做表面文章，增加产品的附加值以彰显其品质，满足了消费者对于所谓“象征意义”的追求。

总之，设计是一种文化现象，是社会历史的一面镜子，任何经济政治上的因素都会在设计中有所反映。任何时期所表现出来的设计特点都是有历史局限性的，我们应该透过表象看到本质，才能对现时代的设计文化现象有清晰的认识，并对未来的发展有所判断。

福特汽车

美国这个国家，没有悠久的历史，原住民是印第安人。后来，英国、法国、荷兰、西班牙相继向北美洲移民，占领人家的地盘。再后来，英国成了世界“老大”之后，就在大西洋沿岸建了13个殖民地，这13个殖民地就是后来美国的原始版图。1775年，独立战争爆发，华盛顿任总司令，第二年，《独立宣言》发表，美国（美利坚合众国）成立。再后来，1783年，美英签订《巴黎和约》，13个殖民地正式脱离英国，算是得到了“宗主国”（英国）的承认——它不得不承认，打不过人家，还能说什么？

就这样，美洲出现了第一个资产阶级共和国。每年的7月4日是美国的国庆日。

所以你看，美国的历史，即便从独立日那年（1776年）开始算，到今天也只有240多年历史，它的文化积淀是很弱的，更别提什么传统了（如果有的话，也是印第安文明创造的）。它是一个移民国家，兼收并蓄。两次世界大战的爆发，导致欧洲很多社会精英涌入美国，为美国的发展注入了强大动力。现在的美国延续了这种文化态度，开放包容，只要是好的东西，都来吧，我给你创造好的条件！

这是一种典型的实用主义。在设计的发展中也是如此，直接、有效就好。不好怎么办？想办法改正吧。没有那么多“主义”的限制，没有那么多情怀的羁绊。所以，美国发展得很快。

市场经济、劳动分工、批量化生产，这些方面，在美国发展得都比较完善，这对于发展现代主义的工业设计有着很重要的作用。美国对于消费产品的生产和销售是有着良好传统的，在20世纪初的时候，就发展出了一套高效的市场营销体系。高投资、大批量、大众消费，这是一种行之有效的美国模式。时至今日，美国拉斯维加斯国际消费类电子产品展（CES）仍旧是世界消费电子的风向标。

我们有必要找一个典型，来阐述一下，20世纪初叶美国设计的特点，一些背景关系的介绍能让我们了解设计发展的脉络。我准备讲一讲福特汽车。

1903年，亨利·福特（Henry Ford）创建了福特汽车公司，公司的名称就是他的姓氏，简单、直接、好记。福特是一个汽车迷，他曾经自学成为一名蒸汽机技师，1896年试制成一辆二汽缸气冷式四马力汽车，开始了他的汽车生涯。1898年就成立了第一家汽车公司，虽然只经营了两年就破产了，但也积累了大量经验。

也就是说，成立福特公司是他第二次创业了，这次他成功了，这公司一干就是100多年，现在已经是世界上第二大（最大的是丰田）汽车生产公司，是很了不起的事业。

为什么要讲福特呢？因为他最能代表美国20世纪初制造业发展的状况。无论是他开发T型车，让普通的老百姓都能开上私家车，还是变革生产方式，流水线作业，仅10秒就可以生产一辆车，又或者是迎合大众趣味，开始汽车的年度换型计划，都是美国商业社会实用主义的真实写照。

一开始，福特汽车公司奉行标准批量化生产。1908年，T型车就是在这种背景下诞生的（图5-1）。亨利·福特称之为“万能车”，为什么呢？性能好！关键是价钱还便宜，让普通老百姓都能买得起。所以，他第一年的产量就达到了1

万多辆。他是怎么做到的呢？关键就在于这个批量化。

前面说过，人家10秒钟就能生产一辆车，这样的生产效率成本能不低吗？所以有人说，福特不但改变了工业生产方式，还对当时的社会文化产生了巨大影响。这就要说到他对雇员的管理策略，1914年，他将福特汽车公司的最低日薪改为5美元，这几乎相当于当时社会最低日薪的两倍。绝对的高工资！这里面的潜台词是:员工拿了高工资，可以来买公司生产的低成本汽车啊！员工高兴，公司也增加了销售量，皆大欢喜，不好吗？

福特果然是一个套路高手。

得益于福特公司的生产流水线，产品生产的总量大大提高，据说T型车最终生产了1500万辆，这是一个世界纪录。从此，福特汽车遍布世界各个角落，甚至包括当时的中国。福特先生用他先进的生产经验，“为世界装上了轮子”。

福特说:我们要尽力了解人们内心的需求，用最好的材料，由最好的员工，为大众制造人人都买得起的好车。这概括起来有三点:需求很关键、质量要过关、成本要低廉。从用户的角度来说，花最少的钱，买到自己需要的好东西，何乐而不为呢？

图5–1　福特T型车

可是，用户的需求是变化的，还记得那个叫做马斯洛的心理学家吗？按照他的理论，当人们的基本需求得到满足的时候，必然会有更高层次的想法。朝三暮四，得陇望蜀。对于汽车来说，这更高层次的需求便是对时尚和个性化的追求。用户的个体意识觉醒之后，就会对千篇一律的东西产生逆反，尤其当花同样的钱能买到同质但外观不同的产品时，他们得到了极大的满足。

福特感到了危机。这距离T型车畅销不过20年的时间。

怎么办？改！他们重新设计了A型车。后来又是V8型车，更新的速度越来越快。这里有一个深刻的矛盾，那就是：为了省钱，就得标准化，而不断地改型，又会增加成本。有没有一个两全其美的办法，既能降低成本又能让车型始终保持时尚感？有！样式设计。

所谓“样式设计”，就是产品的基本结构保持不变，而不断更换外壳的样式。或者说是，技术性的零件保持不变，而产品的外观风格不断变化。总之，这是一种“统一中的多样化”，直到现在，这种设计方式还是商业设计的重要手段。说到底，这是由市场所决定的，想当年，福特的T型车卖得好好的，通用汽车公司非来一个“年度换型计划”，消费者们不淡定了，目光很快就被吸引过去了。福特也不淡定了，以其人之道还治其人之身，你换我也换！

其实不单是汽车设计，在这种商业氛围下，美国几乎所有的技术性消费产品都采用了这种策略，比如家电产品也是，当时的代表是威斯汀豪斯和通用电器。当然啦，科技的进步带来的加工技术的改进也起到了推波助澜的作用，在这种背景下，更多的设计得以通过新的技术手段或者新材料加工出来。关于这方面，我们后面会有相关内容与之对应。

“欧洲之冠”的人情味儿

地球上有那么一块地方，一年中一半的时间是漆黑的冬夜，漫长而寒冷。

这里是北欧，西部是温带海洋性气候，东部是温带大陆性气候，多湖泊河流，水能丰富。

这里又被称为“斯堪的纳维亚”，从文化共同体的角度来说包括五国：丹麦、瑞典、芬兰、挪威和冰岛。这五个国家地处欧洲北部，东部与俄罗斯接壤，西部与英国隔海相望，南部与欧洲大陆隔着波罗的海，像一个王冠一样，所以被誉为“欧洲之冠”（图 5-2）。

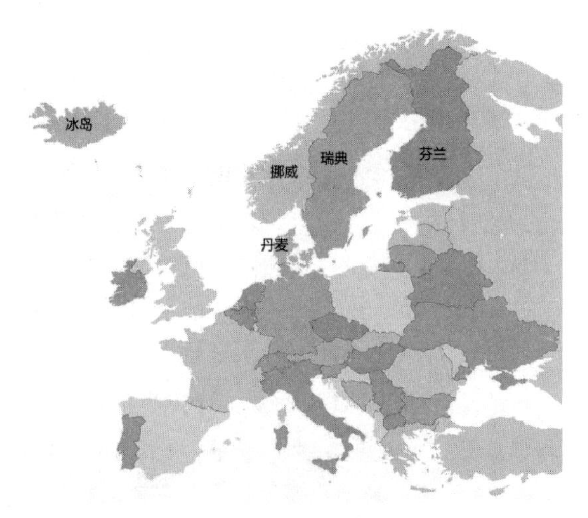

图 5–2 “欧洲之冠”斯堪的纳维亚五国地图

不过，这名称上的尊贵并没有给他们带来物质上的优势，相反，这种隔绝的位置使他们发展起来颇为困难。在第一次世界大战之前，这里普遍还是以农业为主，生活条件艰苦，同时，当英国的工业革命席卷整个欧洲大陆的时候，北欧仍是一派田园牧歌的景象。农业的劳作方式，与手工业的组织形式是息息相关的，所以，这里有着优良的手工业传统。这些深入骨髓里的传统不能不对后来的设计产生深远的影响，所以，当欧洲大陆和美国的现代主义开始萌芽并逐渐壮大的时候，这里的设计师没有盲目跟风，而是在遵照传统的基础上不断探索现代加工手段与美学上的结合。当然，他们最终还是走向了功能主义，但这种走法是循序渐进的，不慌不忙的，如同慢火煲汤，更多的传统历史文化元素得以沉淀，味道也不一样。

这让我感觉到，斯堪的纳维亚地区的设计发展历程更像是一场修行。当一洋之隔的欧洲大陆的设计改革运动闹得沸沸扬扬的时候，这里一派平静，仿佛被世界遗忘了一样，但他们确实在默默积攒着力量，这是一种温和的力量，厚积薄发，仿佛小草之于顽石，这是一种由内而外生发出来的力量，温润如玉。后来我们都感受到了斯堪的纳维亚设计的不同之处，我们用了一个共同的形容词，叫做“人情味”。

严格来说，他们是现代主义的传承者，更是改变者，他们像一个高明的厨师，用着同样的食材，却有自己独到的烹饪方法，他们把“人情味”加进去，于是，设计就散发出了人性化的光芒；他们不追求流行时尚，他们克制着对于装饰的热爱，代之以对于传统的尊重，仿佛是一个端庄美丽的传统女子，笑不露齿，性情温婉，不见得艳丽多情，但娥眉青黛，明眸善睐，顾盼生姿，让人心驰神往。

这恰到好处的韵味正是最有吸引力的。

斯堪的纳维亚设计之所以如此呈现，自然有它的道理。这第一呢，就是它的地理位置，远离欧洲大陆，受影响比较小，容易形成自己的特色；第二，就是它的自然条件，昼长夜短，天气寒冷，生生逼得那里的人们“温情”了许多，这不只设计作品，其他方面也是，比如文学作品。所以有人说，北欧人创造了举世无双的家具，也创造了举世闻名的童话。森林、木屋、海浪，身为一个北欧人，先要学会如何度过长夜，而文学，无疑是最有力的法宝；第三，尊重传统与自然。自然材料是他们的最爱，由此而来的自然美学是他们的生活哲学，对他们来说，最好的设计来源于大自然，自然中的很多元素都可以为设计所用。如果不信，就看看汉宁森先生的 PH 灯吧，或者看看雅各布森的蚁椅、天鹅椅和蛋椅，这都是设计中的经典之作。

如果你仅仅以为斯堪的纳维亚设计是自娱自乐式的地方主义那就错了，他们本质上还是现代主义的，是一种对包豪斯（世界上第一所完全为发展现代设计教育而建立的学院，后面会详细讲）所推崇的“功能主义”的继承。这是一种批判的继承，融入了很多深具区域特色的元素。这很成功！同时会给我们以启示，一种风格或者“主义”，并非神圣到不可改变，应该在理解其本质的基础上结合自身优势进行再设计，才有可能变成自己独具特色的东西。注意，这个融入的东西必然得是深刻的、浸入骨髓的和文化层面上的，才最有效，否则就成了“贴标签”式的设计了，就会透出一股浓浓的山寨气息。

总之，斯堪的纳维亚设计的成功是一种文化的成功，它要让人们相信，好的设计是要被享用的，就像享用珍贵的阳光一样。

材料王国的侵略者

在战争年代，技术的发展是必然的。因为要造武器啊，就得加强新技术、新材料的研发，当战争结束，这些技术自然就会走下战场，进入千家万户，为民用产品的发展贡献力量。这里面我们说说两种材料的出现。

首先就是金属。其实金属早就是我们日常生活中的常客，可以这么说，金属的发展和人类文明的发展是同步的，或者说，人类文明的发展与工具的使用是同步的，而制作工具的材料至关重要。就说茹毛饮血的石器时代吧，那些靠砸、削、磨等简单物理操作完成的工具，其攻击力和实际效用直接造成了原始人类生产力的低下；尔后，青铜器出现了，伴随新材料出现的，还有先进的制造技术。人们翻制模具，用范铸法，用失蜡法来制作生活用品，制作战争武器等。在这种制造方法下，批量化生产成为可能，所以当我们看到商周时期的“逐鹿场”，兵士们手持相同的斧钺剑戟，一声令下，万簇齐发，兵戈所向，整齐划一。场面背后，我们感受到的是材料技术进步所生发的力量。

后来人们在炼铜的过程中衍生出炼铁的技术，铁器时代拉开帷幕，一开始是用原始的陨石铁，后来是用人工方法冶炼。铁器有着比铜器更为优良的化学物理性能，比如铁器有更好的刚性和韧性。而更重要的是，铁在地壳中的含量要远远大于铜，这也是后者取代前者的决定性因素。

材料上的革新一直都在进行，由铁到钢就是一个飞跃，靠控制铁中碳元素的含量，人们制作出了各种不同性能的钢。尽管如此，铸造方法一直是钢铁加工的主要方法，直到轧钢技术的出现。从此之后，钢铁制品以一个全新的面貌出现在人们面前。很难想象，如果没有冲压技术，没有钢板，车壳怎么处理？各种电器的壳体怎么处理？或许会有其他的替代材料吧,反正我想不出来。据说，福特公司就有自己独有的钢材加工技术，这也是他们领先于时代的一个原因。

然后说说塑料吧。当下，提起塑料，是再普通不过的一种材料了，普通到可以无视它们的存在。但倒退一百年，这可是一种稀缺材料。我们有必要在这里扒一扒塑料的发展史，顺便思考一下，塑料在产品设计历史变迁中都扮演了什么角色？

提到塑料，这第一要说的就是赛璐珞，这几乎是历史上最古老的塑料了，它以硝化纤维和樟脑等原料合成，所以又叫硝化纤维塑料。如果按辈分来说，这赛璐珞可以称之为塑料的老祖宗了，它最初的名称叫做“假象牙”，也就是说，赛璐珞是象牙的替代品。这还得从早期的台球制品说起。作为一项“绅士”(贵族)运动，这最初的台球是用象牙来做的，尽显其“高雅”的品质。19世纪的时候，台球在美国得到普及，需求量激增，由于象牙材料主要来源于非洲，造成了非洲大象不断减少。这可怎么办？

急需一种新材料来代替象牙！

美国一位叫做约翰·海厄特（John Hyatt）的印刷工，由于喜欢台球，决定发明一种能够代替象牙的制作材料。一开始，他尝试在木屑中添加天然树脂虫胶，使木屑结成块状，然后加工成球形，但强度太差，经不起碰撞。经过不断试验，经过一次次的失败（此处省略若干字），他始终没有找到一种既硬又不易碎的材料。

一次偶然的机会，他发现用做火药的原料硝化纤维在酒精中溶解后，再将其涂在物体上，能够形成一层透明结实的膜。但只有这种膜是不行的，加进樟脑后，硝化纤维改变了性能，变得又硬柔韧性又好。所有特性都满足，就是它了！

约翰·海厄特将它命名为“赛璐珞”。而发明家的人生开始改变，他已经不是当初那个一事无成的印刷工了。他开工厂，做实业，“赛璐珞”也不满足于只用来加工台球，还可以用来做电影胶片，甚至箱子、纽扣、乒乓球和眼镜架等。由此可以确定的是，塑料时代已经徐徐拉开了帷幕。

后来，当酚醛塑料发明后，电器、仪表、机械零件的制作都有了新的替代材料，尤其是外壳部分，有的甚至取代了部分金属。酚醛树脂是一种合成树脂，这不同于赛璐珞。据此我们可以说，塑料的发展进入了合成树脂的阶段。这当然得益于化学家的努力，让我们记住这两个人：德国人赫尔曼·施陶丁格 (Hermann Staudinger) 和美国人华莱士·休姆·卡罗瑟斯（Wallace Hume Carothers）。这两个人共同为高分子化学和塑料工业的发展奠定了理论基础。

再后来，由于技术的进步，化学家们为塑料穿上了彩衣，五颜六色的塑料极大地增强了自身的表现力，这让设计师们欣喜若狂。所以，从 20 世纪 30 年代开始，塑料正式走上了设计历史的舞台。它们涉足各种产品领域，家电、家具、办公用品、交通工具，只要你能想到的，都会有塑料的身影，其优异的材料特性也为这种材料的使用创造了各种可能。要知道，塑料可不是一个人在战斗，而是系列化，各具异质。不如听听这些耳熟能详的名字吧：ABS、尼龙、聚甲醛、PP、聚碳酸酯等等。设计材料是设计专业学生的必修课，建议大家好好去了解一下它们的脾气秉性。

一种新材料的使用必然要面临着建立自己视觉特征的任务，而视觉特征的建立离不开这种材料的属性和加工手段。当我们习惯了塑料制品注塑成型的加工手段之后，就会在设计的时候留意分型线和拔模角度的控制，直到这成了我们设计的一部分。当然，在这一历史时期，对于塑料来说，最大的成功就是，它们由各种材料的代用品一跃成为主流的设计材料，从而实现了由灰姑娘到公主的华丽转变！

祝贺他们！祝贺后来的设计师，你们有福了……

说起来,这第一个沾了光的设计师,就得说维纳尔·潘顿（Verner Panton）了，而提到潘顿，就不得不提他的那些妖娆的椅子设计，这其中最著名的一个，就是“潘顿椅”(图5-3)。

不如就从这把椅子说起吧。

“潘顿椅”，世界上第一把一次性模压成型的椅子。它造型优美，曲线流畅，颜色鲜艳，当我们的目光在这把椅子上流淌的时候，会有一种前所未有的熨帖、舒适的感觉。这种感觉是之前的产品造型无法带给我们的。所以，“潘顿椅”又名“美人椅”，尤其是那把红色椅，如同一袭红袍加身，不能不让人产生遐想。如果你是一个迷恋传统的中国人，自然会联想到一位身着旗袍，袅袅娜娜的旧时女子，透过历史的迷雾，将那份优雅的诱惑，从骨子里散发出来……

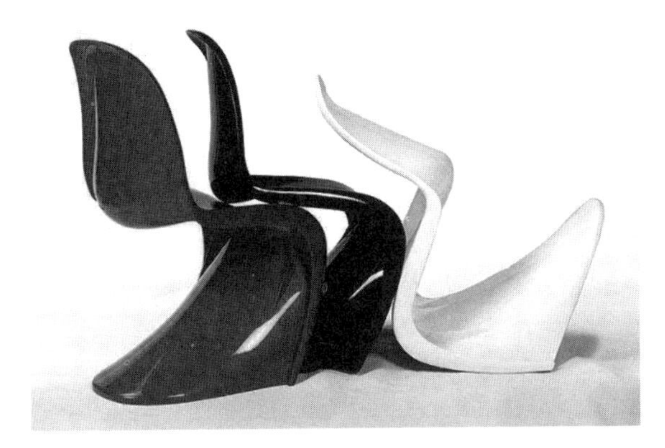

图5–3 潘顿椅

总之，第一次，塑料用它高超的造型能力给设计师插上了无限想象的翅膀。作为第一个吃螃蟹的人，潘顿是幸运的，但我们往往只看到了他的成功，却总是忽略这成功背后的支撑力量，是设计师经历了千百次失败后不屈不挠的精神。

维纳尔·潘顿，丹麦人，著名工业设计师，曾在阿诺·雅各布森的设计事务所工作过。雅各布森也是著名设计师，也设计了很多椅子，他的设计中所体现出的雕塑感深深影响了潘顿。

潘顿一直有一个梦想,那就是制作一件“一次成型”的家具,为此他不断实验,用胶合板做尝试,多次失败,直到他找到了合适的材料——塑料,确切点说,是合成塑料。他是一个严谨的人,“潘顿椅”诞生于1959年,一年后才正式批量生产,原因就是他找不到一个方法去支撑这种“S形单体悬臂结构”。后来找到了,名声大噪,一发而不可收。即便批量生产了,潘顿也一直在对产品进行改良,寻找更合适的材料。这足以说明,一件作品若想经得起时间的考验成为经典设计,设计师需要不断付出艰苦的努力。

60年后的今天,“潘顿椅”依然时尚前卫,我们仍旧能从各种不同的场合找到它,民宿、商场、餐厅,乃至居家环境,哪里有“潘顿椅”,哪里就会成为目光的焦点。

实际上,后来的设计师从“潘顿椅”中汲取了很多经验,它的衍生作品数不胜数,但经典设计仍然屹立不倒。正应了可口可乐那句著名的广告词:一直被模仿,从未被超越!

其实,潘顿的成就远不止“潘顿椅”,他是一位不知疲倦的设计师,1998年去世前,他给我们留下了大量的设计遗产(图5-4)。他打破了北欧传统工艺的束缚,为世人献上了一场绚丽的视觉盛宴。所以,有人更愿意将之称为后现代主义设计师,因为他的作品总是传达出一种梦幻的“未来主义”情调。但我觉得,潘顿本质上还是现代主义的,因为他的设计“内核”仍未脱离开北欧简洁、自然、人性化的精神实质。

潘顿更像一个魔术师,黑礼帽、燕尾服、白手套、红领结,你不知道他的哪一个动作会给你带来惊喜,你也不知道,他什么时候会停止表演。他那根神奇的魔法棒,让我们多年后,仍旧忘不掉这个胖胖的设计师,忘不掉他的那些“秀色可餐”的设计们,以及那双灵巧的“上帝之手”。

发明酚醛塑料的化学家列奥·亨德里克·贝克兰(Baekeland, Leo Hendrik)说:我相信这个东西,会是一个重大发明!

他说得极对!请允许我代表设计师们,向伟大的化学家致敬!

图 5–4　潘顿设计的灯具

包豪斯的天是“现代主义”的天

在现代设计中，无论是建筑设计还是产品设计，“包豪斯”都是圣殿一般的存在，它几乎成了整个现代设计的策源地。那意思，相当于我们谈起中国革命就会想起井冈山一样，这多少带有一种对历史迷恋的浪漫主义情怀，是一种发酵后的情感，是一种理想化的存在，甚至是一种信仰。没错，包豪斯能够担当得起这个称谓。

包豪斯成立于1919年，那个时候，一战刚刚结束，德国作为战败国，损失惨重，家园被毁，人们流离失所。“建立一个新世界”的诉求成为每一个德国人的梦想。作为一名艺术家和设计师，瓦尔特·格罗皮乌斯（Walter Gropius）实现自己理想

图 5–5　包豪斯校舍

的方式是建立一所建筑学校，后来他接管了威尔德的“魏玛市立工艺学校”，日后更名为“包豪斯”。

此时，是德国魏玛时期。

包豪斯是音译名，德文名叫做“Bauhaus”，实由德语的“建造”和“房屋”两词拼合而成（图 5-5）。从名称上看，这应该是一所建筑学校。可实际上，包豪斯在成立后的近十年时间内，是没有建筑专业的（直到密斯担任第三任校长的时候，才把教学中心转到建筑上来），有的是陶瓷、雕塑、金工等学科。这些都与设计有关，所以它是一所设计学校。

这是一所新式的设计学校，看看它的教学内容就知道了。比如：鼓励创新，不要仿造和抄袭；将手工艺与机器进行结合；强调设计的基础训练（“三大构成”正式登上历史舞台）；动手能力很重要，不要光讲理论；要参加社会实践。综合起来看，这简直就是现代设计教育的总结版啊。当然，这些不是校长一个人说了算的，而是在办学的过程中逐渐形成的。

想想就觉得汗颜，直到现在，国内很多高校的设计专业还不能完全达到上述要求呢。这其中第二条，将手工艺与机器进行结合，算是迈出了光明的一步，这是从源头上真正认可了机器大批量生产在设计中的重要地位。当然，格罗皮乌斯也没忘记强调手工艺的技巧在创作中的重要作用，甚至还是一个基础的起指导意义的作用。这没有办法，在一个新的依靠机器制造风格的设计标准建立起来之前，人们只能信赖业已存在的标准体系，这算是历史的局限性。然而，这第三条，强调设计的基础训练则昭示着现代基础设计教育的曙光。为什么？因为从此，“三大构成”真正成了现代设计教育的基础。

包豪斯是为现代设计教育而生的。

不仅如此，他们还说：艺术要与技术相统一，这进一步强调了技术在设计中的作用；设计的目的是为人服务的，这不是为“人性化设计”背书么？这个口号的提出殊为不易；设计要遵循自然和客观的法则来进行，就是说要理性、要科学，而不是醉心于艺术家式的自我表现。总体来说，这些话我们可以这样理解，就是一方面拉拢手工艺，一方面又与传统艺术划清界限，设计不再是不可捉摸的存在于脑际和天边的理想轮廓，而是实实在在可看可触摸的现实物件。

换句话说，这是“理想照进了现实”。

写到这里，我们必须要提一提包豪斯的第一代“掌门人”——格罗皮乌斯。前面说过，在德意志制造同盟时期，格罗皮乌斯就是一个积极分子，对于艺术与机器大工业之间的矛盾，大家都心知肚明，只有格罗皮乌斯是以极认真的态度去思考二者的调和问题。这就不难理解他制定包豪斯设计教育纲领的时候，一直念念不忘的还是二者的结合问题，“不忘初心，方得始终”。还有，格罗皮乌斯并不只关注建筑设计，目之所及，产品、平面、展览、室内、雕塑乃至音乐都在他的视界之内，他是有大格局的人。格罗皮乌斯认为，只有作为一个“全能造型艺术家”，才有无限的创作可能。他是跟达·芬奇和米开朗琪罗学的，二者均为文艺复兴时期的大家，同时也是“杂家”，是集大成者。这我们要感谢格罗皮乌斯了，如果没有他的胸怀，包豪斯可能只是一所建筑学院了。而事实上，在其成立之初的很多年，产品设计、平面设计等专业倒是成了其设计教育的主角儿。

前面说过，包豪斯的理论是逐渐形成的。在前期，包豪斯深受工艺美术运动的影响，很多说法是秉承了拉斯金、莫里斯的衣钵，比如以手工艺为纲，所有艺术形式都要转向手工艺，因为，“手工艺人的熟练技巧对于每一位艺术家的作品都是基本的，其中蕴藏着创造性的源泉”。故而，包豪斯最初的教学组织形式完全借鉴了手工艺行会的模式，那是一种“师傅带徒弟”，手手相传的模式。直到今天，这种模式还是有很大的市场，事实证明了它在某一方面的教育优势和合理性。因为“设计从实践中来”，在实际的设计实践中，才能切实感受到设计的形式、结构、材料对于设计的重要作用。同时，带着深刻的体会去有目的地进行理论学习，才是行之有效的手段。这些，在包豪斯的基础理论课中，体现得淋漓尽致。

包豪斯的基础理论课是由约翰·伊顿（Johannes Itten）创立的。伊顿是一个有意思的人，他是瑞士“表现主义”画家，曾深入学习心理学，后来痴迷于中国的老庄哲学和道教法则。他进行设计创作时，不是从基础的造型语言（点线面等）入手，而是先进行身体的放松，以释放设计师内心沉睡着的创造潜能。他是这么说的，他在包豪斯教学的时候也是这么做的。哈哈，我无法想象当时的场景，是不是一众学生都在教室中打坐，时而舒展身体，闭目冥思，时而深呼吸，仿佛置身于山水天地之间？当然最好是师生皆着道服，辅以老师的吟诵喟叹：“人法地，地法天，天法道，道法自然……”

伊顿是中国老庄哲学思想的拥趸，他还让学生习画中国山水，用老庄哲学思想观察与思考世界。抛开他的教学效果如何，仅是他对中国传统文化的热爱与传播，我得给他鞠一躬！

很自然地，伊顿的教学遭到了很多人的批评，他们认为，这种做法会让学生滑入神秘主义的渊薮，而与设计的理性主义要求想去甚远。

1923年，伊顿辞职，他的继任者是莫拉兹洛·莫霍利·纳吉（Laszlo Moholy Nagy）。这位匈牙利出生的艺术家是“构成派”的追随者，很自然地，他将“构成主义”的思想带入了基础教学中。由此，点、线、面成为学生学习设计之初必须要厘清的关系，他们继而分析色彩，分析设计要素在二维空间和三维空间中的排列。这些，我们今天叫“三大构成”（平面构成、色彩构成、立体构成），在当时，这些概念尚不清晰，但表明包豪斯已经开始由表现主义向构成主义过渡了。

格罗皮乌斯显然满意于纳吉的努力，他的“艺术与技术的新统一”似乎找到了最切实可靠的载体,在他看来,理性的构成主义满足了他对于“技术”用“艺术”的手段表现出来的所有想象。兴奋的格罗皮乌斯在1923年进行了一次展览，展品都是学生的设计模型和绘画、雕塑作业，这显示了他的信心和决心，据称这次展览取得了巨大成功，受到了设计界和工业界的好评。

但过犹不及，对于构成主义的过于执着和关注，罔顾其他，使包豪斯在设计教学中走上了另一条“形式主义”的道路。

关于纳吉还得多提一句，1933年，包豪斯被纳粹关闭后，他流落美国，后在芝加哥创办一所设计学院，用到了包豪斯时期的设计教学理论，名为“新包豪斯”，这成为“芝加哥设计学院”的前身。

事实上，包豪斯多次被关闭或者被迫转移校址。分别是1925年，迁往德绍，1932年，迁往柏林，1933年，被迫关闭。而包豪斯也前后经历了三任校长：瓦尔特·格罗皮乌斯、汉斯·迈耶和密斯·凡·德·罗。三位校长都致力于将学校办好，用到了不同的方法，无奈当时政治环境波光诡谲，学校里出现了一些政治团体比如共产主义等，这引发了德国日益壮大的纳粹势力的不满。尽管最后一任校长密斯很尽责地在学校内部“去政治化”，禁止学生从事政治活动，但仍难逃被关停的命运，结局不免让人唏嘘。

让人稍安的是，包豪斯的师生们将学校的思想带到了全世界，使它们得以生根发芽，蓬勃生长。尤其是美国，成了包豪斯师生的最佳留驻地，那些“大师”们都在美国找到了自己的位置。

格罗皮乌斯成为美国哈佛大学建筑系主任。

密斯任伊利诺工学院建筑系教授。

纳吉成立了新包豪斯，这个在前面提到过。

从很大程度上说，包豪斯的理想在美国得以实现。幸耶，非耶?

所以说，包豪斯是一种精神信仰。这种信仰延续至今，就像本节开篇的时候所说的：包豪斯是圣殿一般的存在!

但不得不提的是包豪斯的那些局限性。这主要就是它的“新形式主义”。他们本来是反对旧有的形式主义的，结果呢，自己反倒陷入了形式主义的泥淖。原因很简单：打破旧秩序的愿望太强烈了，好容易抓住一根稻草，被实践证明是行之有效的，必然要发扬光大，广而告之。时间久了就容易用力过猛，比如在设计中过分强调几何构图，甚至“立方体就是上帝”。形式是一个框框，任何产品都能往里放吗？显然不是的，这极大地损害了产品的使用功能；再比如所谓的“国际化”风格的建立，造成了千篇一律的产品造型风格，没有了民族性，没有了地域性，更不要提什么文脉了。所以说，国际化并非一个“高大上”的代名词，只是一种消弭了地域界限，而让世界范围内消费者更加认可的手段而已，这同样适用于现时代的设计。我常说，“国际化”设计没什么值得炫耀的，有本事你做“民族化”设计呀？！

包豪斯是有历史局限性的，这个不可避免，但包豪斯的思想能够在世界范围内传播，从而奠定了现代主义教育的基础，仅这一点，就是功不可没的。至于那些过犹不及的事情，后面会有人纠正的。历史的发展就是这样：否定之否定，螺旋式上升。

这不，后现代主义就在前面等着呢！我们还要继续前行！

第六章　那些年，他们发起的运动

那些年？说的是20世纪20~30年代。这是一个特殊的历史时期，两次世界大战之间，带有空想色彩的政治理想大行其道，包豪斯以一己之力推送的现代设计理论弥漫在设计师们的天空，以几何构造为特征的现代美学怀揣着改造社会的梦想在大街小巷徘徊。机智的消费者们，并不容许任何一种激进的形式轻易走进自己的日常生活。那些钢管椅们，尽管闪烁着现代主义设计的光芒，也只能作为公共场合的标准用品。

事实就是这样，尽管有很多人的努力，一种社会性的设计风格的迭代并不是朝夕就能实现的。在这期间，不同国家和地区的设计发展也不均衡，我们有必要为大家展示同一时期世界范围内流行的不同设计风格，才能将自己准确安放进时代发展的格局中去。也许你会发现，在历史的天空中，包豪斯，只是众多星星中的一颗，只不过它更明亮一些而已。

而这些看似迥异的运动风格，实际上都处在一个大的时代背景中。我们用“那些年”一言以蔽之，只是想单纯地说明：设计作为一种文化现象离不开时代的大背景，离不开政治、经济、文化，想清楚这一点，我们读史时，才能不迷惑，不拘泥于某种风格和形式，才能触摸到设计发展的本质。

一首歌，献给你们！名字就叫《那些年，他们发起的运动》。

设计兜兜转转
常常回到起点
记忆中熟悉的脸
终于等到了这一天
19世纪工业大发展
英国总是冲在前
20世纪太保守
却始终走不出田园
工艺美术、新艺术
手工艺和大机器，天天纠缠

德意志法兰西美利坚
交替站到前沿
精英主义的法国
为权贵服务难免跑偏
实用主义的美国
为大众设计有好处就干
普法战争后的德国
现代主义在此发端
别忘了艺术装饰运动
与之同根同源
斯堪的纳维亚
天寒地冻，夜长昼短
有机现代主义
给人带来温暖
那些年他们发起的运动
那些年我们熟悉的风格
那些年的革命理想
那些年的现实乌托邦
最后回首才发现
点点滴滴都离不开那个时代
这才是我们设计的原点

艺术装饰运动

这两栋建筑都位于纽约，左边的是帝国大厦，右边的是克莱斯勒大楼，都在美国纽约的曼哈顿地区，都建造于19世纪30年代（图6-1）。而30年代，是艺术装饰风格在美国开始风行的时代。看看这两栋建筑吧，层层递减的造型与巍峨挺拔的姿态似乎能把我们的目光引向天际。是的,在19世纪30年代的欧美，人们已经预感到了一个新时代即将来临，这建筑最直接地表达了他们的憧憬与渴望。设计师们是时代的翻译者，他们最懂人群的世界性语言，并把这种语言一丝不苟地做到设计中去，据此，我们就理解了那个时代的特征。这在后面的流线型风格中也会有所体现，那些浪漫大胆的思想经由设计师的巧思，用一种具象的方式表现了出来。

所以我说，好的设计作品是人们思想的雕塑！而把一种无形的东西有形化，真正体现了设计师的功力。

图6–1　帝国大厦和克莱斯勒大厦

艺术装饰风格并非一种单一的风格，而是一场综合的设计运动，在法国、美国、英国都留下了痕迹。有人说，这是一场风格非常特殊的运动，因为他与欧洲的现代主义运动几乎同时发生，二者相互影响，还有着千丝万缕的联系。甚至有人说，艺术装饰风格是现代主义的早期形式，这不无道理。因为这个时候，设计师们逐渐开化，不再与机器对着干了，和好了。和好就得有个形式上的仪式啊，艺术装饰风格就出现了，后面的流线型等都是，这是进取的后果，也是妥协的后果。结果呢，大家一看，这条路是走得通的，机器也可以设计得很美好！这才围绕机器美学进行理论创造，才逐渐走到今天。

改变不了时代，就改变自己！设计师都是水做的！

当然了，有些事情根本说不清楚，尤其一种风格或者运动的出现，原因是综合的，表现形式也是综合的。揭揭艺术装饰风格的老底，它的形式从哪里来呢？有些你都想不到，仿生的比如花草动物的形体、女人体；舶来文化如日本浮世绘、中东、希腊、罗马、埃及、玛雅等古老文化的图案（这有赖于考古发现，考古经常很重要，比如庞贝古城的发掘揭开了古罗马社会的神秘面纱）；前面说过了，艺术装饰风格尽量拥抱机器，所以啊，那些带有机械特征的元素也被吸纳进来，这个最有代表性，比如呈扇形辐射状的图形、阶梯状递减的图形等，这些都成了带有时代特征的符号被反复使用，帝国大厦和克莱斯勒大楼就是这种风格；还有呢，就是俄国芭蕾舞舞台背景、爵士风格、印第安人原始艺术等。总之，艺术装饰风格绝对不是一种单一的风格，而是一种背景性质的装饰运动。没错，它是装饰的、流行的、商业的，同时也是造作的，这反映了人们在特定时代背景下的一种狂热心态。

关于艺术装饰运动和现代主义运动的关系，我想，二者在本质上还是不同的，至于联系，那是一种被动的无奈选择，因为二者生于同一个时代，大背景是无法改变的。这个大背景就是，机器大工业已经为人们所接受，设计家们意识到，不能再像工艺美术运动和新艺术运动一样反机器了，那样的话，就是跟整个时代为敌了。不反，就适应它吧！艺术装饰运动就是在这种情况之下发展起来的。而现代主义则不同，它是一种积极的改造，是一种带有历史责任感的设计运动。艺术装饰运动的很多思路是根植于新艺术运动的，它服务于上层社会，为权贵做设计，特别是在法国。在富有阶层的赞助下，设计师们才有机会使用昂贵稀有的材料进行设计，这些设计普通人是用不起的。所以，艺术装饰运动本质上与现代主义的立场是不同的，它们不讲民主，不讲服务大众的社会效应，是贵族的游戏。仅这一点，艺术装饰运动的格调就赶不上现代主义了。但无论如何，艺术装饰运动所倡导的各种风格的流行，有赖于机器时代大规模的生产和新材料的应用，这在客观上，又促进了现代主义风格的传播。

怎么说呢？就像一条河道的疏通，艺术装饰运动呼啸着经过，使得岸边的人们预知了一场运动的来临，它经过的地方，砂石被清除，堤岸被冲刷，河道的疏浚能力有了一次成功的尝试,这为“现代主义”这艘大船的通航开辟了道路。意义重大！

这场运动发源于法国，这是确定无疑的（不像新艺术运动，和比利时之间有发源地之争），为什么呢？因为一个国际性的展览会——巴黎国际装饰艺术博览会（全称是“国际现代装饰与工业艺术博览会”）！艺术装饰运动因此得名。这是一场迟来的展会，最终定在1925年，大家记住这个时间。这是一个重要的展览，需要分析一下。

还记得1851年的英国伦敦博览会吗？这两个国际性的展览，我们放到一起说。两个国家，两个博览会，其动机是一致的，那就是——王者之欲！前者，大英帝国想要展示他们自工业革命以来工业发展的成果，于是建水晶宫，广发英雄帖，期待万国来朝，结果赚足了面子，成功了！但也暴露了手工艺与大机器的矛盾，惹哭了一个人（莫里斯），引起了一场运动——工艺美术运动；后者，法国想重拾在装饰艺术领域里的自信，要知道，自18世纪以来，法国的洛可可主导了整个欧洲的装饰风格。此时，第一次世界大战刚结束，法国是战胜国，百废待兴，他们迫切需要一场“华丽丽”的运动来粉饰这个世界。本质上呢，他们是想要政治上的荣耀和触手可及的商业利益：快看吧，看我的华服，看我精致的鞋子，看我们富足的“新”生活！这是刷存在感呢……当然，结果也是成功的，艺术装饰运动开始了。

艺术装饰运动的三个核心国家：法国、美国、英国。分别说。

法国呢，作为有着优秀装饰传统的国家，还是延续了以往的风格——为权贵和富人服务。豪华的做得多，因为客户喜欢，那些富人们也愿意资助这样的设计，为什么？显示身份啊！设计师呢，也愿意靠着富人的资助去推广自己，想想也是，没钱能做什么呢？法国是有这个传统的，现在清楚为什么那个博览会在巴黎召开了吧？因为巴黎历来都是法国的上层社会荟萃之地。天时地利人

图 6–2　艾琳·格雷设计的必比登椅

和，不在巴黎在哪呢？这还只是表面现象，深层的原因是，法国从来没有经历过像样的平民化设计运动，设计的民主观念没有深入人心。这也难怪，影响了整个欧洲的现代主义运动在法国硬是没有发展起来。所以说，设计运动的产生是一回事，发展又是一回事，这都跟国家的文化传统和政治环境有关系。不然，为什么艺术装饰运动刚一传入美国就会被迅速接纳，并演绎出自己的风格呢？文化的开放性和包容性很重要！

其实法国的优秀设计师很多，这里只提一位，叫做艾琳·格雷（Eileen Gray），女性，很有代表性。

艾琳·格雷其实是爱尔兰人，后来定居法国，做过漆器，师从菅原（Seizo Sugawara，一个日本人），可见东方情调在欧洲很有市场；后来又做家具，著名的必比登椅（图 6-2）就是她的作品；同时又在室内设计领域大放异彩。如果说艾琳·格雷是装饰艺术风格的代表设计师的话，那多是指她在室内装饰设计方面的表现；最后，她又是一个建筑设计师，这是为大家所遗忘的一个身份。为什么呢？因为她只有两件作品面世，最著名的一个就是“E-1027 海边公寓”，还是与让·巴多维奇（Jean Badovici）合作的。让·巴多维奇是崇尚现代主义的设计师，更重要的，还是艾琳·格雷的情人。艾琳·格雷自然受其影响，所以有人将她与现代主义的建筑大师密斯·凡·德·罗以及勒·柯布西耶并称，并非空穴来风。

艾琳·格雷的设计多“遵从于内心”，这是她特立独行的个性使然。所以，研究一个人的风格必然要研究这个人的性格，而她的性格贯穿了她的整个人生经历，所有行动都与之有关。对于艾琳·格雷来说，从学东方漆艺到定居法国、坚持不婚主义，再到建筑设计，最后化身为“现代主义”设计先驱，无不体现了她倔强的性格。而这份“倔强”，正是一名优秀设计师的品质之一。

著名设计史学家菲利普·盖纳（Philippe Garner）说：“艾琳·格雷是一位安

静而又果断的独行侠”。没有比这更好的评价了！而我倒觉得，艾琳·格雷更像是一条灵活的鱼，从童话般卷曲缠绕的“新艺术”丛林中穿梭而过，在拥有梦幻般瑰丽色彩的“艺术装饰”田园中逗留良久，最后一甩尾，进入了“现代主义”豆腐块般的阳光中，并从此安静下来。

艾琳·格雷说：简洁即是进步（Simple is progress）。是不是似曾相识？对！密斯·凡·德·罗说过同样的话：“少即是多（Less is more）”。英雄所见略同！为什么我们只记住了密斯·凡·德·罗？这里有一个很重要的原因——女性的社会地位低下。虽然彼时的欧洲（19世纪中期到20世纪二三十年代）“女权运动”方兴未艾，但女性地位并未得到根本性的改变，尤其是经济大萧条时期，女性的工作机会更加得不到保障。相应地，女性设计师在工作中取得的成绩被大大地低估了。

言归正传，总体上来说，法国不够包容，这和英国有点像。下面说英国。

英国的不包容是因为他的贵族气。之前打过一个比方，说英国是一个小时候的优等生，慢慢学习跟不上了，又好面子，所以难免经常沉湎于“想当年”的回忆中去。回忆是有毒的！再打一个比方，英国就是一个家道中落的公子哥，虽然不再风光了，可是家底厚啊，随便拿出一个什么东西来，都是“价值连城”的古物。所以，他们特别喜欢在老祖宗的兜里掏东西。这装饰艺术运动一开始，他们就顺势躺到“复古主义”的温床上了，这一躺就是很多年，直到20世纪30年代，装饰艺术运动在法国都发展到高峰了，英国才刚刚苏醒。但它比法国先进，掌握两点：一是敢于用新材料，二是大众化，给老百姓做东西。虽然后知后觉，但格调高，这就比法国强了！

和法国不同，英国体现装饰艺术风格的产品主要有家具、餐具、茶具等，以陶瓷为例，出现了很多卓有成就的设计师，如克拉里斯·克里夫（Clarice Cliff）、苏丝·库柏（Susie Cooper）、夏洛特·里德（Charlotte Rhead）等。1759年成立的wedgwood陶瓷工厂（前面提到过）也跟风生产了很多装饰艺术风格的陶瓷产品，这些陶瓷的共同特点是价格低廉。其实，魏德伍德先生很早就注重了产品目标人群的细分——权贵的生意我们做，老百姓的生意也做。他是个聪明人。当然，20世纪30年代的英国，魏德伍德先生早已驾鹤西去（1795年去世），但wedgwood

公司显然继承了创始人的产品意志——那种最朴素的民主设计思想。

要说民主化设计做得最好的，还得是美国。

美国装饰艺术风格有一个最大的特点，就是它直接体现到了建筑上，法国没有，英国也没有。这是有原因的。第一次世界大战，欧洲是主战场，法国英国未能幸免，这直接的后果就是家园被破坏，元气大伤。虽然我们看到法国的上层社会照样生活奢靡，那是穷显摆，真正上升到国家层面，战争所造成的损失是巨大的。而建筑设计，是很烧钱的设计门类，他们不敢尝试，这就是法国英国的设计主要集中在了家具等民用产品上的原因。而美国则不然，它不但没有经历战争，反而靠“倒卖军火”发了财，有钱了就得整点大的，盖房子吧！而作为美国社会主导的新兴中产阶级，恰恰喜欢上了艺术装饰风格，一拍即合，各种条件都具备了。

干吧！

纽约电话公司大厦是第一个。但最出名的还是克莱斯勒大厦和帝国大厦，设计师分别是威廉·凡·阿伦（William Van Alen）和威廉·兰博（William F. Rambo）。这里要重点说一说帝国大厦。

其实，无论是帝国大厦，还是克莱斯勒大厦，包括同期修建的川普大厦，目的都很“单纯”——烧钱！那个时候，美国正处于经济大萧条时期，人们生活困苦，但对于华尔街那些腰缠万贯的大老板来说，心灵空虚得很。怎么办呢？修建摩天大楼吧。要修就修世界最高的，以便青史留名！这里面就有一个叫约翰·雅各布·拉斯科布（John Jakob Raskob）的，即帝国大厦的建造者。在帝国大厦落成之前，世界第一高楼属于克莱斯勒大厦，不过很快，帝国大厦就完成了超越，并把这一纪录保持了41年之久（1931~1972年）。至今，帝国大厦仍旧是美国纽约的地标建筑之一，并作为美国精神的象征与自由女神像并驾齐驱。当然，有关帝国大厦，我们可以说一箩筐的故事。比如，大厦落成时，富兰克林·罗斯福（Franklin D.Roosevelt）正是纽约州长，总统胡佛亲自按下灯光按钮，第二年，罗斯福就在总统选举中战胜了赫伯特·克拉克·胡佛（Herbert Clark Hoover）；而现任总统唐纳德·特朗普（Donald Trump）也曾经是帝国大厦的主人，那是20

世纪 90 年代的事儿。特朗普，这个也许是美国历史上最土豪的总统，经常标榜自己“不差钱”，通过这件事，足可证明一切。

“9·11”事件后，有人曾提出疑问：为什么恐怖分子选择纽约世贸中心而不是更为出名的帝国大厦作为袭击目标？原因当然无法考证，但实际上，帝国大厦的设计十分坚固，在建造时采用了花岗岩、印第安纳砂石、钢铁、铝材等多种材料，其防撞强度要大大高于“世贸双塔”。无怪乎 1955 年，美国土木工程师学会将帝国大厦评价为现代世界七大工程奇迹之一。实至名归！

美国的装饰艺术运动还有一个特点，那就是地域不同，风格也不同，每到一个地方，就与当地的特色进行结合。比如，装饰艺术在美国的起点是纽约，到了西部就不一样了。在加利福尼亚，设计师们一方面延续着所谓的“纽约风格”，另一方面根据本地风土人情和地域特点进行着改良。比如可口可乐公司大厦就用到了“流线型”，这得益于汽车设计的流线型风格。

美国人是实用主义的，他们才不拘泥于一种恒定的形式，他们考虑的只是这种形式所代表的意义。那是一个放飞梦想的年代，那是一块没有战争的乐土，科技发展、经济繁荣，如果没有 20 年代末的经济大萧条，美国人会一直这么快乐下去。但是，没有经历战争的美国却率先受到了经济危机的冲击，企业倒闭、市场崩溃、人们失业、社会动荡。所有人都心事重重，好莱坞电影的出现恰逢其时，它填补了人们生活的空白，缓解了人们绷紧的神经。片刻的欢愉、无尽的幻想，这最适合疗伤了。而依托好莱坞影城发展起来的所谓“好莱坞风格”，从设计的层面上将好莱坞电影的精神内涵表现得淋漓尽致。

艺术装饰风格作为普及广泛的设计风格之一，其发展正处于社会动荡不安（两次世界大战期间）、国际政治风起云涌、经济生活跌宕起伏的时期。在这样的历史背景下，承接工艺美术运动和新艺术运动的余波，人们的现代意识和民主意识觉醒了。对于环境的要求，装饰艺术运动并非旗帜鲜明地反对或者一味地追随，它通过巧妙的“折中”，调和了新艺术过于自然有机的表现形式和新时期对于大工业批量化要求的矛盾。它与同时期的现代主义运动如同两条并行不悖的铁轨，并无矛盾，时有交叉，共同构成了 20 世纪二三十年代的世界设计版图。

但随着社会经济的发展，人们对于设计的民主化和批量化有了更进一步的要求，装饰艺术的“折中主义”也难以为继了。索性，让位于更符合时代意识形态的现代主义吧！但装饰艺术所表现出来的精神实质并未消亡，在20世纪晚期的后现代主义中，我们仍能找到它的影子。

最后还要说说那次展览里的两个明星人物。一个是勒·柯布西耶，法国人，在博览会里弄了一个实验建筑，号称“新精神馆”，其实是一个概念模型，得了金奖，火了；另一个是保尔·汉宁森（Poul henningsen），丹麦人，本来也是建筑设计师，但他参展的产品是一种“多片灯罩”灯具，也得了金奖，后来我们知道这叫PH灯。因为是在巴黎展览，这个灯被叫成了“巴黎灯”，法国人脸皮也挺厚的。事实证明，这个PH灯的影响力要远大于“新精神馆”了，因为它至今还在售，并演变出了系列化的设计。

我还有一个疑惑，我们看这两件得金奖的作品，都是具备鲜明“功能主义”特征的啊，尤其那个“新精神馆”，致力于将别墅的生活品质带入现代大楼环境中。这些主张都散发着民主设计的光芒，这可与宣传装饰艺术的“巴黎国际装饰艺术博览会”主旨不符，也与巴黎的设计氛围不符啊。想了想，这说明两个问题：首先是一个大环境，现代主义平民化设计思想已经深入人心，纵然设计师和权贵们有意回避，但也无法不受其影响；其次，法国的权贵们并非反对现代主义风格和大机器，一旦他们发现这种风格同样能给人带来不菲的价值感，也就欣然接纳了。说白了，装饰不是他们想要的，借由装饰而体现出的身份认同感，才是他们的本质诉求。

流线型运动

这是一个从20世纪三四十年代火到现在的风格。说实在的，一个风格能延续近百年，足可称之为一场含金量十足的运动了，它的流行是有着深层次原因的，这个原因我们后面详细说。

对于普通大众来说，了解流线型风格是从汽车车身设计上学来的，这几乎是一种速度与激情的代名词。实际上，它在产生之初，也是带有这种梦幻的色彩，由天生浪漫的美国人发明并推广到全世界。彼时，正是世界经济大萧条时期（20世纪30年代），为了销售商品，外观成了一个重要突破点，现代主义的刻板风格无法撩拨起人们消费的欲望。而流线型，恰逢其时。

这本是一个空气动力学的名词，用来表述那些圆润流畅的线条，在一些高速运动的物体上，流线的造型能够减少风阻。事实证明这是正确的，看看现在的汽车、飞机、轮船以及高速列车，无一不是流线型风格的集大成者。但在当时，三四十年代的美国，最初被认同为一种“样式设计”。这是商业设计师的伎俩，要想促进销售，就把产品做好看点。其实现在也是这种要求，不管你承认不承认，造型是设计之本，先不要讲什么体验、人性化、设计文化，先讲好看不好看，因为造型所承载的信息厚度已经超越造型本身。美国人是实用主义的，最懂“样式设计”的益处，所以流线型在美国兴起了。后来传到欧洲，欧洲人的看法就不一样了，比如德国人，就把流线型的风格和德国人骨子里的严谨理性进行了结合。所以，我们分析一种风格或者运动，首先要了解他所针对的对象是谁，有什么特点，才会对风格的呈现方式做到心中有数。

流线型风格为什么会流行呢？

首先，和艺术装饰运动一样，流线型风格在很大程度上体现了一种象征意义。至少，这是一种全新的风格。现代主义如石块，沉甸甸，结结实实扔给你，很实在；艺术装饰风格似繁花，一片一片，很让人兴奋，看时间长了，很累；而流线型，是未来，是速度与激情，是箭矢。用心体验一下，经过这样的产品，就像经过一场风，很能荡涤人的心灵。一个不太恰当的比喻，现代主义像点，艺术装饰风格是面，而流线型，则是线。线是最活跃的元素，有“点”的目的性，也有“面”的广泛性，适应性好。所以，它最能持久。

其次，材料上的革新和制造技术的进步，让设计师的梦想得以照进现实。材料和加工技术对于设计有多重要呢？想想石器时代，一开始只是在石块儿上

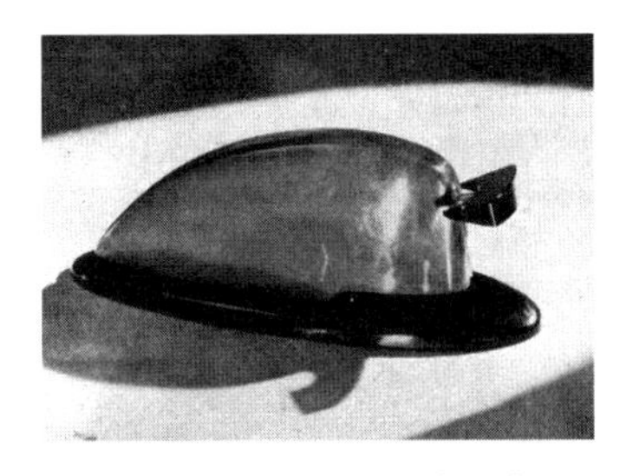

图 6–3　赫勒尔设计的订书器

砸出个尖锐的部位就能用了，后来敲下来石片，磨得圆滑光润已经很了不起；后来，青铜器、铁器、陶器、漆器、瓷器各领风骚，技艺不可谓不精湛，但多是在日用品方面大展身手，如各种容器，是没问题的，假如做个家具、搭个房子，就不行了，还得用木材；木材是在塑料出现之前大放异彩的一种材料，它有自然的属性，温暖、宜人、手感好，容易激发设计师的情怀，所以适合手作，批量生产难以展开（后来可以了）；进入现代设计阶段，能够满足大批量生产制造的材料，就首推塑料和金属了，前者用注塑，后者用模压成型，都可以表现多维度的曲面造型。这是设计师的福音！

大曲率半径的造型有利于塑料和金属的脱模，流线型出现得恰到好处。所以说，我们学设计史，永远不要忽略技术，不要忽略技术对设计特征呈现效果的支撑作用。

如果说，流线型在汽车设计上尚有功能性可究的话，那么，赫勒尔（Orlo Heller）的订书器则纯粹是一件“表现主义”的产品（图 6-3），尽管被安上了一个“世界上最美”的头衔，也是太刻意了，“为了设计而设计”，这也是当今很多初级设计师的通病。不过我倒认为，这是彼时的设计师们一种“欣喜”的表现——终于不再受加工条件的拘束了！难免做了“过分”的事情，这是可原谅的，因为并没有影响产品的功能。

流线型在汽车上应用的合理性是由匈牙利工程师保罗·贾雷（Paul Jaray）来论证的，他对流线型汽车模型进行了风洞测试，由此肯定了流线型在空气动力学中的优异表现。这其中，“泪滴”被认为是风阻最小的形状而被设计师们广泛接受。但理论应用到实践中是一个长期的过程，美国设计师理查德·巴克敏斯特·富勒（R. Buckminster Fuller）设计的“戴马克松”小汽车诞生于 1933 年，这是一架三轮汽车，其造型很“泪滴”；克莱斯勒公司的卡尔·布里尔（Carl Breer）1934 年设计了“气流”型小汽车。这两辆车都失败了，尤其是“气流”型小汽车，在当时被认为是过于“超前”的设计，偏概念了，结果是销售失败！可见，在商业面前，公众的审美与设计师的初衷向来是存在一个断点的，搞不好就会离题千里。解决的办法就是：设计师要学会克制，向后看，消费者要提高认识，向前看。好像夫妻之间的相处，有一种相互牵扯的“力”，平衡了，也就安顿了。

流线型传到了欧洲，被改良。欧洲有他们自己的传统，比如德国，根植于骨子里的“工程师文化”，让他们更加理性和追求技术的极致：形式服务于功能。欧洲国家的国土面积普遍比较小，这是他们造小型车的动力，这一点不同于美国。在这里，我们记住一个人——费迪南德·波尔舍（Ferdinand Porsche），正是他设计制造了大众甲壳虫。

这个人要重点讲。

费迪南德·波尔舍是奥地利人，他的最大功绩并非设计了大众甲壳虫汽车，而是成立了保时捷公司。这是一个以自己姓氏命名的公司，很好记！也有将他的名字译作费迪南德·保时捷的，但我觉得还是保时捷好一些（很高大上有木有？）。而甲壳虫汽车得以面世要归功于另外一个人——希特勒。没错！就是阿道夫·希特勒（Adolf Hitler）！这个在第二次世界大战中给世界人民带来深重灾难的人，实为汽车迷，他对德国的高速公路事业和制造“国民汽车”的计划情有独钟。当波尔舍的理想与希特勒的实权（此时他已是德国总理）碰撞到一起，“甲壳虫”便诞生了。

“甲壳虫”出现的意义是什么？代表了一种德国式的流线型风格吗？非也！“甲壳虫”配得上它的“大众”品牌，从某种意义上来说，它成了一种汽车“大众化”的标志。我想这是费迪南德·波尔舍的意愿，也是阿道夫·希特勒的意愿。当然，这个时候的希特勒还没有成为战争狂人，但波尔舍与希特勒的合作还是给他带来了麻烦，第二次世界大战后，波尔舍接受了调查并被处罚，身心备受打击。这是后话。

1875 年 9 月 3 日，费迪南德·波尔舍出生了。作为家里的第三个孩子（图 6-4），他并未被寄予厚望，因为他们家是“工匠世家”，大人们的意思再明白不过：掌握一门好手艺，将家业发扬光大，长大了寻一门亲事，生一堆孩子（没有计划生育），再把祖业传给下一代！但费迪南德·波尔舍并不这么认为，他毫不

图 6–4　中间坐着的孩子就是费迪南德·波尔舍

掩饰自己对机械设计、电学的兴趣。家里不支持，那就自己学，听课啦，自己动手做实验啦，兴趣是最好的老师。在他二十来岁的时候，进入贝拉爱格电子公司，从学徒到普通工人，再到一个检验室的负责人，只用了三年时间。颇为励志的成长故事！

后来，费迪南德·波尔舍发明了轮毂电机，再后来，他结识了贝拉爱格电子公司的合作伙伴路德维希·洛纳（Ludwig Lohner），再后来，他们在一起合作了。洛纳是一个极有眼光的企业家：其一，一个做马车的老板，将目光瞄准了汽车产业，这需要多大的勇气！其二，他发现了费迪南德·波尔舍，这是一个合格的“伯乐”。事实再一次证明：机会是给有准备的人的！

总之，费迪南德·波尔舍开启了自己的汽车设计生涯，德维希·洛纳开始进军汽车业。

他们合作的第一辆车名叫“洛纳 - 保时捷”（图 6-5），二人的名字合体，就是车的名字。这种简单粗暴的起名方式，我喜欢！事实上，这大概是世界上第一辆前轮驱动的双座电动车，它没有发动机，没有传动轴，没有皮带链条，它是一辆“电动马车”，但是没有马！

图 6–5　洛纳和波尔舍合作设计的第一辆车

在1900年的巴黎世博会上,这辆“车”吸引了所有人的目光——太特殊了!不过我要说一下,此时,波尔舍同学还没有完全发挥出其设计才能,这辆车不过是马车的“姊妹版”,没有汽车该有的元素,电机轮毂的技术也不完善,过于沉重是一个硬伤。但这丝毫不影响人们对它的热情。大概是为了回应“吃瓜群众”的热情,很快,费迪南德·波尔舍的四轮驱动电动车问世了,又创造了一个世界第一!不过,他是拿它来参赛的——看谁跑得快。毫无疑问,“洛纳-保时捷”一骑绝尘,给他的主人赚足了面子。

后来,费迪南德·波尔舍为了减轻汽车的重量,创造性地设计出了第一辆混合动力汽车,即用汽油发动机来驱动电机。波尔舍一不小心又做了一次“鼻祖”。

后来,费迪南德·波尔舍持续改进设计方案,持续参加一些比赛,每一次比赛都是他的练兵场——他爱上了比赛!

后来,费迪南德·波尔舍服兵役了,给弗朗茨·斐迪南(Franz Ferdinand)大公做过司机(后来,斐迪南大公成为“萨拉热窝”事件的主角,第一次世界大战因此爆发)。

后来,费迪南德·波尔舍结婚了。若干年后,他的子孙们,将继续在汽车设计领域叱咤风云。

再后来,费迪南德·波尔舍加入奥地利戴姆勒公司,任技术总监。这是1906年,他的而立之年。

在戴姆勒,费迪南德·波尔舍开始为军队服务,设计了很多军车,10年后,波尔舍升任总设计师。不久,第一次世界大战结束,奥匈帝国战败。这也意味着,费迪南德·波尔舍再也不用做军车了,这正合他的心意,他的理想是做“民用车”,更高一点的理想是做普通人都能买得起的“大众民用车”。这是一种设计民主化的思维,为他点赞!

作为一名有着纯洁理想的设计师,费迪南德·波尔舍与公司其他高层在产品研发方向上有着诸多矛盾,这些矛盾促使了费迪南德·波尔舍的出走。由奥地利的戴姆勒公司到斯图加特的戴姆勒公司,再到奥地利的斯太尔公司,费迪南德·波尔舍频繁更换东家。终于在1931年4月23日,费迪南德·波尔舍醒悟了——为什么不成立自己的汽车公司？这一年他56岁了，不晚，并享有盛名！从此，世界汽车设计的历史，掀开了新的一页。

波尔舍的工作室叫做“保时捷设计公司”（德文“Dr.Ing.h.c.F.Porsche GmbH”），负责发动机、结构和整车的设计开发。这个在经济大萧条时期（1929年至1933年）成立的工作室最初有12名成员，都是波尔舍最信赖的朋友和家人，这其中就有他的儿子菲力（Ferry Porsche）。波尔舍多年来积攒的“人品”和好名声这个时候派上了用场，没多久，他们就接到了第一个业务——为漫游者汽车开发一款中档轿车。

在承接业务的同时，波尔舍也离自己的梦想越来越近了，那就是制造“小型车”！毕竟，在设计上可以自己说了算了，现在只差资金了！但这个过程也是颇多波折，两家投资公司先后撤资，使波尔舍的计划一度搁浅，但他已经无限接近自己的理想了，从TYPE12到TYPE32，波尔舍手握两个设计方案的原型车。

他只需等一个人的出现。

只可惜，他等来的是阿道夫·希特勒。幸耶？悲耶？事实证明，波尔舍的多年计划迅速得以实施，实现了自己的理想，谓之幸；而由于与希特勒过从甚密，波尔舍也在第二次世界大战后受到了牵连，可谓不幸。然而历史不能重演，我们在有限的人生经历中，很多时候无法左右外界的力量，偶然中似乎含着必然的规律。波尔舍是一个坚定的理想主义者，正是因为这份坚定，才可以把保时捷公司打造成一个汽车设计大鳄；而希特勒，这个频繁落榜的艺考生（希特勒曾多次报考维也纳艺术学院），对于艺术的追求使他很容易接纳与认可一位才华横溢的设计师。更何况，希特勒还亲手绘制了一张汽车设计草图（图6-6），用来指导设计团队对TYPE32的造型进行改进。不仅如此，希特勒还鼓励设计师们从自然界中获取灵感，他说，这辆车应该看起来像“甲壳虫”一样！我不知道这是不是这辆车被命名为“甲壳虫”的真正原因。

两年后，保时捷公司的“国民”样车TYPE60，上路了！

再后来，“大众”汽车定型，名为KdF-Wagon，也叫大众TYPE1，也叫Beetle，翻译过来就是“甲壳虫”（图6-7）。

甲壳虫档案：

最高时速：100km/h

百公里油耗：小于 7L

价格：小于 1000 马克（按 2018 年 8 月汇率约合人民币 5141 元）

图 6–6　阿道夫·希特勒的汽车手稿

图 6–7　大众甲壳虫汽车

而波尔舍梦想的脚步并没有停止。他做赛车，也被第二次世界大战所裹挟，为纳粹设计军车，在希特勒为大众投资的工厂里，波尔舍的“平民车”计划并没有得到彻底的推广。疯狂的独裁者，早已不是那个热爱艺术和设计的“伯乐”，而是一个战争机器，把欧洲乃至世界人民带入了深重的灾难中。

顺便，也把波尔舍送上了法律的审判台。

第二次世界大战后，波尔舍被法国逮捕。

1948 年，波尔舍获得保释。

1950 年，波尔舍中风住院。

1951 年 1 月 30 日，波尔舍与世长辞。

没有了波尔舍的保时捷，继续在创新设计的道路上飞驰着。

我们花了这么长的篇幅去介绍费迪南德·波尔舍，更大的意义在于介绍一种历史背景。设计师的命运总会被打上时代的烙印，我们无法见证一些历史的发生，而设计，恰是最好的证物。就像流线型，并非如我们所熟知的那样，是一种美学的象征（至少当时不是），而完全是一种技术手段，是科学研究和工业生产制约的结果。它得以流行有深刻的历史原因，迎合了新时代对形式象征意义的追求。因为它是那么流畅和美丽，满足了一切适用于流行的“条件”。

波尔舍也是这样，他怀有理想，遇到了一个动荡的时代，碰到了希特勒，那些发生过的，存在过的，构成了最终呈现出的面貌。

这是我要说的。

再说斯堪的纳维亚风格

我们分析过斯堪的纳维亚风格产生的历史及自然背景，总结起来就是：

斯堪的纳维亚风格是一种设计态度。

斯堪的纳维亚风格是现代主义风格的升华。

斯堪的纳维亚风格是具有“人情味”的设计。

斯堪的纳维亚风格不仅仅是一种风格！

但历史是由人创造的，在斯堪的纳维亚地区生活过的那些伟大设计师们，就如璀璨的宝石一样，透过蒙尘的历史，至今仍散发着夺目的光芒。所以，这里计划用具体的“人”来对这一风格进行阐述，想必更为鲜活生动。

先说汉宁森。汉宁森全名保尔·汉宁森（Poul Henningsen），丹麦人。注意他的名字，简称为PH（首字母缩写）。他最著名的设计就是PH灯，现在知道名字的由来了吧？汉宁森被誉为丹麦最杰出的设计理论家，他强调科学和人性化的照明，即光线也是需要设计的，这在当时是很先进的。我们都知道他的成名作是PH灯，这是他1924年设计的，在这之前，他是一名独立的建筑设计师，哥本哈根就留下了他的建筑及室内设计作品。更鲜为人知的是，他还做专栏作家，编写滑稽剧和写诗，这就有意思了，我们前面提到过好几位文学方面颇有建树的设计师，比如莫里斯，单是诗歌的成就已经了不得了。这给我们的启示是，文学艺术本就不可截然分开，设计师的文学素养，不可或缺。

接着说他的PH灯。1925年，这件作品参加了巴黎国际装饰艺术博览会，摘得金牌（只有两块），很轰动。另一块金牌是谁呢？前面提到过——勒·柯布西耶，他的作品叫“新精神馆”（图6-8），这是一个“激进”的设计。作为“现代建筑的旗手”，柯布西耶力图将别墅的生活品质移植到现代的摩天大楼中去，很大胆的设想。所谓建筑师、室内设计师、工业设计师都是一脉相承的，他们在各自的领域里驰骋，偶尔越界，同样大放异彩。

汉宁森这个“界”越得高明，由建筑、室内设计转向灯光设计，原来的理论实践都是基础，这就是为什么他的灯具设计能够脱颖而出的原因——理论和实践经验同样丰富的先行者。看看他的主张：照明不要直射，太强了，就遮住他（PH灯层层叠叠的“叶片”就起到这个作用，如图6-9所示）；遮盖的面积越大，阴影效果就越柔和，越漂亮。而且，所有光线需经过一次反射，这是获得柔和均匀效果的保证；不要有眩光，灯罩边缘的光亮递减，不要太突出，与背景不要反差太大，否则眼睛受不了。总之，PH灯的造型是有道理的，合理的造型源于科学与功能，这其中的意义显而易见，尤其是针对现代设计——我们的设计已经与科技密不可分了。

图6–8　勒·柯布西耶的“新精神馆”

图6–9　保尔·汉宁森设计的PH灯

与柯布西耶的实验性建筑“新精神馆”（当时只是做了模型）不同，汉宁森的PH灯一直畅销到现在。可见，好的设计是“没有时间限制的”。

汉宁森一生设计了四十余种PH灯，无一例外都是遵循了他的照明设计原则。不多说，要想真切了解PH灯的精妙之处，还是找一家卖场，现场观摩去吧。

再说阿尔托。阿尔瓦·阿尔托(Alvar Aalto),芬兰人，建筑师，家具设计师。又是一个建筑师！这给我们以启示，早期的工业设计师，其实大部分都是建筑设计师的兼职角色，柯布西耶是这样，汉宁森是这样，阿尔托也是这样。在寻常的设计史中，认识阿尔托，也许是从一把椅子开始的,也许是从一件玻璃器皿(图 6-10)开始的。

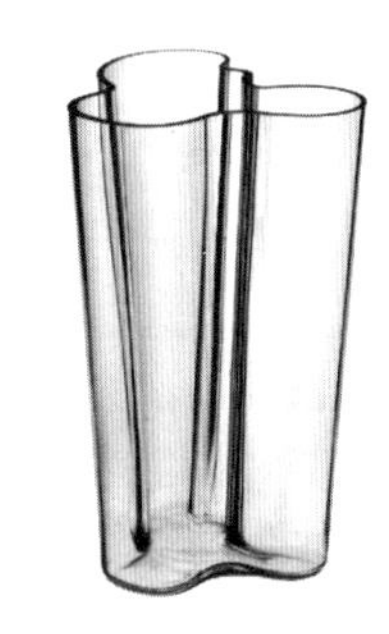

图 6–10　阿尔瓦·阿尔托设计的杯子

就像上面这个设计一样。阿尔托把自己祖国的湖泊边界线融入玻璃器皿设计中，体现了浓浓的爱国之情。这还是小爱，和家具与器皿比起来，建筑设计更能承载大爱。第二次世界大战后，阿尔托花了 10 年时间来从事自己国家的重建工作，这是最让人敬佩的地方。爱国，是最大的民族化和人情化。这是阿尔托一生都在践行的设计宣言。

看一看他的简历。

毕业于建筑学专业，开设建筑设计事务所，参加建筑协会，1929 年引入功能主义建筑思想，成为芬兰现代主义建筑发展的关键人物，第二次世界大战后从事祖国重建,受聘各大学客座教授,当选芬兰科学院院士,获各国建筑学会金质勋章。

阿尔托，无愧于一名国际化建筑设计大师的称号，在建筑设计领域，他与格罗皮乌斯、赖特、柯布西耶、密斯齐名。

阿尔托是一个将创新融入血液的人，他的设计曾受北欧新古典主义影响，但很快，他改变了自己的设计方向，突破技术，转而追求一种人文和心理在设计中的体现。这样的作品，往往会散发出一种温暖的人文主义情调。如果说技术是“硬”的，那么人文则是“软”的，阿尔托的这种对工业产品“软”处理的方式勾勒出了 20 世纪 50 年代“有机现代主义”的基本特征。

现在，我们对胶合板热压成型的方式并不陌生，这样的家具轻巧、舒适、紧凑，满满的“现代感”，而且，工艺成熟的情况下，也比实木的要便宜得多。要知道，在当时，迈出这一步可不是那么容易的事，这要感谢阿尔托，感谢他的妻子艾诺·阿尔托（Aino Aalto），木材弯曲实验是他们两个人共同完成的，这一试就是 5 年。

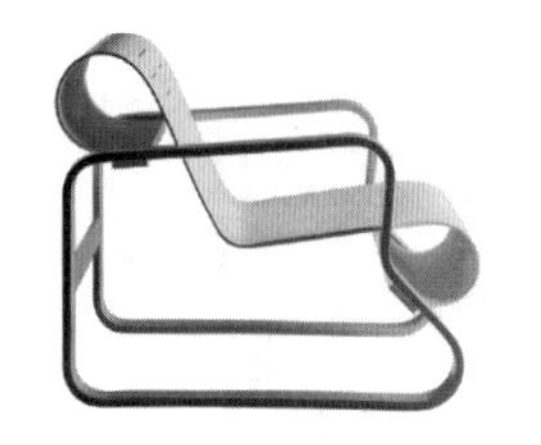

图 6–11 阿尔瓦·阿尔托设计的扶手椅

任何革命性成果的出现都不是一蹴而就的。如图 6-11 所示为阿尔托设计的扶手椅。

阿尔托说："建筑不能拯救世界，但它可以为人们做出一个好的榜样。"

阿尔托还说："建筑师所创造的世界应该是一个和谐的，和尝试用线把生活的过去和将来编织在一起的世界。而用来编织的最基本的经纬就是人类纷繁的情感之线与包括人类在内的自然之线。"

尽管阿尔托个性鲜明，一生都在求新图变，但他的设计有两条鲜明的主线，第一是民族性，第二就是人性化。阿尔托有着根深蒂固的民主化设计思维，他以建筑设计追求社会平等，并向自己的内心致敬。仅这一点，就可超越多数设计师。如果你是一名建筑设计师，当你毫无顾忌地为商业利益摇旗呐喊的时候，不妨想想半个多世纪前，芬兰的阿尔托，那个内心柔软的男人。

我想，正是因为内心的柔软，阿尔托才会演绎出"有机现代主义"，才会不断将那些温暖的曲线，应用到设计中来。

阿尔托是伟大的，不然，芬兰也不会将一所大学以"阿尔托"的名字命名。

阿尔托大学是个好大学！（刷个广告）

现代主义实验

不管人们承认不承认，机器生产已经成为人们日常生活中不可回避的事实。无论是工艺美术运动拉斯金们对于机器毫不留情的否定，还是新艺术运动中手工艺者与机器略显暧昧的相处方式，欧洲的设计师们，像漩涡中的树叶，一直被裹挟在各种各样的运动中。世纪之交，法国试图扛过引领设计的大旗，一场装饰艺术运动并未让人们看到现代设计的曙光，反而重温了洛可可时期法国设计对于权贵们毫无气节的奴颜媚骨。时代在呼唤一个真正英雄的设计组织的出现——现代的、民主的、机器的、标准化的。

所幸，如同地壳深处不断运动奔突的岩浆，在长时间的积累与酝酿之后，“现代设计”终于要爆发了。仿佛一个初春的清晨，鸟鸣与露珠最先渲染出了“玲珑”（不知为什么我会想到这个词）的气氛，然后是第一缕阳光——干净、笔直、略带寒意，把一个由冬而春的过渡氛围烘托得恰到好处！人们都在等一轮红日的喷薄而出，她像一个巨大的标点，强调了一个重要时刻的到来。

提到现代主义设计，我们首先想到了“包豪斯”，其实包豪斯的出现有着很多必然因素。以立体主义、未来主义为代表的艺术风格的耳提面命，以风格派、构成派为代表的现代风格的零敲碎打，以德意志制造联盟为代表的设计组织的层层铺垫，包豪斯，这个在世界现代设计史中不可磨灭的形象，冉冉升起了。

而我要说的是，包豪斯就像一个最终取得现代主义“学位”的佼佼者，之前的努力和铺垫是不容忽略的，这一次次或成功或失败的实验，都是成果取得过程中不可或缺的环节。

立体主义

保罗·塞尚（Paul Cézanne）说：用圆柱体、球体和圆锥体来处理自然。

旁白：谁理解塞尚谁就理解立体主义。

塞尚是谁？法国画家、“印象派”主将、“现代艺术”先驱。

说塞尚就不得不提“印象派”，说“印象派”又得提莫奈，当然我们不是在讲艺术史，所以尽量把这个介绍写得简短。1872 年，在法国的勒阿弗尔港，年轻的画家克劳德·莫奈（Claude Monet）画了一幅画，取名《日出·印象》（图 6-12）。由于需要抓住日出瞬间的光影关系，画家的创作时间很短，因此画面显得“很粗糙”、“过于随便”。莫奈得到了“学院派”（新古典主义）的嘲讽，甚至有人说：《日

图 6–12　克劳德·莫奈的画作《日出·印象》

出·印象》就是完全凭“印象”胡乱画出来的……好像小时候互相起“外号”一样，“印象主义”成了莫奈们的代名词。

没想到，“印象主义”火了，“印象派”诞生，并成为划时代的艺术流派。印象派诞生的最重大意义在于开启了一个现代艺术的时代，这是一次重要的发声。传统艺术被挑战、被打破，墙倒众人推，野兽派、立体派、未来派……一拥而上。传统艺术像一个靶子，成为众矢之的，打眼一望，万簇齐发，仿佛谁不扔点什么过去，就证明不了自己的“新潮”和“先进”。

1874 年，志同道合的画家们在巴黎一所公寓里举办了第一届印象派画展，就在这一年，塞尚入伙了。下面说塞尚。

如果说，印象派打破了传统艺术的瓷器，那么，塞尚则打破了印象主义的瓷器。一心求变的塞尚，对物体体积感的追求和表现，启发了“立体主义”的思路。

1908 年，乔治·布拉克（Georges Braque）在巴黎展出了一件作品《埃斯塔克的房子》，有人评论：布拉克先生将每件事物都还原了……成为立方体。从此，“立体主义”诞生了！

布拉克也许大家不熟悉，但说起另一个人物——巴勃罗·毕加索（Pablo Picasso），想必没人不知道吧？其实，布拉克和毕加索同为“立体主义”的代表人物，二人关系很好，堪称“立体主义”画派的最强 CP。而毕加索的代表性作品《亚威农少女》（图 6-13）被公认为第一幅包含了立体主义元素的作品。

可以说，“立体主义”的出现恰逢其时，因为当“现代主义”思想在设计师们的脑中萌动的时候，他们迫切需要一种合适的形式来简化他们的产品，尤其是在建筑设计领域。立体主义采用一种全新的思路将图形碎裂、分解、重组，打破了传统绘画中对于构图和三维空间表达的刻意追求，从而创造了一种新的表达方式。

很难说,蒙德里安(荷兰人,“风格派”画家,后面会讲)的极端理性主义设计风格没有受到立体主义的影响。实际上，蒙德里安在1911年第一次见识了毕加索和布拉克的立体主义绘画，就感受到了极大的心灵震撼：那种对事物的立体抽象和明确表达正是自己所追求的啊。于是，他专门去巴黎研究立体派的风格，并加入自己的理解，以更加抽象的方式来设计作品，并形成“绘画中的新造型”，这就是所谓的“风格派”。

图 6–13　巴勃罗·毕加索的画作《亚威农少女》

只是不知道，毕加索见到蒙德里安的《红黄蓝的构成》会作何感想？让蒙德里安去做建筑设计又会怎么样？然而这一切假设没有验证的机会，他们都是在特定的历史时期做好了自己该做的事情，像一个接力比赛，能够准时将接力棒传给下一个人，就已是了不起的成就。

给立体主义接棒的是未来主义，本文不打算详细讲解了，只是说明，在同属于一个时代背景下的艺术与设计，本就水乳交融，相互影响。现代艺术形式为现代设计的诞生提供了大量鲜活的形式素材，更何况，很多设计师同时也是艺术家，这本身就是不可分割的。

德意志制造联盟

关于德意志制造联盟，我们在前面多有叙述，但主要是依托于具体人物来展开的，比如穆特修斯、贝伦斯、威尔德等。这三位正是德意志制造联盟最主要的创始人，值得大书特书。然而还不够，我们有必要对德意志制造联盟成立的背景，对现代主义的影响，尤其是和包豪斯的关系加以阐述，这才是最重要的。因为提到德国设计，我们只知“包豪斯”，这对“德意志制造联盟”是不公平的，殊不知，联盟的成立才是“现代主义”设计的始作俑者。而且，联盟和包豪斯相伴相生，它肇始于1907年，比包豪斯要早得多（包豪斯始于1919年），终于1934年，比包豪斯还晚一年（包豪斯1933年被纳粹强行关闭）。实际上，德意志制造联盟里的很多设计师又同时在包豪斯任职，最典型的是密斯，他做过联盟主席，也做过包豪斯的校长（第三任），可谓是达到人生巅峰了。

首先交代一下背景。

19世纪末20世纪初的德国，工业发展水平已经超越了英法等国，位居欧洲第一了，经济基础决定上层建筑，这就对设计提出了更高的要求。

这个时候，当了贸易局官员的穆特修斯，这个前建筑设计师，敏锐捕捉到了英国建筑设计的优点，回国后，出了一本书——《英国住宅》，引起德国社会关注。尔后，穆特修斯更是凭借其专业和敏锐的目光，得到政府任命，负责应用艺术的教育。有专业能力，又有政府资源，自然拥有比别人更多的话语权。穆特修斯最大的贡献在于对“一种统一审美趣味”的标准化制定，并起了一个很高大上的名字叫作“国家美学”。

关键词：标准化。

“标准化”是一个分割线，将联盟成员划分为两部分，以穆特修斯为代表的“标准派”和以威尔德为首的“个性派”，前者强调以标准化统筹设计的高质量产品以利于出口，后者对此持消极态度，转而强调设计师的个性和对产品美学上的坚持。作为“新艺术运动”的领袖，威尔德颇有点“遗老”的感觉，自然对“年轻人”轻率盲目的举动看不顺眼。终于，1914年7月，矛盾爆发了，穆特修斯和威尔德展开了论战。

在这场论战中，对于设计师个人来说，没有对错之分，但放到整个时代发展的大背景当中，穆特修斯们显然更胜一筹，这其中，格罗皮乌斯是穆特修斯的坚定支持者。这个包豪斯的第一任校长也成为德意志制造联盟思想的忠实继承者，并将理论和设计结合起来作为立校之本并发扬光大。

这场论战以穆特修斯的让步而收场，但从此后，同样的争论从未间断，这极大地降低了联盟结构的稳定性，直至濒临瘫痪。后来，密斯进入联盟，临危受命，担任领导职务，挽狂澜于既倒。密斯经常担任这样一个角色，后来，包豪斯难以为继时，又是密斯登场，勉力维持。这两个经历就足以证明他的伟大了，笔者觉得可以给他发一枚“最佳救火队员”的勋章。

说到底，德意志制造联盟是一个半官方的松散集合，类似于行业协会，设计师们也各有自己的工作。这就与包豪斯不同了。

至于德意志制造联盟在1947年复建，那就是后话了。这足可见联盟的顽强生命力，也反映了德国对于现代主义传统的坚守。德意志制造联盟、包豪斯连同后来的乌尔姆造型学院，成为年轻的工业化国家——德国最美好的设计记忆。

风格派

风格派的大本营是荷兰。

专门搜了一下荷兰地图，很小的一个地方，比利时以北，德国以西，整个西北都是海洋，与大英帝国隔海相望，东北边是丹麦。我们对于荷兰的印象，大概源于历史课本中，民族英雄郑成功收复宝岛台湾的记载（那时的荷兰被称为“海上马车夫”，海上力量强大）；或者源于几个国际性大企业（全球500强），壳牌、飞利浦、联合利华？这里面要提的是飞利浦，这家1891年成立，主要生产照明、家庭电器、医疗系统方面产品的荷兰本土公司，一直在设计上散发着人性主义的光芒。“精于心，简于型”成了公司的座右铭；又或者是美丽花卉郁金香，或者是蓝天白云下静静旋转的荷兰风车……总之，这个欧陆西岸的小国家总是与我们产生很多交集。而就在刚刚，当我写到这个章节的时候，2017年世界女排大奖赛，中国队正是与荷兰队鏖战五局以3：2险胜进入了半决赛，不得不说是一种缘分。

荷兰的设计探索为现代主义的形成奠定了重要的基础。有人称现代主义的形成有三个支柱：俄国的构成主义、荷兰的“风格派”和德国的包豪斯。这足见荷兰设计在现代设计中的地位。

“风格派”中有三个重要的人物，分别是特奥·凡·杜斯堡（Theo van Doesburg）、彼埃·蒙德里安（Piet Cornelies Mondrian）和格里特·托马斯·里特维尔德（Gerrit Thomas Rietveld）。其中，杜斯堡扮演了组织者的角色，他还是一个理论家，办了家杂志叫《风格》，作为宣传阵地和喉舌。这是个聪明的举动，非常有利于其理论的传播与宣扬。事实上，“风格派”只存在了十几年的时间（1917~1931 年），而设计师们的理论文章得以保留下来，《风格》杂志功不可没。

蒙德里安就比较有名了，在风格派创立的初期，他是作为“灵魂人物”来存在的。本质上，蒙德里安是个画家，而非设计师，但他对于绘画的不断探索，客观上影响了风格派的走向。如果用一个词给蒙德里安的艺术生涯做一个概括的话，那就是——改变！算上小时候，这种改变据说有五次。这是对的，放弃改变，艺术家就死了。蒙德里安最重要的改变源于他与法国立体主义的交集。立体主义都有谁？毕加索，还有一个布拉克，都是大家！

立体主义讲究事物的“真实”和“客观”，这正是蒙德里安追求的。所以，莫说立体主义影响了蒙德里安，应该说立体主义遇见了蒙德里安。打个不恰当的比喻：金风玉露一相逢，便胜却人间无数（中国宋朝秦观的词）。我们都知道他写爱情，讲究的是恰到好处的“美”，用到这里也恰当。

蒙德里安遇见了立体主义，先是震撼、钦慕，后来悉心学习、研究，抽丝剥茧，研究透了，加入自己的东西，推翻它。感情上这是负心汉的做法，艺术上叫创新、改革，是升华！

升华后的蒙德里安并没有叫“风格派”，而是叫“新造型主义”。以后看到这两个名字，其实说的是一码事，大家要记住。如图 6-14 所示，蒙德里安的作品《红黄蓝相间》。

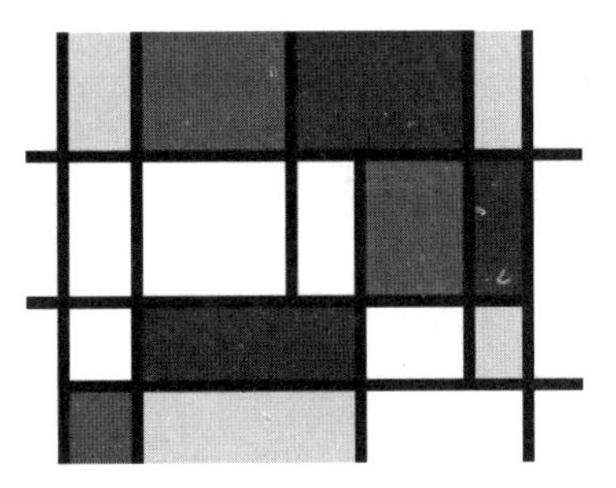

图 6–14　彼埃·蒙德里安的作品《红黄蓝相间》

如果说立体主义对蒙特里安的影响是外在的和迅疾的，那么，宗教对他的影响则是内在的和缓慢的。他的父亲就是一个典型的“清教徒”，蒙德里安不受影响是不可能的。内因决定外因，宗教的影响使其不断思考、内省、发现自己，进而追求人类存在的价值。而艺术，必然成为他外化的表达方式，这是一种语言（另一种语言是诗歌，没有迹象表明蒙德里安写过诗，对于内心如此敏感的艺术家来说，这是一种损失）。蒙特里安的艺术语言简明、扼要，去除了一切装饰主义和自然主义的要素，仅用直线、直角和三原色来表现。

我觉得蒙德里安是个理想主义者，这种清教徒式的节制正是他内心干净、纯粹的表现。两件事可以证明这一点。第一件：他终生未婚；第二件，与杜斯堡的决裂。原因就是杜斯堡放弃了风格派的严格造型原则，仅仅把矩形构图倾斜了 45 度，成了一种斜线造型，蒙德里安不同意。道不同不相为谋，那就分开吧。这便是著名的“正斜之争”。

相对于蒙德里安的纯粹抽象主义，而杜斯堡更加包容，逐渐拥抱了国际主义，这让他有了更大的发展空间。写到这里，我突然想起两个人，一个是鲁迅，一个是胡适。一一对应，这两个人的气质和他们很像。

下面说里特维尔德，他是一个实干家。这就简单多了，直接拿作品说话。最有名的是两个：红蓝椅和施罗德住宅。

红蓝椅是风格派最著名的代表作品。不是说这把椅子功能性强，坐着舒服，也不是因为它漂亮，而是因为这把椅子最“像”风格派。像到什么程度呢？好比是蒙德里安《红黄蓝相间》作品的立体化。里特维尔德就是一个翻译家，把平面的翻译成立体的，把理论的翻译成产品的。

如果说杜斯堡是一个鼓吹理论的煽动者（统帅），蒙德里安是一个精于演算的布阵者（军师），那么，里特维尔德就是一个骑快马舞银枪的冲锋陷阵者（先锋）。

图 6-15　格里特·托马斯·里特维尔德设计的施罗德住宅

关于红蓝椅，里特维尔德说："结构应服务于构件间的协调，以保证各个构件的独立与完整。这样，整体就可以自由和清晰地竖立在空间中，形式就能从材料中抽象出来。"全是附会之辞。在我看来，红蓝椅最大的意义在于极端的形式主义，它把蒙德里安的纯粹抽象发挥到了极致，"完美"地阐释了风格派的理论。除此之外，无他。

至于施罗德住宅，也叫乌特勒支住宅，前面是以甲方的名字（图卢斯·施罗德·施雷德夫人 Mrs.Truus Schröder-Schräder）命名的，后者是以住宅所处的地点命名的。这幢建筑之所以出名，也是践行了风格派的原则。由于是建筑，也便复杂得多，最有特点的是它的开放性和可变性。比如生活区，由面板分隔成若干个功能区，面板可以旋转、滑动，这样，功能区就成了可变的。而这些立面，又是典型的蒙特里安绘画风格。

施罗德住宅原来是私宅，后来被修复，成为博物馆。如果去了荷兰一定要去看看，里面放一把红蓝椅，堪称绝配（图 6-15）。

其实，荷兰风格派是一个松散的组织，其成员之间交往也不多，甚至很多人素未谋面。就像是杜斯堡建了一个五百人的微信群，起了一个群名"风格派"，然后拉一堆人进来，活跃的就那么几个，很多人也没在群里说过话，糊里糊涂。有乱入的（其他流派的艺术家比如达达主义），有退出的（蒙德里安），但这个群客观上是个纽带，起到了宣传的作用，影响还是蛮大的。风格派与俄国的构成主义以及德国的包豪斯都有交流，理论上也有共同点。从这个意义上来说，风格派倒像是现代主义在荷兰的试验点。

在杜斯堡的主导下，试验成功。应该说，风格派理论作为现代主义的支撑是合格的。

构成主义

构成主义，也即结构主义。

首先说，构成主义是意识形态的、革命的、激进的。因为它诞生在十月革命后的俄国。打破旧世界，建立新世界！艺术也要如此。俄国青年艺术家的觉悟都很高，他们要用一种新的艺术语言来改造社会，以适应新兴阶级的需要。新兴阶级是谁？无产阶级。于是乎，千帆竞渡，百舸争流，这里面最出类拔萃的，就是"构成主义"。构成主义与其他流派统称为俄国先锋派艺术。

这里说几个关键人物。

卡西米尔·塞文洛维奇·马列维奇（Kasimier Severinovich Malevich），画家，抽象艺术的先驱（同期的还有前面提到的蒙德里安以及后面将要说的康定斯基），曾入狱，前半生荣耀，后半生落寞，死后又恢复荣耀，是个传奇人物。他的最主要贡献在于对抽象艺术的探索，他创立了"至上主义"的舞台，从此开始了一个人的独舞。马列维奇是孤独的，他的这种孤独被时代放大，收不回来了，就孤独到底。

瓦西里·康定斯基（Wassily Kandinsky），也是画家，与马列维奇一样，也是抽象艺术的先驱。出了很多书，理论好，这是沾光的，所以他比马列维奇有名，运气也好一些。康定斯基是个全才，学过法律和经济，后来学画，都是科班出身，还是出色的大提琴手。做过大学教授，教过法律和美术（在俄国的时候），后来去德国（1922 年），入职包豪斯，直至副校长。包豪斯时期的康定斯基是我们熟悉的，其实那已经是他的晚年了。他的影响力来源于对于抽象形式的推广，尤其是在包豪斯教学期间。他的教学系统、清楚、准确，这是一个好老师的必备要素。他是包豪斯最有影响力的成员之一。

我一直认为，一个人的成就、境遇和他的主张是息息相关的。康定斯基虽然致力于抽象艺术的探索和推广，但他本质上是浪漫的，他说："艺术的目的和

图 6-16　弗拉基米尔·塔特林设计的第三国际纪念塔（效果图）

内容是浪漫主义，假如我们孤立地、就事论事地来理解这个概念，那我们就搞错了……我的作品中，一直大量用圆，这里要出现的浪漫主义是一块冰，而冰里燃烧着火焰。”再看马列维奇：“模仿性的艺术必须被摧毁，就如同消灭帝国主义军队一样。”

如果将艺术比作骏马，康定斯基和马列维奇是两个骑手，同样的马匹，前者跳起了盛装舞步，后者却是要冲锋陷阵，几番下来，伤痕累累。

弗拉基米尔·塔特林（Vladimir Tatlin），最出名的作品：第三国际纪念塔（图 6-16）。构成主义的主要发起者，中坚人物。塔特林受毕加索和马列维奇影响，很快就“前卫”起来。他是一个实干派，下工厂，强调工程技术的作用，关注产品功能。

第三国际纪念塔没有建成（据说不符合当时无产阶级的艺术标准），只有模型，很可惜。据说比埃菲尔铁塔还高，想想更可惜了。第三国际纪念塔在俄国没有成功，反倒影响到了西方艺术界，被奉为构成主义的楷模，这也是塔特林对自己艺术观念的一次综合实验。所以说，它的象征意义大于实用功能（没建出来，功能也无法验证）。

其实，俄国构成主义运动受到了太多政治的干预。政治就像一个任性的甲方，乱改方案不说，一个心情不好，方案就没法儿通过。十月革命的胜利激发了青年艺术家们的创作热情，各种流派蜂起，这看起来热闹红火，但没几个设计真正得到了落实。列宁时期还好说，他的新经济政策为设计家们创造了宽松、务实的社会环境，俄国与西方的交流也多，构成主义就是这个时候传到欧洲，并对德国产生影响的。1924 年，列宁逝世，斯大林上台，政治风云变幻，对文化艺术的要求也变了，构成主义的实验难以为继。很多人要么放弃，要么出走欧洲（康定斯基任职包豪斯），留下来的只好随波逐流了。

当然，构成主义没有发展起来，也有俄国经济的原因，工业不发达，没有制造业基础，或者没有大量的需求，怎么发展呢？巧妇难为无米之炊！

不可遗忘的大师——现代主义建筑设计“F4”

柯布西耶、格罗皮乌斯、密斯、赖特，最具代表性的现代主义“四大建筑设计师”。除了赖特，其他人多有提及，但从未详细讲过，这是不对的。这里专门开辟一节，用来纪念，用来缅怀。那些高举火炬之人，在嘈杂的人世间，始终让我们看到了明确的方向。

1923年，勒·柯布西耶（Le Corbusier）发表了著名的《走向新建筑》，全面阐述了他的设计思想，坐实了他现代主义建筑设计“旗手”的身份。在后面的岁月中，他的这个身份不断被强化，也不断被攻击，攻击的声音既来自外部，又源于内心。柯布西耶是矛盾的，他像一个攻守兼备的斗士，左手持盾，右手持矛，左右逢“敌”，而最大的敌人就是他自己。

78岁的时候，柯布西耶在游泳时去世，一说是因为心脏病突发，一说是他自导自演了自己的离开。他曾说过：当面对着太阳在水中死去，多好呀！如果回顾他一生的经历，你就会理解，这种情况是可能的。

1887年，柯布西耶出生于瑞士一个山间小镇——拉绍德封。这里是闻名世界的表业中心，至今还有着瑞士最著名的钟表博物馆。而柯布西耶的家族就是一个钟表世家，1902年，他曾在一个国际装饰展上以一个雕刻手表获奖，十五岁的柯布西耶初次尝到了设计的甜头，足见环境对他的影响。虽然他很长一段时间的理想是做一名装饰画家，但1905年开始的一场旅行，改变了他的看法。

他的目的地：意大利。

雅典卫城在柯布西耶的心中埋下了建筑设计的种子，古典主义对他影响至

图 6-17　勒·柯布西耶设计的马赛公寓

深。直到他遇到了贝伦斯，遇到了密斯，遇到了更多在当时极负盛名的建筑设计师。没有受过正规建筑设计教育的柯布西耶，面对各种新思潮，开始动摇了，也许冥冥中，他萌发了一种“使命感”。而从小到大耳濡目染的制表业，也对他产生了深远影响。柯布西耶后来强调的“机器美”，和钟表内部传动齿轮所传达出的机械美学不无关系。

柯布西耶说:住宅是供人居住的机器，书是供人阅读的机器，在当代社会中，一件新设计出来为现代人服务的产品都是某种意义上的机器。我们往往断章取义，揪住他这段话的前半句“住宅是供人居住的机器”进行理论，殊不知，在柯布西耶眼中，机器无处不在，甚至人也是机器的一部分，是一个零件。

柯布西耶是一个充满激情的社会改良主义者，而建筑是他最趁手的工具。这个热衷于机器美学又兼具古典情怀的设计师，旋即提出了所谓“新建筑五个特点”——底层支柱、屋顶花园、自由平面、自由立面和横向长窗。

马赛公寓（图 6-17）是柯布西耶践行其“新建筑五个特点”最直接的例证，我们也从这幢建筑中读懂了他的理想：能够宁静独处，又与人天天交往。这座被巨大的混凝土支柱撑起来的建筑，像一个“诺亚方舟”一样，妄图将自己从喧闹的城市中超拔出来。每一座建筑都是一个独立的社区，里面有幼儿园，有食堂，有独立的屋顶花园，每一扇窗户都布满阳光，每一扇窗户打开都会通向一个心灵。自由流动的空气，宽阔开放的视野，连绵不绝的绿地，这些，都是柯布西耶理想城市生活的组成部分。闹中取静，静中取闹。

外在是冰冷的机器，内在却古道热肠。这是柯布西耶建筑观的真实写照。大胆假设一下：如果一座城市遍布“马赛公寓式”的建筑会怎么样?

图 6–18 勒·柯布西耶设计的朗香教堂

只可惜，马赛公寓只有一个，这座柯布西耶与世俗抗争五年才建成的建筑，终成经典。事实再一次证明：别人反对的，未必就是错的！

柯布西耶像尼采哲学中的“超人”，更像塞万提斯笔下的唐·吉诃德，他游走天下、四处碰壁，但唐·吉诃德终于从梦幻中醒悟，幸福地死去。柯布西耶没有醒悟，他是一个理想主义者，他的痛苦与理想成正比。然而尼采错了，“上帝未死”，柯布西耶打破旧秩序，建立新秩序的理想遇到了现实的铜墙铁壁，他一个人的力量还是过于渺小了。

后来，柯布西耶转向表现主义和神秘主义，从表面看，他似乎背弃了半生都在坚持的“新建筑”原则，是一次毫无征兆的“V”形转向，让那些追随他的人们感受到了被抛弃的寒意。但是对于柯布西耶来说，这种转变是再一次的解放，是一种升华，他本质“矛盾”，反对旧条例，亲手打造新形式，当新形式成为一定之规，就又成了被打破的对象。就是这样，1950 年他开始设计朗香教堂（图 6-18），开始刻意忽略形式，他从内心的体验出发，开始了一场与上帝对话的过程。他把教堂视为一个“声学器件”，这出奇的立意让这座建筑从一开始就具备了“上达天听”的魅力。

有人说：当我走进朗香教堂的时候，才明白宗教为何如此蛊惑人心。其实不是宗教蛊惑人心，而是这座建筑带给人的朦胧诗意，让每一个观者都不觉沉醉其中，心绪像河底的水草一样，摇曳不定。

而当你身处室内，光线透过朗香教堂大小不一的方形小窗，透过颜色各异的玻璃，照射进来的时候，窗洞会膨胀成一个个柔和的立方体，恰似上帝柔软的耳廓，让每一个参与祷告的信徒们相信：此刻，我正与上帝声息相通……

最后以柯布西耶的 LC4 躺椅作为结束（图 6-19）。作为一个建筑师，他的家

图 6–19　勒·柯布西耶设计的 LC4 躺椅

具设计不多，但这把椅子仍旧成为现代主义家具设计的代表作品。金属和皮革的结合为它渲染出了“外柔内刚”的气质，而它独特的形态设计，据说可以兼顾到人体结构的所有细节，这好像是设计师通过这把椅子对人体舒适度的一种承诺。

1919 年，一所叫作“包豪斯”的设计学校横空出世，它的校长叫瓦尔特·格罗皮乌斯（Walter Gropius）。若干年后，谁也不会想到，“包豪斯”会成为现代主义设计的桥头堡，成为整个欧洲的设计标杆，更不会想到，1933 年，解散后的“包豪斯”更像一颗被吹散的蒲公英一样，把现代设计的种子播撒到更广阔的空间中去，播撒到美国，从而让这一设计“新物种”遍地开花。而格罗皮乌斯本人，则作为种子大军中的一员，由德国出发，辗转英国，最终在美国落地，直至 1969 年，在波士顿去世，结束了他传奇性的一生。

格罗皮乌斯是德国人，是一个坚定的爱国者，虽然在他漫长的后半生中，先是加入英国国籍，后又加入美国国籍，但这丝毫不影响他“爱国者”的本质。就连他成立包豪斯的初衷，都是试图用现代建筑设计来实现国家重建的目标。那时，第一次世界大战刚刚结束，战败的德国，割地赔款，三分之二的城市被毁，德国人的情绪一如这衰败的城市，消沉而颓丧。只有一个人情绪高涨，像一面鼓满狂风的旗子一样，发出猎猎的声音。格罗皮乌斯给魏玛政府写了一封信，直言开办一所建筑学院的重要现实意义，两个月后，政府回复：同意！

实际上，格罗皮乌斯出生于德国的中产家庭，父亲和叔父都是出色的建筑设计师，还是政府官员，所以他从小就受到了良好的教育，长大后更是毕业于柏林工业高等学院，学习建筑设计，可谓起点很高了。毕业后即进入著名的贝伦斯设计事务所，与柯布西耶和密斯是同事。正是这三人，再加上同时期的赖特，构成了现代主义建筑设计界的“F4”，当然他们不是一个组合，而是各自忙着自己的事情。

图 6–20　瓦尔特·格罗皮乌斯设计的法古斯鞋楦厂

与其他三人不同，格罗皮乌斯的贡献重在设计教育体系的建设和教育思想的传播，虽然他在很早的时候就设计了著名的“法古斯鞋楦厂”(图 6-20)，但就其整个职业生涯来说，作品数量并不多。而这座用大面积玻璃幕墙装点整个立面的建筑，第一次向世人解释了所谓“现代建筑”的本来面目。在后续的几十年，现代建筑的新形式更新了人们对于设计的认知,包豪斯校舍,就是“法古斯鞋楦厂”的更高级版本。无论是作为教育家的设计师还是作为设计师的教育家，格罗皮乌斯都是成功的，他用作品践行着自己的新思想：设计与工艺结合、艺术与技术结合，兼顾设计的功能、技术和经济效益。

时势造英雄，第二次世界大战后，格罗皮乌斯的思想得到世界各地设计界的推崇。这里面的原因是多方面的，既有思想文化上的，也有经济技术上的，而第二次世界大战后的重建工作，也为现代主义设计思想的传播提供了广阔的试验场。

提两个问题：为什么格罗皮乌斯会创建包豪斯？又为什么会在学校如日中天时离任，传位于汉斯·迈耶（Hans Mayer）？其实这都源于他深入骨髓的“家国情怀”和坚定的职业操守。

前文已述，其家境优越，父亲和叔父都是建筑设计师，而其叔父毕生致力于改变德国的建筑设计面貌，这对格罗皮乌斯产生了深刻影响。从某种意义上来说，他做的所有努力，都从一个侧面折射出优秀的家庭教育在他心中埋下的种子。对于工业革命和机器大生产，格罗皮乌斯是开明的，他毫不掩饰自己对于新生活方式的向往。他说：旧社会在机器的冲击之下破碎了，新社会正在形成之中。在我们的设计工作中，重要的是不断地发展，随着生活的变化而改变表现方式，绝不是形式地追求‘风格特征’。

后来，格罗皮乌斯服兵役，当了一年骑兵，亲眼见到战争机器的冰冷和对人性的摧残。这次经历在丰富了他的人生阅历的同时，也改变了他对于机器的认知，一切对于大机器生产的浪漫主义想法遇到了现实的阻击。他开始动摇，并内化为一种更为柔和中庸的设计观。退役后的格罗皮乌斯已经成为贝伦斯设计事务所的首席助理，他高度认可贝伦斯的现代主义思想，对机器的未来仍旧满怀期待，但同时又有了莫里斯式的田园情怀，带有温度的传统手工艺构成了格罗皮乌斯设计理论中柔软的部分。他因此变得不是那么激进，就连包豪斯的建立也是在两所美术院校的基础之上合并而成。格罗皮乌斯不得不屈从于现实，接受教育体制的改良而不是另起炉灶，把理想主义深埋心底，韬光养晦，在合适的时候再抛将出来。

在包豪斯成立的初期，格罗皮乌斯一直处于各种舆论漩涡中，他殚精竭虑、疲于应付，因保守势力的围剿而多次迁移校址，从魏玛到德绍，再到柏林，终被纳粹关闭。1928 年，格罗皮乌斯辞任校长，他或许是累了，也或许是认为自己已经完成了阶段性的目标，该去做更有意义的事情——建筑设计了。总之他做了那个时代很多人无法理解的事情：辞职！

辞职后的格罗皮乌斯仍旧是包豪斯的精神象征，他也持续关注学院的发展，不然也不会在包豪斯因为汉斯·迈耶的泛政治化影响难以为继时果断出手，让密斯·凡·德·罗执掌校印，促其成为第三任校长。

但是，政治气候变了，尽管格罗皮乌斯竭力将自己与政治划清界限，并力证清白，但还是被纳粹媒体形容为“优雅的沙龙布尔什维克”，而包豪斯则成为“马克思主义大教堂”。这是一个危险的信号，果然不久后，包豪斯被强行关闭。格罗皮乌斯，这位前“骑士勋章”获得者，坚定的“爱国主义者”，不得不背离自己的祖国，踏上流亡之路。

格罗皮乌斯的故事讲完了，我想说的是，一个人的思想形成受到了各种因素的影响，这个过程是漫长而曲折的，也在不断发生着变化。格罗皮乌斯的设计思想变迁正反映了同时期其他设计师的普遍状况，他充满理想主义，又耽于现实的阻碍，有勇于改革的气概，也有不甘放弃的坚持。他是一个骑士，更是

图 6–21　密斯·凡·德·罗设计的巴塞罗那德国馆

一个歌者，对于他来说，在哪里发声，哪里就是舞台！

到美国后，格罗皮乌斯成为哈佛大学建筑研究院教授，培养了大量设计人才，这里面就有一个人叫做贝聿铭。作为一名华人设计师，贝聿铭取得的成就让我们倍感自豪与亲切，而他被称为“现代主义最后的大师”，怎么都感觉有向格罗皮乌斯致敬的意思。

是啊，贝聿铭的出现，让我们从时间和空间的双向维度上找到了“格老师”存在的价值。

1929 年，西班牙巴塞罗那世博会，德国馆（图 6-21）火了，德国馆中的一把椅子也火了，它们的设计师也火了，他就是密斯·凡·德·罗（Ludwig Mies Van der Rohe）。尽管德国馆只存在了半年即被拆除，但仍旧成为现代建筑的经典设计，后来西班牙政府把展馆进行重建，才重现了这座经典建筑的本来面貌；而那把著名的椅子正是为了适应展馆风格而设计,俗称“巴塞罗那椅”（图 6-22），又叫“密斯椅”，双 X 的造型由镀铬金属打造，与柔软的皮革座面形成了鲜明的对比，简洁的造型尽显雍容华贵之气，至今仍旧是时尚界的宠儿。

密斯·凡·德·罗是德国人，与格罗皮乌斯不同，他没有接受正规的建筑设计教育，而是一路工作，一路自学，所以他低调内敛，但内心坚韧。

1928 年，密斯说：少即是多。

少不是没有，也不是空白，而是一种极简主义，多不是复杂，也不是拥挤，而是一种秩序的完美，这与东方美学中的“留白”思想颇为类似。所以，密斯的学说无意中贯通了东西方美学的通道。当然，这不是密斯第一次与中国传统美学“暗通款曲”，他的“流动空间”说和“全面空间”理论，同样能从中国古

图 6-22　密斯·凡·德·罗设计的巴塞罗那椅

代园林设计中找到印证。

1951 年，密斯·凡·德罗完成了一件“惊世名作”——范斯沃斯住宅（图 6-23）。这座钢结构和玻璃表面完美结合的建筑是为美国医生艾迪诗·范斯沃斯（Edith Farnsworth）所设计，可说是一个私人住宅。密斯在这座建筑中完整践行了他的现代设计理论。他用白色钢结构搭建了一个空间框架，里面是玻璃，没有多余的装饰，整座建筑像一个透明的方盒子，与周围的环境实现了完美的融合，有了田园诗般的文化质感。很显然，范斯沃斯住宅作为一个实验性建筑是成功的，但作为一个私人住宅则是不合格的。它全方位的透明展示让居住者的隐私一览无余，就像 1953 年美国《美丽住宅》杂志中一篇文章中所说的：一位高学历的女士花费 70000 美元建造了一座住宅，最终发现这座住宅只是一座支架上的玻璃笼子。

“一座支架上的玻璃笼子”，这样的形容暴露了大众对密斯先锋建筑观念的防范意识。实际上，这也是范斯沃斯的困惑，这位“高学历”的女士旋即将密斯告上了法庭，投诉他用高昂的费用设计了一座无法生活的住宅。她说：在这座四面都是玻璃的住宅中，我感觉我就像是一个徘徊的动物，永远处于警惕的状态。即使在晚上我也不能安眠。我感觉每天都处于警备状态，几乎不能放松和休息……

同时被吐槽的还有密斯的固执，他不允许用户改变室内设计的格局，因为整个住宅是透明的，即便在厨房中放置一个垃圾筒也会让这座“完美”的住宅“花容失色”。是的，范斯沃斯住宅就像一块纯洁的玉石，被密斯打磨过后，就带有了他的体温，成为其自身的一部分，作为一个完美主义者，他不允许玉石上有瑕疵，白璧微瑕也不行。这位前石匠的儿子（密斯出生于一个石匠家庭）对细节的严苛暴露无遗。

范斯沃斯女士自然不愿意接纳每天仿若“X 光”下的生活，她是一名医生，自然知道被透视的心理感受是什么。所以，尽管她在寻求设计的初始对密斯的“大

图 6-23 密斯·凡·德·罗设计的范斯沃斯住宅

图 6-24 密斯·凡·德·罗设计的西格拉姆大厦

师”姿态抱有一种崇拜心理，但当设计完成，她还原为一个纯粹的使用者的时候，大师所宣扬的“流动空间”和“全面空间”就退化成了侵犯个人隐私的帮凶。

后来，范斯沃斯卖掉了这幢住宅，终于拔除了这把“达摩克利斯之剑”，但她与密斯因为这个争议设计所串联起来的往事，则成了后人们提起范斯沃斯住宅而不得不说的“故事”。

密斯说：我不想很精彩，只想更好。

设计了范斯沃斯住宅的密斯，在几年后的 1954 年，又设计了西格拉姆大厦（图 6-24）。这座位于纽约市中心的建筑，是一个更为巨大的方盒子，同样的框架结构，同样的大幅玻璃，让这座摩天大楼在众多的古典式高层建筑中尽显优雅华贵的气质。与范斯沃斯住宅所引发的争议不同，西格拉姆大厦得到了广泛的认可，并作为现代主义建筑的典型代表之一受到建筑界的追捧，而建筑内部可自由划分的大空间，也成为解释密斯“少即是多”以及“流动空间”理论的完美注脚。及至今日，“西格拉姆式”的建筑已经成为现代城市中的常见“物种”，密斯的设计功不可没。

当晚间到来，夜幕下的西格拉姆大厦，灯光透过染色玻璃，铺陈出一架硕大无朋的钢琴的时候，那些被整齐划分的琴键，明灭之间，仿佛在弹奏着一曲天籁之音吧？

或许，舒伯特的《小夜曲》最合适不过了。

总之，密斯·凡·德·罗的一生充满传奇，也饱受争议，他是现代主义建筑大师，贝伦斯的学生，也是包豪斯的“末代”校长。他受格罗皮乌斯之托，顶住压力，挽狂澜于既倒，延续了包豪斯在德国的生命，最后避居美国，成为伊利诺伊理工学院建筑系主任。

他晚年孤独，1969年去世，是四个大师中最晚离开的。

对了，关于赖特，第四章中已经介绍过了，这里不再赘述。

第七章　群雄并起

第二次世界大战给所有卷入其中的国家带来了深重的灾难，所以在之后几年，这些国家的主题只有一个：重建！

这个重建，包括有很多层面。经济上的，很简单，恢复生产，大工业、高效率、全力以赴；生活上的，向往和平、追求安定、营造祥和氛围；还有一种是关系上的，国与国之间，人与人之间，人与环境之间，人与产品之间，所有关系得重组。

设计的重要性，被提升到了前所未有的高度，设计师（尤其是建筑设计师）的重要性，也被提升到了前所未有的高度。而设计师的角色，打个比方，不过是站在时代舞剧后面，辛苦的剧务；是百花园里，搬运花粉的蜜蜂；是一根针，将一些破碎、分离的布料通过巧妙穿插，缝制成一件件华美的外衣。对于迫切需要重建的世界来说，这件华美的外衣尤为重要。

此刻，工业设计这次可以很骄傲地说，已经逐渐从建筑设计师的兼职角色中脱离出来了。工业设计师，成了一个全新的角色。在美国，欧洲，也已经有了专门从事工业设计服务的设计公司。这些都是了不起的进步。

这一切，都源于战后各国的经济复苏计划，在这个过程中，工业设计成了一个重要推手。这还得从两方面来说。从商业上来说，设计是一个助推剂。好听的说法是增加产品的附加值，难听的说法就是涂脂抹粉，诱导消费，听起来多少有点不光彩，这典型的表现就是美国的“有计划废止制”（为了刺激和满足消费者求新求异的消费心理而进行的产品“年度换型计划”）；从设计改变生活的角度来说，以人们的需求为准绳进行设计，反对浪费，反对奢华，要做“合适”的设计，做“优良”的设计，这更加符合设计的本质。

这两方面的关系，前者更像一个实用主义者，后者则是一个理想主义者，这反映了设计师的两种状态，或者说是设计师的A面和B面。对于设计师来说，究竟是做商业的奴仆，还是做设计的主人？二者之间往往是矛盾的，多年的“恩怨”一直持续到今天，这个矛盾也没有很好地解决过。这似乎也可以解释一种设计现象，即那些得过设计大奖（红点奖、IF奖等）的设计作品，往往在商业上并不十分成功，或者其商业业绩无法与奖项的高度相匹配。

这么说来，战后的重建从来就没有停止。所谓重建，就是一种“破”和“立”

的过程，而战争，不过将“破”发挥到了极致，类似一种归零，这就尤其显示出“立”的艰难。在当今社会，我们时刻处在时代的变革当中，“破”与“立”的过程从未止息。时间把这个过程拉长了，有了过渡，矛盾的演变就慢下来，所以显得并不激烈。

三说斯堪的纳维亚

再说斯堪的纳维亚设计，就要从20世纪50年代开始说了。如果说之前的斯堪的纳维亚国家都是“单打独斗”的话，那么二战后，他们开始“合伙”做事了。那几个国家，芬兰、瑞典、丹麦、挪威等，都不大，气候相似，风格相似，在此基础上又有各自不同的特点，在设计气质上，非常合拍。按照今天的话来说，他们搞了个“组合”。这个组合在美国艺术基金会的赞助下，开始进行“巡回演出”，这些“演出”在当地和美国大陆都产生了很大的影响。

艺术或者设计的繁荣，办展览是一个重要的途径。展览嘛，是一种交流的媒介，设计师与不同层次的大众就接触了，人们喜欢设计了，设计师才有饭吃；完了再搞一个出版物，用理论来武装一下设计思维，开研讨会，实践要上升到理论层面才能更好地传播；同时呢，说服当局制定有利于设计发展的相关政策，支持设计师创业啦，为产品提供落地服务啦，从国家层面推动设计产业发展啦，这就上升到了一个更高的层面。所以说，推动设计事业的发展，是一个有组织、有预谋的高级活动，20世纪50年代的斯堪的纳维亚设计师们做得很好，他们所做的努力很值得我们借鉴。

我们现在都知道，北欧的福利制度是世界领先的。一个人，从“摇篮”到“坟墓”，都享受着各种各样的福利待遇。举个具体的例子，那里生孩子是有奖励的，生得越多，奖励越多。而且，幼儿园免费，小学免费，中学免费，大学也基本免费或享受高额补助……其实，在20世纪50年代，北欧国家的福利制度就已经逐渐建立起来了。也就是说，人们从那时候开始，就已经过起了“幸福快乐”的生活。我想说的是，斯堪的纳维亚设计风格形成的原因，除了之前说过的地理、气候、国际现代主义和本地手工业的影响之外，还有一个很重要的原因。那就是，普遍的幸福感，让民众有责任和义务把自己的生活过得好一些。所以，他们对于产品就格外地用心，乐观、自信的北欧人把这种情绪全部注入到了他们的产品中去。这是什么？人情味！

对设计的推动自然少不了那些久负盛名的设计师，汉宁森啦，阿尔托啦，仍旧冲锋在设计的第一线。PH 灯系列又增加了不少，阿尔托的“有机现代主义”也后继有人了，美国的沙里宁，意大利的尼佐里都是粉丝。粉丝变成了继承者和发扬者，又有了自己的风格。这两个人都了不起，我们后面会讲。

汉斯·瓦格纳（Hans Wegner），安徒生的老乡，一个手艺精湛的木匠，一个高超的家具设计师。1947 年，瓦格纳设计了一把椅子，因其造型，称为“孔雀椅”（图 7-1），联合国大厦收藏了它。1949 年，他又设计了一把扶手椅，肯尼迪和尼克松坐在上面进行了一场精彩的总统辩论，这把同样精彩的椅子从此走向世界，人们给它起了一个意味深长的名字“the chair”（图 7-2），并称其为“世界上最完美的椅子”。是不是最美不知道，但这把椅子确是出名了。然而这都不是重点，重点是，一个外国人，将中国的明式家具做到了极致（1945 年，瓦格纳设计了系列“中国椅”），以至于没有哪一个中国人能真正超越他（我想会有的）。对于我们来说，这实在是一件丢人的事儿，但对于世界设计来说，又是一件庆幸的事。为什么他能做到呢？其实是有原因的。

丹麦这个国家，第一次世界大战和第二次世界大战都没有对它造成大的冲击，也就是说，生产关系没有遭到破坏。其实非但战争没有过多影响到这里，连波澜壮阔的工业革命也没有在这里掀起波澜。就是说，他们的农业文明和手工艺传统保持得很好。在这里，时光会变慢，变柔软，充满田园诗般的知足与散漫。现代主义在欧洲像个愣头青，横冲直撞，传到北欧，老实了许多，没有棱角了，有机了，柔软了，好像一个性格暴躁的小伙子，突然有教养了……这是大环境的影响，这里的设计师自然受着滋养，体现出来的设计手法就不一样。

图 7-1　汉斯·瓦格纳设计的孔雀椅

图 7-2　汉斯·瓦格纳设计的扶手椅 the chair

瓦格纳本人呢，前面说过，本身就是优秀的木匠，又是科班设计出身（毕业于哥本哈根工艺美术学校），又勤奋，设计了大量的椅子，有着很好的实践基础。传说瓦格纳碰巧在丹麦工业艺术博物馆看到了明式家具，于是成就了一段设计佳话。我猜当时他一定是很激动，因为对于一个家具“发烧友”来说，很难抵挡明式家具的诱惑。

这大概是整个初始过程。瓦格纳与明式家具，相互成就。作为中国人，我们得感谢人家。瓦格纳设计的“中国椅”如图 7-3 所示。

瓦格纳说：椅子永远没有完成的一天。他为家具设计倾注了一生的热情，在其 90 余年的人生中，从未停止设计的脚步，并设立了“好椅子”的标准。他是真正的“大”工匠，他“谢幕”的姿势一定很简洁而优雅，就像他的那些椅子一样。

图 7–3　汉斯 · 瓦格纳设计的“中国椅”

安恩 · 雅各布森（Arne Jacobsen），也是丹麦人，建筑师。设计了“蚁”椅、“天鹅”椅（图 7-4）、“蛋”椅（图 7-5），都极漂亮，特征明显，是 20 世纪的经典之作。这个人也是建筑设计师，据说还学过泥瓦匠（待考证），毕业于皇家艺术学院建筑系。雅各布森设计了很多椅子，这是有原因的。他总是将建筑、室内以及室内的陈列（包括家具）作为整体来设计，这种整体观使他的设计都具有很强烈的“现场感”。不要小瞧这一点，这会让你的设计看起来更适应环境，更有气场，更接地气。

实际上，雅各布森还设计了很多其他家居用品，餐具啦，卫浴啦，可贵的是，他没有将这些小产品等闲视之，而是与建筑一样，倾注了很大的心血。他的设计语言同样是“有机”的，甚至有了雕塑的美感，材料、结构与功能和谐统一，又不影响大批量生产。

图 7–4　安恩 · 雅各布森设计的天鹅椅

图 7–5　安恩 · 雅各布森设计的蛋椅

雅各布森的成就是综合的，从建筑到室内家具，再到家居用品。他的设计如此全面，以至被称为20世纪的“设计全才”，是实至名归的。

美国设计与“价值观”输出

之前说过，第二次世界大战期间，包豪斯的很多大师为了躲避战乱，先后来到美国。他们是格罗皮乌斯、密斯、布劳耶、纳吉等，星光璀璨，照亮了美国设计的天空，每一个名字单列出来都是享誉世界的大师。这就不奇怪，美国的现代设计能在那么短的时间内发展起来，并开始影响世界。

人才是关键！

当世界各国打得热火朝天的时候，美国除了发战争财，还腾出一只手，招揽人才，手段很高明。话说，现代主义到了美国，必然要姓“美”了，美国这个国家呢，惯于制定规则与秩序，规范自己的同时，向外输出。政治、经济、文化，概莫能外。至于设计，取来“现代主义”的壳子，里面装上新技术、新材料、新文化形态，一把推出去，就叫“优良设计”吧。搞展览、办比赛，还成立了一个组织，叫“现代艺术博物馆”，作为推广基地和推手。

事实证明，他们成功了。先是普罗大众，然后是企业界，得到了美的教育和设计上的熏染。那些媒介，如报社、杂志社都充当了宣传的喉舌。而那些站在高位上的大咖们，设计师、建筑师、经济学家等，异口同声：“优良设计”才是我们居家必备的风格啊！

只有一个人不买账。谁？市场！

因为，这“优良设计”甫一提出，是自带“反商业”光环的，仿佛孙悟空拿金箍棒画的圈圈一样，那些纯商业性的设计，比如流线型啊，是不能越界的。现代艺术博物馆的当家人，先是艾略特·诺伊斯（Eliot Noyes）（如图 7-6 所示，是诺伊斯为 IBM 设计的打字机），后是埃德加·考夫曼（Edgar Kaufmann Jr.），都是“现代主义”和“优良设计”的拥趸。其中，诺伊斯是格罗皮乌斯的学生，毕业于哈佛大学，同时也是一名优秀的设计师。他为 IBM 设计的打字机引发了这一产品的革命，大大提高了使用者的打字效率；考夫曼更传奇一些，正是他的父亲委托赖特设计了“流水别墅”，才为世界留下了一项不菲的设计遗产。

诺伊斯说，“设计应使产品看起来像它们自己”。

做自己咯！不要那些武断的装饰，不要伪装材料，不要“凹造型”，不要耍酷卖萌，不要……这有点理想主义了。

图 7–6　艾略特·诺伊斯设计的 IBM Selectric 打字机

随着经济的发展，资本主义商业规律这个指挥棒大发淫威，那些讨巧的设计，那些张扬的视觉元素，那些“离经叛道”的风格才符合“富裕”的中产阶层的精神需求。“优良设计”嘛，虽然好，太端庄了，太严整了，如一个人，不嗔不怒，不言不笑，端端地坐着，很无趣！他们喜欢开放一点的，幽默一点的，甚至——“放荡”一点的。

与此同时，设计师也要吃饭啊，东西卖不出去，没钱生活，理想饿得“皮包骨”，一只手伸向了现实。考夫曼妥协了：“‘优良设计’并不体现我们设计师所能做出的最好设计，只是表明了设计师能得到社会认可的最好设计——可买卖的产品是有限的。”

退一步海阔天空。这一退，“东风压倒西风”，“罗维”们（罗维的故事后面会讲）扛起了商业主义的大旗，“有计划的废止制”唯商业的马首是瞻，引发了又一轮的设计讨论与反思，绿色设计、可持续设计后续登场。

这个设计场，如同一个江湖，你方唱罢我登场，有一条线牵着，这条线上缀满了经济、政治、文化、时代精神、个体意识，颗颗如珍珠，哪一颗都能折射出一片广阔天地。规律可循，让我们细细挖掘，同时，一只眼盯着未来。

这一时期，举两个代表性的人物——沙里宁！没错，是两个，都叫沙里宁，他们是一对父子。老爸叫埃里尔·沙里宁（Eliel Saarinen），儿子叫埃罗·沙里宁（Eero Saarinen）。我很羡慕他们。

埃罗·沙里宁 13 岁的时候随父亲由芬兰迁居美国，所以说，他是一位美籍芬兰裔设计师。埃罗·沙里宁是“有机现代主义”的又一代表人物，并且开创了自己的风格，这是有原因的。因为他流淌的是“北欧”人的血液啊，这骨子里的东西是改不了的；还因为他有一个堪称国际大师的建筑师父亲，有一个雕塑家母亲，艺术世家，书香门第，良好的教育，让小沙里宁在起点上就已经超出同龄人很多了。

埃罗·沙里宁去美国后，先学雕塑，后学建筑，于耶鲁大学建筑系学习，毕业后加入其父的建筑事务所，接触到了很多实际建筑设计。父亲在世时埃罗·沙里宁是父亲的影子，他压抑个性，遵从父亲的设计风格，直到父亲去世。他的世界来临了。

麻省理工学院礼堂。

耶鲁大学冰球馆。

美国环球航空公司候机楼。

华盛顿杜勒斯国际机场候机楼。

这些建筑打破常规，体现了一个优秀现代主义建筑设计师的时代性和雕塑美感，看来，学什么都是有用的（埃罗·沙里宁学过雕塑）。岂止建筑呢，看看沙里宁的那些椅子设计，“胎”椅（图 7-7），“郁金香”椅，哪一件拿出来，都是一件雕塑作品。那是 70 年之前了，“有机现代主义”方兴未艾，沙里宁，开河引流之人，将北欧的设计血统带入了美国。

图 7–7　埃罗·沙里宁设计的胎椅

他又是国际化的，是一个慧眼识珠的伯乐。据传，澳大利亚的悉尼歌剧院方案经沙里宁首肯后才被选用，他是那次征集活动的国际评委。我们看看，也难怪，悉尼歌剧院的风格很对沙里宁的胃口：有机、现代、雕塑感，很有标志性。

感谢他！

Hello！工业设计师!

“工业设计师的职业化始于美国。”我说这话肯定有很多人反对：贝伦斯不是吗？人家可是德国的。没错！贝伦斯是现代主义的，德国的，是“第一个”工业设计师，但他首先是一个建筑设计师，做工业设计是业余的。这是有历史根源的，在工业设计真正形成一个专业之前，工业设计师有三个来源：一是建筑设计师，二是手工艺者，三是艺术家。当然了，三者也许不可分，很多牛人一兼多能，玩起跨界来一点不含糊。威尔德不就是一个被设计耽误的“画家”么？

历史的演进是缓慢的，设计的历史也是如此。我们可以看到，从英国水晶宫博览会开始，他们沮丧、奋起、交流、争吵、再交流，直到包豪斯建立，现代主义才成为国际公认的设计准则，将现代机器美学从手工艺传统中解救出来。仿佛早晨，一个板正的青年，起床、穿衣、洗漱，抖擞精神，从祖上的老宅中走出，他西装革履，面目清峻，而日光如刀，将他的影子切割成很标准的几何形……

这个青年在欧洲成长，完成学业，取得学位，却一转身，去了美国。为什么呢？一曰战争，二曰经济，三曰环境。两个人促成了这件事，一个是希特勒，另一个是罗斯福。前者因为政治原因关闭了包豪斯，为渊驱鱼，为丛驱雀，把大师们都赶跑了，去哪儿呢？那厢罗斯福正搞经济改革呢，是为“罗斯福新政”。新的改革政策挽救了美国经济，也正式宣布了历时四年的“经济危机”的结束（1933年经济大萧条消退，同年包豪斯被关闭，不能太巧合！）。第二次世界大战后美国也发了财，拥有强大的生产力和商品市场，就去美国吧！

这个选择是正确的！

美国是最大的受益者。您想啊，不费吹灰之力，就把欧洲人奋斗了30来年取得的设计成果一网打尽，并迅速移植到自身文化当中。更为重要的是他们的变现能力。首先是有钱，加工生产不在话下；其次有市场，产品出来有人买；再次美国人包容，不挑食，只要符合商业利益能卖钱的就是好设计：不要讲理论了，撸起袖子加油干吧！所以你看，美国很少出理论家，什么设计的社会性、民主性、伦理性，那都是后话，只有形式和商业价值才是最紧迫的。

如果说欧洲设计师是一本正经的学院派的话，那么美国设计师则更像娴熟的职业经理人。他们擅长与人谈判、交流，擅长团队合作并把自己的想法进行推销，这一切都是我们现代设计所强调的重要能力（所谓设计师的自我推销和表达能力）。德国式的严谨与美国式的务实在广阔的美国大地上快速融合，取长补短，加上优良的外部环境，一粒种子开始发芽，并迅速成长为"优质次生林"。这便是美国职业工业设计师。

天时地利人和，缺一样都不行。下面呢，我想为大家画一个美国职业设计师的群像，但限于篇幅，不知道能画出几个。勉力为之，希望以点带面，希望借此向工业设计"开先河"者致敬！

沃尔特·提格

若说美国最早的工业设计师，绕不开沃尔特·提格（Walter Dorwin Teaque）这个人。提格早期在纽约从事平面设计的工作，他娴熟的设计和制作经验，尤其是商业化的设计手法让他在企业界拥有了颇高的人气。后来，提格转型做工业设计，那是20世纪20年代，算是比较早的了。

但最早使用"工业设计"这个名词的，却另有其人，这便是约瑟夫·西奈尔（Joseph Sinel）。西奈尔1919年在纽约开设了自己的设计事务所，并"创造性"

地在自己的名片上印上“工业设计师”的头衔，从而使这一概念广为人知。这当然只是外人的道听途说，事实上，西奈尔在1969年的一次采访中被问及此事，他说：我确信我没有这样做，我不知道它起源于哪里……很决绝地否认了这“第一次”的荣誉，足见他是一个足够真诚和老实的人。老实人西奈尔不仅做设计，还在多所学校教授设计，更在1955年成立美国工业设计师协会，成为14位元老级创始人之一。而美国工业设计师协会就是后来美国工业设计协会的前身。可见，西奈尔不只是一名优秀设计师那么简单，更是具备长远眼光的设计教育家和推动者。

话题回到主角沃尔特·提格。

提格在产品设计方面的成功离不开一个老牌生产供应商的影响——柯达。

柯达全称为“伊士曼柯达”，乔治·伊士曼（George Eastman）发明了胶卷，并以自己的名字成立了公司，那是1880年。多年来，柯达一直在影像拍摄、分享和输出领域处于世界领先地位，而中国，一度成为柯达除美国之外的全球第二大市场。但从20世纪初开始，柯达的业务开始走下坡路，主要原因是面对数字成像技术的进步而没有果断转型。尽管柯达在1975年就发明了世界上第一台数码相机，但这一发明却没给自己带来丝毫的运气，反而自掘坟墓，成就了别人。当2003年柯达终于醒悟，调转车头向数码业务转型的时候，却发现江湖已变，草木凋零。昔日霸主四顾茫茫，日薄西山，再也没有了仗剑天涯的豪情。

2013年，柯达重组为一家小型的数码影像公司，结局不免让人唏嘘，这与昔日手机之王诺基亚的命运颇为类似，只不过一个仍在苦苦挣扎，不愿出局，一个被收购，寄人篱下，以图东山再起。

图7–8 柯达Ektra智能手机

2016年，柯达推出智能手机Ektra（图7-8），主打拍照功能。从设计的角度来看颇为复古，保留了很多相机的元素。这个被人戏称为“带手机功能的相机”的销量并不好，而这种贩卖情怀的方式也没有给柯达带来转机。

显然，柯达的这款手机是在向 Ektra 相机致敬，而 Ektra 是柯达公司 1941 年推出的经典设计。柯达的复兴之路还很漫长，但是他们一直在努力。我们今天要说的是柯达的另一款经典设计——奔腾（Bantam Kodak）相机（图 7-9），由设计师沃尔特·提格于 1936 年设计。

彼时，提格已经跟柯达合作多年了，这款相机最具视觉冲击力的部分是横向整齐排列的金属线条，很有法国装饰艺术运动的风格，又说受到古埃及图坦卡蒙黄金面具的影响，可见提格是一个对时尚很敏感的设计师。而图坦卡蒙古墓 1922 年被发现，从时间逻辑上看是符合的。将黄金面具和奔腾相机放置到一起，突然发现，提格岂止是用了几条装饰线条呢？连产品的造型轮廓和气质都有借鉴的痕迹。我甚至突发奇想，当有人端起照相机进行拍照的时候，那冷峻的镜头是不是让人想到了图坦卡蒙从几百年前投射过来的目光呢？这个古埃及历史上著名的法老，周身都散发着神秘的气息，即便后来被掘开坟墓，也有着“法老诅咒”之虞，更平添了神秘主义的色彩。

事实上，提格很喜欢水平线条的应用，这在他的其他众多产品上也多有体现。当然，提格还设计过波音 707 大型喷气式客机，设计领域可说是非常广泛了。

图 7–9　沃尔特·提格为柯达设计的奔腾（Bantam Kodak）相机

如今，柯达荣光不再，迫切需要导演一场“王者归来”的戏码，所以他们申请破产、搞重组、重新定义形象、卖情怀刷存在感，左冲右突，困兽犹斗，昔日胶片霸主苦苦等待黎明。而提格创立的设计公司，经历了历史的沧桑，仍旧是美国最著名的设计公司之一。

诺曼·贝尔·格迪斯和亨利·德雷夫斯

1939 年，美国纽约举办了一次世界博览会，这届博览会上最大的明星当属通用汽车公司的“未来世界展”（图 7-10），展示了高速公路未来 20 年的愿景。当然，就目前来看，以 20 年为尺度来丈量“未来”似乎有点局限了，但在当时，也着实引起了一场轰动。

而这场展览的总设计师，就是本节的第一个主角——诺曼·贝尔·格迪斯（Norman Bel Geddes）。格迪斯有一个很闪亮的称号，叫做“20 世纪的达·芬奇”，是《纽约时报》授予他的，这得益于他工业设计师和“未来空想家”的身份。特别是后者，在美国，他甚至被公认为“未来学”的开拓者之一。据说，我们今天想象当中的 UFO（飞碟）的造型就来源于格迪斯的一个概念设计——“第四号飞船”。

图 7–10 诺曼·贝尔·格迪斯为通用汽车公司设计的“未来世界展”

接着说一下这个“未来世界展”，里面包括了一个全自动化的公路系统，在这个系统里运行的都是自动驾驶的汽车。很显然，格迪斯的“未来”更加遥远，它远远超出了 20 年的维度，直到 2014 年底，谷歌才首次展示了自动驾驶原型车。尽管拥有自动驾驶梦的公司不少，但自动驾驶还

图 7–11　诺曼·贝尔·格迪斯设计的水滴形汽车

没有成熟到可以大面积实施的阶段。青春有梦，未来可期！就目前各个国家都在布局“无人驾驶”技术的现状来看，格迪斯的“未来”已经到来了。

1893 年，诺曼·贝尔·格迪斯出生于美国底特律，这是一座新兴的汽车之城，如我们所知道的，这里是美国汽车三巨头——通用、福特、克莱斯勒的总部所在地。所以，格迪斯的家乡背景，让他有机会为通用汽车公司设计专题展馆，就不奇怪了。而且，格迪斯非常擅长“流线型”的设计风格，这也与汽车业脱不了干系。如图 7-11 所示，即为格迪斯设计的水滴形汽车。

鲜为人知的是，格迪斯曾经是一名出色的舞台设计师，从洛杉矶小剧院到纽约大都会歌剧院，都留下了他的身影。而作为一名个性鲜明的设计师，他充满了设计上的理想主义，但又不得不迎合商业上的要求，这让他很痛苦。他因此转向工业设计，开办公司，寻求设计上的更大自由。殊不知，工业设计同样需要与商业为伍，比起舞台设计，甚至有过之而无不及。所以尽管格迪斯很努力，他的设计公司还是倒闭了。

或许是因为他在舞台设计上的卓越成就，也或许是因为他有一个成为著名演员的女儿（芭芭拉·贝尔·格迪斯），格迪斯入选了“美国剧院名人堂”。而且，美国邮政发行了一张印有格迪斯头像的邮票，承认了他“美国工业设计先驱”的身份。了解下芭芭拉·贝尔·格迪斯（Barbara Bel Geddes），曾获艾美奖和金球奖最佳女主角，并获第 21 届奥斯卡最佳女配角提名。她在影视中的成就不亚于其父亲在设计上的成就，她晚年写作，退而不休，直到 2005 年去世，体现了一名优秀艺术家的风采。

1932 年，格迪斯写了一本叫作《地平线》的书，这是他的代表作。书中设想了大量的产品案例，虽然仅是概念设计，但是由于充分考虑到了技术上的可行性，所以很多设计得以变成现实。前面提到的“第四号飞船”，就出自这本书。

1958年，格迪斯在纽约逝世，他的自传《夜间奇迹》不久后出版。

“夜间奇迹”，很好的名字！这也许正是格迪斯一生设计实践的写照，他像车灯投射出的炫目远光，在漆黑的林莽中，照出一条坦途。

图7–12　亨利·德雷夫斯设计的贝尔电话机

格迪斯在百老汇（纽约大都会歌剧院）做设计的时候，遇到了亨利·德雷夫斯（Henry Dreyfuss），两个舞台美术设计师肯定会有很多话题。然而他们肯定不会猜到，两个人的最大成就不是体现在舞台设计上，而是工业设计上。比格迪斯小了11岁的德雷夫斯一直活到1987年，此时的工业设计已经发展成为一个成熟的专业了。

如果说通用汽车公司成就了格迪斯的话，那么，贝尔电话公司则成就了德雷夫斯。1929年，德雷夫斯参加了未来电话设计竞赛，并获得奖项，于是开始为贝尔实验室进行电话设计。而他的工业设计之路，也是从这里开始的。

在德雷夫斯之前，传统的电话什么样？最显著的特征就是话筒和听筒是分离的，这样用户就不得不占用双手，使用起来非常不方便。德雷夫斯重新规划了电话的结构，创造性地将话筒和听筒合二为一。本质上这是一种“功能决定形式”的设计，由内而外进行设计。我们后来所熟知的“转盘式”拨号也由此产生了。可以说，没有德雷夫斯，电话的民用之路就没有这么顺畅。后来，塑料的发明为设计师的想象力插上了腾飞的翅膀，加之富裕社会的中产阶级开始崛起，德雷夫斯的电话得以风靡全球（图7-12）。

德雷夫斯的成功让他成为贝尔电话公司的“御用”设计师，在长期的合作中，贝尔电话的历次改良都注入了“德雷夫斯式”的严谨求实的态度。其实，德雷夫斯在进行电话设计的时候，深刻理解到了人体尺寸对于设计的重要意义。结合他的经验，1955年，他出版了专著《为人的设计》，1961年又出版了《人体度量》，这两本书奠定了工业设计中人机工程学的基础。而德雷夫斯的实践，成为人机工程学设计应用的最佳注脚。

这足以说明，不同于格迪斯的理想主义和对于未来主义的痴迷，德雷夫斯更加关注当下，关注产品的结构和功能，关注人的使用体验。他不是“炫目的远光”，而是一盏负责任的“航标灯”，引领着设计的方向。

事实上，德雷夫斯除了一手打造了电话机的形象，还改变了吸尘器的面貌，他为胡佛吸尘器进行设计，将一个庞然大物装进一个简洁的外壳当中，让吸尘器得以走进万千家庭当中。

1965 年，美国工业设计协会成立，德雷夫斯当选为第一任主席，足见他在美国工业设计界的地位。

德雷夫斯有言：如果设计使人们更安全、更舒适、更能激发购买欲望，更有效率，或者只要单纯地让人更快乐，那么设计师就成功了！如今，这句话仍有很大的参考价值。

伊姆斯夫妇

1941 年，在纽约现代艺术博物馆中举办的一次题为“家庭陈设中的有机设计”的比赛中，查尔斯·伊姆斯（Charles Eames）和埃罗·沙里宁合作设计的椅子获得了头奖。

为什么他们能够合作呢？因为二人同是美国克兰布鲁克艺术学院的学生。这个学院要重点介绍一下，据称是“现代美国设计师的摇篮”，埃罗·沙里宁的父亲埃里尔·沙里宁是学校的第一任院长。这位来自芬兰的著名建筑设计师为美国的设计教育作出了重要贡献。伊姆斯和小沙里宁的获奖让他们的母校广为人知，此后的若干年，克兰布鲁克艺术学院坚持自己的办学特色，培养了大批优秀的学生，这里面就包括了中国的著名建筑设计教育家吴良镛院士。

作为吴良镛的导师，沙里宁曾寄语：一方面要追求现代性，一方面不能忘记中国的根基，要在中与西、古与今结合方面找出自己的道路。

图 7-13 伊姆斯夫妇

查尔斯·伊姆斯与埃罗·沙里宁因比赛获奖而大出风头，并从此正式踏入设计界，但两人却在以后漫长的岁月中再无合作的机会。沙里宁与其父组成“父子档”，而伊姆斯同样幸运，他结识了一生的伴侣蕾·伊姆斯。

查尔斯善于从技术、材料和生产的角度考虑问题，而蕾则把精力更多地放到产品造型、空间美感上面。他们生活中相互照顾，设计上彼此扶持，珠联璧合，没有比这更美好的夫妻关系了（图 7-13）。

图 7-14 伊姆斯夫妇设计的 DCW 椅

实际上，二人在设计上的实践活动为我们提供了很多鲜活的素材，尤其是那些椅子设计。每一把椅子都在讲述一个故事，每一把椅子，都是形式美感与材料科学的一次深度对话。夫妇二人对自己的工作有着严格的要求，并且在长期的合作中形成了自己的哲学：做自己相信的事，避免做自己不相信的事。这略嫌笨拙的表述其实反映了他们求真务实的设计态度。

举几个著名设计的例子。

第一件，伊姆斯 DCW 椅（图 7-14）。20 世纪四五十年代，模压胶合板技术尚未成熟，伊姆斯夫妇发展了这项技术并应用到设计中。1945 年，DCW 椅诞生了，这是一把餐椅，靠背和坐面形成的微妙曲面让人坐上去舒适轻盈、如沐春风。镀铬的椅腿纤细精致，像一个优雅的芭蕾舞者轻点脚尖的样子。

这件产品为米勒公司设计，虽然售价便宜，但为公司带来了可观的收益。

米勒公司是一家大型的家具公司，他们与伊姆斯夫妇的合作贯穿了后者设计生涯的始终。这给我们以启发：设计师的成功离不开生产制造企业的支撑，米勒公司提供的舞台足够宽广，伊姆斯们才得以纵情欢唱。

其实，伊姆斯夫妇最初的构想是要做一把胶合板整体成型的椅子，但因为技术原因而放弃。七年后，安恩·雅各布森（Arne Jacobsen）帮他们实现了，这就是“蚁椅”（图 7-15）。有人拿他们做比较，认为“蚁椅”胜过了“DCW椅”，后来居上，顺理成章。于我而言，两把椅子都是特定时期的佼佼者，都是设计舞台上高超的表演者，由于设计的年代不同，孰优孰劣，真的没有比较的意义。

图 7–15　安恩·雅各布森设计的“蚁椅”

第二件，伊姆斯注塑椅（图 7-16）。这同样是一把餐椅，据说灵感来源于法国埃菲尔铁塔，我想应该指的是椅腿部分，其金属支撑勾勒出了“埃菲尔铁塔”虚幻的影子，为这把椅子平添了一种巍峨的气质。重点还是坐面设计，其初始材料是玻璃纤维，但污染严重，这违背了伊姆斯的设计哲学。后有赖于技术进步，改用聚丙烯，成功批量生产。

据说，伊姆斯注塑椅是第一批由塑料大规模生产的家具，这是1956年，而一洋之隔的欧洲，潘顿（关于潘顿的介绍，详见第五章）还在为一次成型的塑料苦苦探索，几年之后，他制作出了“潘顿椅”，惊艳了世界。伊姆斯注塑椅并不孤单，它已经由一把单纯的餐桌椅，成功跨界，会议室、办公室乃至阅览室都有它们的身影。所以无论你去就餐、工作还是休闲，都有可能邂逅它们。

伊姆斯说:“设计师的角色应该是一个热心体贴的主人，他能洞察他的来宾们的需求。”而一把椅子能够适合不同的场合，能够与每一个人的身体对话，不得不让人佩服设计师的洞察力。

有一个问题值得深思，不同于潘顿椅“女人式”的妩媚妖娆，伊姆斯注塑椅则展现出不同的风采，既有女性的柔美，又有男性的力量，我想这正是这对设计师夫妇完美结合的产物。这如同他们的孩子，拥有了彼此的优良基因，这是其他“单身”设计师们不容易具备的优势。

图 7–16　伊姆斯夫妇设计的注塑椅

第三件,伊姆斯休闲椅（图 7-17）。如果你去到美国洛杉矶的“伊姆斯住宅”，一定会在客厅里见到这把躺椅。曲木弯板、铝脚、海绵坐垫，怎么看都像一个圆滚滚的“佛系”胖子，随便将自己的身体一扔，都能找到“梦开始的地方”。

这把椅子适合在一个阳光充沛的午后，捧上一杯香茗，找一个体己人，聊天。

伊姆斯设计这把椅子的初衷是希望给人“温暖而平易近人”的感觉。事实证明他做到了，尤其是压力巨大的现代社会，如果有机会选择一把椅子让紧绷的神经得以缓解，没有比它更合适的了。

外界也没有亏待伊姆斯休闲椅，它被美国现代艺术博物馆永久收藏，享受着明星般的待遇。

图 7–17　伊姆斯夫妇设计的休闲椅

伊姆斯不只是设计师，他还是一个发明家和电影人，他像很多设计界的前辈一样，不断拓展着自己感性的天空。他又与很多设计前辈不同，他拥有幸福的家庭，把自己的事业过成了生活，把生活过成了诗。伊姆斯夫妇的住宅环境体现了他们生活的质感，那是一个美丽的地方，背靠山丘，面朝大海，脚下一片芳草地。夫妇二人自己设计房子，自己设计装修，自己设计家具，再一起躺到休闲椅上把玩心事，消磨时光。这总让我想到莫里斯和他的红屋，莫里斯的婚姻并不幸福，就像红屋并不适合居住一样。在前文中，我们把莫里斯形容为一个骑士，拥有浪漫的惆怅，而伊姆斯不是，他更像一个技艺娴熟的渔夫，住在富庶的湖边，他闲来喝茶，忙时捕鱼，每一网下去，都有不一样的收获……

罗维的设计人生

1961 年 5 月，美国开始实施一项长期的载人登月计划，史称“阿波罗计划”。阿波罗是古希腊神话中光明、语言和音乐之神，快乐、聪明，拥有阳光般的气质，可见，美国政府对这一计划采取了积极的态度，并且寄予厚望。谁都知道，这是美苏太空竞赛的重要一环，在这之前，苏联宇航员尤里·加加林（Yuri Alekseyevich Gagarin）成为进入太空的“第一人”，这大大刺激了美国人的神经。在这种境况下，对于美国来说，唯有将宇航员送上月球，才能使美国在这场竞赛中确立领先地位。

为了“人类的一小步”，也为了世界级的“面子”，美国举全国之力，向月球发起了冲锋。

阿波罗计划实施的时候，肯尼迪总统邀请设计师罗维参加，这是莫大的荣誉，是信任也是压力。设计师在短时间内要解决的问题包括：宇航员座舱的舒适性、方便性以及如何缓解宇航员的紧张情绪，让他放松、心情愉悦。用现在的观点看，这里面涉及了人机工程学、认知心理学、设计语义学、材料学等。

雷蒙德·罗维（Raymond Loewy）：

法裔美国人；

“美国工业设计之父”；

《时代周刊》杂志封面人物；

有人称：罗维塑造了现代世界的形象；

又有人称：罗维的一生是一部美国工业设计的发展简史。

他设计过大到飞机轮船空间站，小到口红邮票标志的全系列产品；

他是一个设计通才。

下面，我们即将展开他的设计人生。

1893 年，罗维生于巴黎，出生时并没有什么特殊的现象，比如满室异香，祥云笼罩之类。这位拥有改变世界的“魔法”的设计天才，在其 30 岁之前，只

图 7-18　雷蒙德·罗维设计的宾夕法尼亚 S1 型蒸汽机车

是一个拥有工程学学士的大学毕业生，但他从小就对车辆感兴趣，并立志从事设计工作。

到美国时，他已接近而立。

他给杂志画插图，攫取人生第一桶金，他对流行元素的高超把握能力让他蜚声纽约。

他给一家工厂的复印机做外观设计，完成了“不可能完成的任务”，大火，从此一发而不可收，开启了工业设计的开挂人生。这件事的意义不止这一点，还在于，设计与销售结合好了，可堪完美！进而说明，工业设计是个好职业。套用一句话：这是罗维的一小步，却是美国工业设计的一大步！

他受聘担当 Hupp 汽车公司的设计顾问。与汽车联姻啊，这一步迈得大！将挡风玻璃变倾斜，将车头灯内嵌，给轮胎加上外壳，他使生产线上的丑陋之物，摇身一变，成为美丽尤物。

他为 Coldpoint 设计冰箱，动用了“流线型”，大弧面，大圆角，内部也调整格局，内外兼修，第一次践行了他的设计理念：流线，简单化！他说，“最美的曲线，就是销售上涨的曲线”，他做到了。

他设计宾夕法尼亚 S1 型蒸汽机车（图 7-18），拔掉铆钉，采用焊接技术，外形大变样不说，还方便了维修管理，降低了成本。

他给美国烟草公司做香烟盒的包装，彻底改造，大获成功。

1949 年 10 月（很好记的年份），他登上《时代周刊》，成为封面人物（图 7-19）。请允许我隔着漫长的时间距离，隔着遥远的空间距离，为工业设计师骄傲一下！

他受聘美国宇航局设计顾问，参与阿波罗航空计划，进行空间站设计。这次的重点不是产品造型了，而是产品的舒适性和对使用者心理上的关怀。每一次都切中要害！他模拟重力空间，在空间站中开设能遥望地球的舷窗（那会是一个怎么样的体验？），他让三名宇航员在空间站中“舒服”地生活了三个月。罗维成功的关键在于：他深刻理解了人的需求。这对我们现在做设计仍旧具有重要的启示意义。

他为可口可乐公司设计了瓶型，取自女性身体的柔美曲线，让产品的造型超越了功能，并成为美国文化的象征。

他为壳牌公司设计的 LOGO 沿用至今（图 7-20）。

图 7-19 雷蒙德·罗维登上 1949 年 10 月《时代周刊》封面

他是一个传奇！

罗维是美国设计的旗帜（明明是法国人）！他让大萧条时期美国的商品仍旧具有不可抗拒的魅力，他不是鼓吹“有计划废止制”的纯商业设计师，而是强调“由公用与简约彰显美丽”。

他有自己的设计哲学 MAYA（Most Advanced Yet Acceptable）——极度先进，却为人所接受！

图 7-20 雷蒙德·罗维设计的壳牌公司商标

给力的英国政府

再来说说英国。这是一个固执的国家，为什么这么说呢？因为它的贵族气太重了，它的历史过于光辉，以至于很难俯下身来去向别人学习什么，所以，那些好的、符合潮流的设计思想，统统被屏蔽在英伦大陆之外了。它像一个孤僻的落榜生一样，整日沉浸在“想当年”的美好假设中，无可自拔。

直到有一天，战争爆发了。

没有哪一种力量比战争彻底，摧枯拉朽，管你是贵族还是贫民，一律打回原形。战争造成的物质短缺，让政府意识到了设计的重要性，而现代主义设计的标准化和对功能的强调，是解决这一问题的有效途径。历来做事，古今中外，自上而下比较好办。英国政府通过一项法令来推行标准化的家具生产，又成立由政府主导的“设计研究所”，又成立“英国工业设计协会”。英国由政府推动设计的做法逐渐形成了传统，这与很多国家是不同的。后来，撒切尔夫人（玛格丽特·希尔达·撒切尔 Margaret Hilda Thatcher），这位在世界政治历史上都非常有名的女性首相，曾说过一句名言:“可以没有政府，但不能没有工业设计”！足可以作为政府推动设计的典范。

这种推动作用是显而易见的。办展览、出杂志、提口号、电视宣传，20 世纪 40 年代后，一批具有现代设计意识的工业设计师成长起来了。然而这期间，英国传统的工艺美术运动，北欧的斯堪的纳维亚设计，美国的现代主义，从各个侧面影响着英国设计的发展。

英国的工业设计，像处在风口的漩涡之中，风从各个方向吹来，它在适应的同时，也在挣脱，在接受框架的同时，也在反抗制约。如果将设计比作孩子，英国政府的“大包大揽”仿佛中国式的家庭教育。在孩子幼年的时候，这种管教是安全和有效的，一旦孩子长大，就会产生挣脱的力量，而且管得越多，逆反越强烈。英国设计的逆反导致了“当代主义”的出现。

事情是这样的，战后，英国政府仍旧控制着家具的设计和生产，那些标准化的低廉家具逐渐被打上了“设计不好”的标签。从困境中走出来的英国民众，渴望着自由、轻盈、明快，渴望着斑斓的色彩以及“人情味”。斯堪的纳维亚充满人情味的设计为英国人提供了一个绝佳的范本，再加上美国的有机现代主义，他们仿佛看到了希望。“当代主义”之所以在英国得到发展，一方面是对英国政府对于设计风格个性化发展实施“压迫”的“反抗”，另一方面则是由现代建筑的发展所带来的。为了适应现代建筑设计和室内设计的空间划分方式，以及对于建筑设计整体性的要求，一种轻巧灵活的设计形式得到了鼓励。我觉得后者的原因是主要的。

英国毕竟辉煌过，还记得 1851 年的水晶宫博览会吗？那可是开了先河的，万国来朝，女王亲临现场，那自豪感，无法形容。虽然水晶宫毁于一场大火吧（本书专门写过这一节，详见第四章），但象征意义还是有的。1951年的时候，100周年纪念日，“英国节”开幕了，其实目的还是一样的：展示经济文化发展的成就。这份自信是谁给的？政府，国家战略，还有设计师的努力！

但凡是展会，总会有一些趋势性的呈现，这次也不例外。人们发现，“英国节”里的展品除了那些“标准化”的产品之外，多了很多艳丽的色彩，这就是一个信号：设计呈现多元化。前文不是说了吗？由于政府的干预，英国的设计以前是板着脸孔的，后来“当代主义”了，设计柔软了，明艳了，轻盈了，这“英国节”里所见的，大概就是“当代主义”们，或者是扯着“当代主义”的旗子做“复古主义”的青年们。然而这只是冰山一角，后面还有更猛烈的呢！

此时的英国，危机与希望丛生，繁荣共衰败一色。这个古老的国家，像一截年久失修的车厢，被挂到了新时代的车头上，这初见的碰撞是剧烈的，阵痛像涟漪一样扩散开去。无论如何，它必须忍受，因为这是跟上时代步伐的绝好机会，在设计上也是如此。

在这个激荡的时代，水深且大，然大水之中，必有大鱼。下面说说英国设计师罗宾·戴和欧内斯特·雷斯的故事。

罗宾·戴（Robin Day）是2010年去世的，活了95岁，被誉为英国最有影响力的家具设计师之一。在他去世的前一年，英国皇家邮政发行了一套邮票，里面就选了罗宾·戴的一把椅子——聚丙烯椅（图7-21）。这是一把明星椅，风靡了50年，至今仍在生产。总有一些东西能体现出永恒的价值，对于设计师来说，一个好设计足以说明一切。

罗宾·戴毕业于英国皇家艺术学院，热衷于家具设计。他早期受到伊姆斯的影响，所以有很多胶合板家具设计，而且在一定程度上，罗宾·戴的很多设计中都能找到伊姆斯的影子。据说，罗宾·戴的妻子吕西安娜·康拉迪（Lucienne Conradi）是他的校友，二人在一个舞会上认识，这也与伊姆斯夫妇颇为相似。不同的是，吕西安娜·康拉迪是一位颇具盛名的纺织品设计师，二人相互影响，但专业独立，和而不同，比之伊姆斯夫妇，是另一番景象。

1951 年的“英国节”，夫妇二人一战成名，罗宾·戴为希尔公司设计的“可叠放椅”（图 7-22）大出风头，吕西安娜的纺织品也在展会中赚足了眼球。

图 7-21　罗宾·戴设计的聚丙烯椅

图 7-22　罗宾·戴为希尔公司设计的“可叠放椅”

1950 年，欧内斯特·雷斯（Ernest Race）为英国皇家的一个庆典设计了一把椅子，取名“羚羊椅”（这名称大概源于椅子扶手与羚羊角造型上的关联），如图 7-23 所示。这把椅子用金属条弯折而成，同时搭配了胶合板坐面，击中了二战后英国民众对“物美价廉”需求的所有理解。更为特殊的是，雷斯用球体作为椅腿支撑，又把人的审美意趣引向了物理、化学关于粒子的想象中去了。可见，即使微小如一把椅子，它所承载的，也会是整个历史的风貌，像一个贝壳，腹中装满了大海的潮声。

和罗宾·戴一样，早期的雷斯也以伊姆斯为榜样，无论是线条的把握还是材料的运用，美国式的设计从物质和精神层面上都给了雷斯源源不断的给养。

英国人天生含蓄、典雅，又不失贵族气，尽管刚从废墟上站立起来，他们掸了掸身上的灰尘，又“绅士”起来。有一个矛盾形成了，即继续听从政府机构的“说教”呢？还是跟随内心，以“流行趣味”为准绳呢？一个仍旧紧收，一个努力外放，不可能不打架。一个代表了“优良设计”，一个代表了“大众口味”。一个权威高高在上，一个亲民，与群众打成一片。没有对错，只有观念冲突。

图 7–23 欧内斯特·雷斯设计的“羚羊椅”

好了，都不要打了，我做我的“标准化”与“优良设计”，你们野蛮生长吧。不多久，工业设计协会成立了“设计中心”，负责了评奖工作，掌握了制定“好”设计标准的权利，这就厉害了！什么样的设计能得奖，我说了算！这就是指挥棒。当然了，评选的流程和方法也是由设计中心制定，这样就控制了获奖产品的范围。设计中心背靠政府，以一己之力把持着“优良设计”的评判标准，如一根绳索，牢牢控制着远飞的风筝，这是必要的。

我们看到很多有国家背景的政府设计奖，都是这个做法，要想获奖，就得按照我的标准去设计，久而久之，就达成了共识。德国红点设计奖、IF 设计奖、美国 IDEA 优秀设计奖、日本 G-Mark 设计奖，乃至中国的设计红星奖，都是要制定严格的评奖标准。当然了，那些得奖作品未必是卖得好的产品，这原因，现在该明白了，就是“优良设计”和“大众趣味”之间产生了矛盾。

足见，在设计上，“以史为鉴，可以知兴替”，也是成立的。作为设计师，对此要有清晰的认识。同样的，现时代的设计也可以对未来有所启发。对于设计史的学习来说，借古鉴今、预知未来，这是我们学习的本质要求。还是那句话：一只眼要盯着未来。

了不起的意大利

意大利与英国有点类似，都曾经当过“老大”，辉煌过。英国带着工业革命先驱的光环，又有着“日不落”帝国的美好回忆，而意大利的文艺复兴则无人能望其项背。第二次世界大战时，意大利被墨索里尼带坏了，跟着德国后面当小弟，结果被人一顿胖揍，摧枯拉朽，经济政治文化都得重建，设计作为文化的一个因子，也是这样。

奋起直追！这个奋起直追的过程，被人冠以“现代的文艺复兴”，足见意大利人骨子里对往昔灿烂文化的深深眷恋，以及酸酸的“大国”心态。

意大利的文化与别国不同，因为文化底蕴太深厚了，太悠久了，就形成了一以贯之的传统，即无论什么产品的设计，都具有一种一致性的设计文化。这是一个很大的优势，为什么呢？一旦有一个合适的“酶”激发了意大利文化的活性，它就可以整体复苏，活跃起来。这与美国不同，典型的实用主义和拿来主义，只要是好的就据为己有，为我所用，才不管什么整体不整体，协调不协调。如果说意大利文化是一条有着深厚水源的涓涓细流，那么美国文化就是一条波涛汹涌的人工河道，只要到了汛期，就可以澎湃一番。

第二次世界大战后，意大利开始了设计文化的重建。学美国，学它的“优良设计”，又学它的“商业设计”，兼收并蓄，但都不盲从。意大利文化有着强大的胃，它的消化能力是很牛的，因为它的传统文化是很牛的。这方面同样很牛的还有一个国家——日本,后面我们会讲。通过将舶来文化与自己的传统结合，意大利人很快形成了自己的设计风格，即所谓的——理性主义。

不管什么主义吧，我们要知道之所以美国是美国，而意大利是意大利，这里面的深层原因。美国设计发展的根本动力来源于自由的商业竞争，而意大利设计的风格则来源于生产与文化的深层关系。

总之，意大利设计重新站到了世界舞台上。后面我们重点介绍两个城市，两个公司，一个设计师。

这两个城市是米兰和都灵。先说米兰。米兰是意大利第二大城市，“设计之都”。其实最初知道米兰是因为它的两大足球豪门——AC米兰和国际米兰，两家经常关起门来打架，专业的说法叫做“同城德比”，一城两豪门，米兰在足球界出名了，就在世界上出名了。而我说的是米兰的设计，它同样有两大设计周，一个是米兰时装设计周，一个是米兰家具设计周，另外还有米兰建筑双年展，它是名副其实的会展中心、设计之都。米兰与设计和时尚结缘是有历史的，早在文艺复兴时期，米兰就是其桥头堡和重镇，达·芬奇先生曾在此工作过，并完成了他的旷世之作——最后的晚餐。人杰地灵，大概说的就是这个意思。

意大利享誉世界的设计品牌“阿莱西”就成立于米兰，后面会详细讲。

再说都灵。都灵与米兰一样，也是意大利的大城市（第三大），也是代表了意大利的文化（城中保存有大量的古典建筑），也有一个足球豪门（尤文图斯），也经常办展览。但他还有一个称号，叫作“汽车之城”，这就要说到意大利的著名汽车设计公司——菲亚特，因为菲亚特的总部就位于都灵。

菲亚特堪称意大利精神的完美体现者，他们追求完美设计，追求创造力，追求浪漫的情怀。对于车的要求是，既能享受到驾驶的乐趣，又要保持舒适性和优良的性能。菲亚特汽车就是一家“用激情去创造汽车”的杰出公司。如果你对他不了解，看看他旗下的品牌就知道了：克莱斯勒、Jeep、道奇、法拉利、玛莎拉蒂……

如果说，一个公司改变了一座城，对于拥有菲亚特的都灵来说，并不为过。下面我们讲两个具有世界影响力的意大利设计公司——奥利维蒂和阿莱西。

奥利维蒂，英文名Olivetti，是一个人的名字。最初，它是一家打字机工厂，诞生于1908年。奥利维蒂声名鹊起得益于对工业设计的重视。20世纪30年代，老Olivetti的儿子聘请了著名设计师马塞罗·尼佐里（Marcello Nizzoli），在他的主持下，公司的产品设计、广告设计乃至建筑风格，都有了统一的变化。后来，公司成立意大利工业设计中心，该中心在很长一段时间内，成了意大利设计的代表。尼佐里主导了奥利维蒂整个50年代的辉煌成绩，后来，艾托瑞·索特萨斯（Ettore Sottsass）加入，推出了全意大利第一台电子计算机。再后来是马里奥·贝里尼(Mario Bellini),他 1963 年起担任奥利维蒂的首席设计顾问。就是在这期间，索特萨斯设计了那台经典的红色打字机 Valentine（图 7-24）。

图 7–24　艾托瑞·索特萨斯设计的 Valentine 打字机

这是一个标志，不仅代表着索特萨斯个人风格的转变，也是意大利乃至整个欧洲在政治、社会和文化方面的转变。产品设计是一个三棱镜，会折射出更为深层次的、源头的东西。

奥利维蒂公司虽然不断推出优良的产品，但它的发展并非一帆风顺，在社会经济的大潮中不断转换方向，由打字机转而做电子计算机，后来转向 IT 业，再后来到电信领域，及至与意大利通讯集团电话公司合并，走完了其 95 年的历史征程。那是 2003 年。但这并不影响奥利维蒂成为意大利历史上最著名的重视工业设计的公司，它也成为名副其实的意大利工业设计师“集中营”。尼佐里、索特萨斯、贝里尼，哪一个都是世界工业设计史中璀璨的明星。

另一家公司就幸运得多——阿莱西。

阿莱西不是一家单纯的设计公司，它的发展历程贯穿了 20 世纪整个意大利设计的发展史。它的成功源于创新，套用其现任总裁阿尔贝托·阿莱西（Alberto Alessi）的话来说，阿莱西是“一个研究应用艺术的实验室”。但我认为，阿莱西的成功，最主要的原因是“时代”，是时代的发展和文化上的要求打开了阿莱西的“潘多拉魔盒”，并为其戴上“梦幻工厂”的桂冠。

实际上，这家成立于20世纪20年代的公司，直到20世纪80、90年代才真正为世界所知。仿佛一个礼花突然爆开的感觉，之前的时间都是在积累、在攀升，是在穿越层层的黑暗，直到到达了一个合适的高度，“啪”地盛开了！

还是那句话，是时代成就了它。20世纪80、90年代，是后现代主义成熟的时期。如果说漫长的中世纪对人性和文化的压抑促成了文艺复兴光辉灿烂的文明的话，那么，战后现代主义对于产品设计和人们生活“清规戒律”式的要求和引导则催生了“后现代主义”。想想20世纪后半叶，那是一个什么样的时期？第二次世界大战刚结束，所有国家为了恢复经济和政治秩序，忙得焦头烂额，世界格局发生了巨大变化。以美苏为首的两大阵营开始了近半个世纪的“对峙”，一根弦一直绷着，随时都可能断掉，第三次世界大战，似乎就在眼前。人们的焦虑可想而知，这不是短期的经济发展所能解决的问题。科技的发展呢？在给人们的生活带来便利的同时，环境问题、安全问题、伦理问题也逐渐显现，对科技的不信任也成了人们焦虑的来源。与此同时，局部战争不断，朝鲜战争、越南战争，不断挑战着人们的神经……这是大环境。人们都在寻求解决之道，好莱坞式的梦幻一度将人们拉入迷幻主义的泥淖，垮掉的一代顶着巨大的压力成长，艺术家们开始摒弃之前熟悉的一切，运用新的手法表现这个世界。

1966年，美国建筑设计师，罗伯特·文丘里（Robert Venturi）出版了新书《建筑的复杂性与矛盾性》，连同他的“栗子山住宅”一起，宣示了“后现代主义”设计的形成。人们开始重新思考人与自然、人与人之间的关系，那些象征的、装饰的、个性化十足的产品开始被更多的人所关注，这多少抵消了这个世界带给人们的冷漠。

阿莱西，就是这个时候走入人们视线的。它的那些水壶、刀具、马桶刷、瓶起子，一个个都充满了故事性，都有自己的性格，都能够交流。对于用户来说，这是从没有过的体验，新奇、幽默，充满人情味。再看看这些设计背后的大师们，阿西里·卡斯特里尼、菲利普·斯塔克、艾托瑞·索特萨斯、理查德·萨伯、迈克尔·格雷夫斯……

毫不夸张地说，阿莱西，几乎代表了意大利整个20世纪的设计！

任何成功都不是偶然的，阿莱西有着与设计师紧密合作的良好传统，这是从公司成立之初就已经确立了的，一个世纪以来，从未放弃；同时，它还有优良的设计管理经验，在它的公司文化中，就已经把设计作为了核心竞争力的基础。

不忘初心，方得始终！

而艾托瑞·索特萨斯，就为阿莱西做过设计。当然，他也为奥利维蒂服务过。实际上，他是20世纪后期意大利的设计明星，没有谁比他更耀眼。我们说说他。

索特萨斯的成就全部来源于他的父亲，这不是危言耸听。

老索特萨斯是一位执着的建筑设计师，他为索特萨斯提供了最好的学习条件，哪怕为此而移民。父亲是索特萨斯的引路人，战后很长时间，他们都在一起工作，直到他进行了一次足以改变其一生的旅行——去纽约！从此，他爱上了工业设计。

20世纪50、60年代，他为奥利维蒂工作，与马里奥·贝里尼一道，为公司设计了一系列的经典设计。后来，他成立了“孟菲斯”组织，孟菲斯将流行文化尽情挥洒，没有任何模式，没有任何规范，这让世界不解和震惊。他们通过展览和鼓吹宣传，将设计理念和对生活的理解行销到各个地方，尽管他们的产品都是“试验性”的，但这并不影响其对世界设计所造成的冲击。

这种开放式、无规矩的状态，一种恣意流动的状态，多像我们百变的生活啊！就像索特萨斯自己所说的，功能不是绝对的，而是有生命的、发展的，是产品与生活之间一种可能的关系。

很超前的观念，现在仍不落伍！

有人说，索特萨斯穷其一生的力量，都在“瓦解”过去，他不断变换角色，艺术家、建筑师、工业设计师、陶艺家、出版策划人……他设计建筑、家具、陶瓷、玻璃制品，他忽而“理性主义”、“现代主义”，忽而又加入“波普运动”，并扛起“后现代主义”的大旗。他的人生没有确定性，就像他的设计。

他“瓦解”的是他的父亲，那个固执的“理性主义”建筑设计师。父亲，是索特萨斯挖之不尽的矿藏，因为，“瓦解”与超越的前提，是不断了解与掘进的过程。

2007年，索特萨斯去世。

索特萨斯去世了，但马里奥·贝里尼还活着，这位80余岁的老设计师，至今仍在创作，他曾在2016年来过北京，在居然之家的顶层设计中心侃侃而谈。他是一个建筑设计师，也是一个家具设计师，他的“马鞍皮椅”（图7-25）销量超过50万件。

图7-25 马里奥·贝里尼设计的“马鞍皮椅”

这是一把可以“脱衣服”的椅子。他的设计永远在探索一种可能性，这种可能性的达成往往会成为他的标志。“金属框架”加“马鞍皮革”的搭配让我们对椅子有了全新的认识，贝里尼说：“让它回到最纯粹的样子。”最纯粹状态的椅子只剩骨架，如同一个人，赤条条到来，赤条条离开，褪掉华丽霓裳的样子才是一个人的本质状态。这么说就有了人生哲学的况味。

贝里尼最反感形式主义，这把“马鞍皮椅”似乎正表明了他的态度。

遥想当年，贝里尼接棒尼佐里，主持奥利维蒂公司的设计，他一路走来，同行的设计师大多已经离去，而他仍像一个优秀的长跑运动员一样，跑着跑着，将奔跑当成了责任，跑着跑着，眼中已没有了跑道。

贝里尼开放、包容，有着自己的设计主张。

他更像意大利设计的一个象征，古老而年轻，浪漫而务实。在一张照片里，贝里尼很认真地用拇指和食指比出了一个“八”的手势，自信而俏皮。是的，他 8 次获得意大利金罗盘设计奖，他 80 多岁了，对于他来说，设计仍在路上。

理性与技术的德国

说到德国，就不得不提德意志制造联盟与包豪斯。这说明，德国的设计在战前就有着优良的传统。德意志制造联盟第一次提出了设计对象是“人”而不是“物”的概念,将设计提升到了一个崭新的层面,这也是工业第一次与艺术“掰手腕”，在肯定手工艺地位的前提下，提出工业的主张。这就为以后将批量化生产和标准化作为设计的基本要求打下了基础。

而包豪斯的机器美学初探，更进一步，使设计逐渐挣脱了传统风格的枷锁，向着更有利于现代机器加工手段的方向延伸。那场景，仿佛是产品们脱下丝质的维多利亚式晚礼服，脱下带蕾丝的白手套，脱下卷边的带一朵大花的礼帽，像一个名媛一样转过身。再转过来，就是轻便的职业套装了，干练、简洁，无过多装饰，也似乎不那么优雅了，倒是体现出了速度与效率。

所以说，德国的现代设计具有先天的优势和深厚的土壤，不用“西天取经”，经济一恢复，设计就恢复了。于是乎，“德意志制造联盟”复建，工业设计理事会成立，最终，乌尔姆造型学院成立。这些都是第二次世界大战后到 20 世纪 50 年代初的事儿，可见，短短十来年的时间，德国设计就重新站起来了。而他们所热衷的，仍旧是“现代主义”的优良产品，并且宣称：产品在整体上不应出现与功能无关的装饰性特征。

重点说一下乌尔姆造型学院。

1953年，在西德的乌尔姆市，乌尔姆造型学院成立了，奠基人叫英格·艾舍·绍尔（Inge Aicher Scholl），其目的其实是为了纪念在第二次世界大战中牺牲的兄弟姐妹，倡导一种“和平自由”的精神。所以一开始，它是社会性质的，人文主义的，有一种治愈战争创伤的作用。看看最初的专业——社会学、传媒、政治学等，就明白了。

所幸，乌尔姆造型学院的第一任校长是马克思·比尔（Max Bill），瑞士艺术家和设计师，师出包豪斯。在他的坚持下，乌尔姆造型学院办成了一所设计学院，力求通过对生活用品、建筑、城市规划的设计，来改变人们对于社会的看法，充满了理想主义，但着眼点却很现实。

说干就干！比尔设计了校舍建筑，并通过举办设计展览提高学院关注度，与前辈格罗皮乌斯一样，比尔立志要把乌尔姆造型学院办成欧洲的设计教育中心。

但是，此时的德国，与战前的德国不一样了，或者更确切地说，与包豪斯时期的德国不一样了。包豪斯时期，主要解决的是艺术、手工业与机器制造之间的关系，他们急于想建立一种新的设计秩序；而现在，工业更发达，科技更进步，技术分工更加细致，矛盾的性质变了，只靠艺术解决不了设计问题了。

矛盾出现了，以托马斯·马尔多纳多（Tomas Maldonado）为首的年轻教师与比尔的意见产生了分歧：设计以艺术为基础还是以科技为基础？作为一个艺术家，比尔坚持前者，艺术的灵感不容忽视，艺术教育不应该全部让位于科学技术教育，尽管他已经很理性地坚持从科学技术方向来培养设计师。

但马尔多纳多比他更为理性和极端，他的目标是培养出“科学型”的设计师，理性的、科学的、技术的，不是艺术的，科学能解决所有的问题。他这样想是有原因的，彼时，战后经济蓬勃发展，大工业生产如火如荼，商业活动频繁加剧，一派繁忙景象，为了应对这波澜壮阔的经济社会发展状况，设计师的角色也要发生改变。设计师不再是我行我素自命清高的艺术家，不再是囿于个人意识精雕细琢的手工艺者，也不再是单纯的家具设计师、灯具设计师，而是一个螺丝钉，一个合作者，一个能撬动现代生产关系的人。

看看马尔多纳多开的那些课，市场学、社会学、心理学、哲学、机械原理、人机工程学……在他的引领下，设计教育成了一个系统工程，系统设计的方法得以传播和推广，并一直影响到现在。

变革是要付出代价的，马尔多纳多也没有干太久，1967年辞职。1968年，学校倒闭了。有人说是经费不足，也有人说是学院的改革引起了巨大争议，总之，这个短命的学校，与包豪斯的命运一样，各部系被分流到了各个地方。也与包豪斯一样，乌尔姆的设计思想影响了欧洲，进而影响了全世界。所以说，一所学校的寿命长短并不是决定其是否具有影响力的根本原因，两所短命的学校，改变了世界设计的格局，至今仍为人们津津乐道。它们的理论仍然活着，这就是里程碑式的意义。

布劳恩（博朗），成了乌尔姆造型学院的直接受益者。这家1921年成立的德国家电公司，一开始与其他类似的公司无异，直到他们与乌尔姆造型学院合作，并且最终确定了优良设计的标准。这就是为我们所熟知，也是被很多国际性设计比赛评比所参考的“布劳恩设计十原则”。

简单说。要创新，这是灵魂；要实用，这是根本；要美，造型美、材质美、色彩美，这是基础；要易被理解，不言自明，一望而知；要克制，不张扬，没有无谓的装饰；要诚实，不夸大功能，对使用者分类；要耐用，用品质对抗流行和时尚；要关注细节，于细微处见精神；要环保，这体现了社会责任感；要少，要做减法，这不是形式上的要求，而要回归本源，做纯粹的设计。

总体上来说，布劳恩的设计是乌尔姆式的，本质上是理性的功能主义，这种刻板的有点冷漠的风格成为秩序、和谐、经济设计原则的最佳诠释。但是对于大众消费者来说，这样的产品缺乏感情，人与产品之间产生了距离，很多人就倒向了“后现代主义”，或者成为美国式“商业设计”的俘虏。在一个一切以市场为准绳的社会里，作为市场主体的“人”的感知是复杂的，时而倾向感性，时而倒向理性。我们感知到的状态是一种平衡，这种平衡很容易被打破，这就导致人类的需求并非是一种恒定的理性状态。这就不难解释，2005 年，拥有“优良设计”传统的布劳恩公司（图 7-26），被美国宝洁公司收购，后又向意大利德龙公司转让部分经营权，其结局不免令人唏嘘。

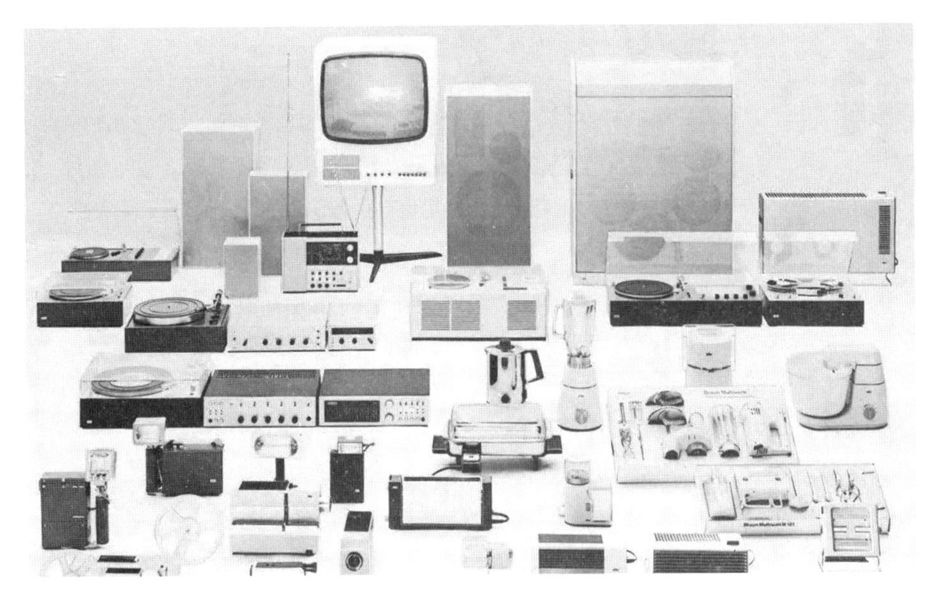

图 7–26 布劳恩公司设计的部分产品

在布劳恩的设计历史上，有一个闪闪发光的名字，他就是迪特·拉姆斯（Dieter Rams）。而这个人，正是“布劳恩设计十原则”的始作俑者。他从 20 世纪 50 年代加入布劳恩，一直到 90 年代，近半个世纪的时光都献给了这家公司。在这个大师不断凋零的时代，拉姆斯的存在有如现代设计的活化石一般，有着重大的现实意义。

拉姆斯曾将自己的设计理念概括为：少，却更好！（Less but better），与密斯·凡·德·罗的“少即是多”相映成趣。但拉姆斯不只是一个喊口号的人，作为布劳恩的首席设计师，他设计了大量的产品，而这些作品，如今都成为他家

图 7-27　路易吉·克拉尼设计的概念卡车

庭装饰的重要组成部分。

晚年的拉姆斯过着简朴的半隐居生活，他低调、清幽，一如他的设计，透着淡淡的理性味道。据说，拉姆斯喜欢上了园艺，可以想见，当他修剪花圃时，手起刀落，这做“减法”的过程是否让他有了做设计的快感？

任何事物，都有其相反的一面，二者共同构成了现实世界的真实面貌，正所谓“相反相成”。设计观念也是如此。德国人崇尚理性，但“理性”得过了头，就有人想跳将出来，扯起反旗，在以理性著称的德国也不例外。出名的是一个公司，一个人。先说一个人：路易吉·克拉尼（Luigi Colani）。

克拉尼 1926 年生于德国柏林，先学雕塑，后学空气动力学，所以他的很多作品同时兼具仿生学和空气动力学的特点（图 7-27）。话说，当乌尔姆造型学院倡导的系统设计和理性主义成为德国设计新标准的时候，克拉尼正处于其设计生涯的黄金时期。他力图跳出功能主义的圈子，用一种极端自由和夸张的造型来描摹自己心目中的产品形象。他的理由是：我所做的无非是模仿自然界向我们揭示的种种真实。这些真实是什么？我想是“生命力”！

“地球是圆的，我的世界也是圆的”，多年来，克拉尼践行着自己的设计理想，也散发着设计的生命力，也沿着地球的“弧线”，从欧洲到亚洲，到日本，到中国，现在已是同济大学和清华大学的客座教授，并在青岛国际消费电子博览会期间举办过展览。这个人离我们如此之近，也许不久的将来会在某一个设计活动中遇见也未可知，这个人如此新奇，他生长于理性主义的德国，却似乎比世界上任何设计师都热衷于用曲线去表达这个世界。他是那么自由，以至于我们很难将他与哪一类设计归为一起，有人说他归类于美国商业主义，这并不确切。

以“主义”来划分设计，这本身就不够科学，因为我们所面对的，是一个瞬息万变的世界，没有哪个人，哪个机构或者国家能够保持一个姿态不变化。想想索特萨斯吧，他设计的一生，如同流水，随形赋势，唯一不变的，是一直在变化。

如果说设计机构，就不得不提“青蛙设计”。有人将青蛙设计等同为布劳恩公司，说他们是德国公司的代表。在这一点上，青蛙设计并不纯粹，因为它已经背离了德国设计的功能主义信条，反而以一种未来派的后现代主义风格享誉世界。它跨越技术,跨越美学,以功能、文化和激情来重新定义产品。真超脱!

实际上，青蛙设计的创始人哈特穆特·艾斯林格（Hartmut Esslinger）是一个典型的技术男，工业设计是他的第二专业，正是因为有了这个背景，使他更能够理解，如何将技术与美学进行结合。一个时间的巧合：1969 年，青蛙设计公司成立的时候，乌尔姆造型学院刚刚关闭，艾斯林格没有理由不受到系统设计和逻辑思维的影响。我们只能理解为，他把乌尔姆精神内化了，那种严谨和功能主义的信条他从未否定过，但表现出来的却是一种新奇、怪诞的风格（图 7-28）。

图 7–28　青蛙设计公司作品

形式追随激情！提出这个口号的艾斯林格是聪明的，他知道怎么去迎合这个时代——一个信息的时代，一个注重交流的时代。

1990 年，艾斯林格登上美国《商业周刊》封面，这是继罗维之后，又一个设计师！

平静地聊聊日本设计

日本是一个善于学习的民族，唐代、宋代、明代，这几个中国的鼎盛朝代，都伴随着日本人活动的影子。在那样一个狭小的国土面积里，日本人有着天然的“小国”心态，有限的资源影响了他们对于世界的认知。所以，多年来，伴随着“谦卑”的学习，日本扩张的脚步从未止息。一直到第二次世界大战，“军国主义”给了他们一个理由。

此处略去若干字，直接跳到战后。

我们知道，日本的手工艺品有着优良的传统，日本式的“东方韵味”曾经让很多西方人为之着迷。实际上，19 世纪末，日本设计就有与西方交流的记载，如英国的德莱赛就到过日本（相关内容详见第四章）。当然，有限的交流并不能改变什么。工业设计的优劣取决于民用工业的发展，这在第二次世界大战前并无起色，日本人的做法是直接模仿欧美，这被贴上了廉价质差的标签。

战后，美国的“马歇尔计划”给日本经济插上了翅膀，10 年之内，日本经济就恢复到了战前水平。大力发展民用经济，让日本人的社会生活一派繁荣。这个时候，政商各界都意识到，该发展工业设计了。于是乎，德国的经验，英国的经验，美国的经验，都来吧！美国的展览依次登场，让人大开眼界。后来，罗维来了，再后来，日本工业设计协会成立了，那是 1952 年（中国工业设计协会成立于 1979 年）。

从此，日本设计驶入了快车道。经济的持续发展，科技的不断进步，家庭电器进入电气化时代，这些都是工业设计发展的契机。电视机、摩托车，除了满足国内的需求，也逐渐打开了国际市场。从请进来，到走出去，日本设计只用了十几年。

这只是开始。

1957年，日本设立了G-Mark设计奖（中国设计红星奖创立于2006年）。

和设计一样，日本的科学技术也在一路追赶，到20世纪60年代，很多产品在技术上已经处在世界领先地位，这又反过来刺激了设计的发展。因为技术的同质化越严重，越需要设计来提升产品的价值。这个道理现在同样适用。

日本能够形成自己的设计风格，布劳恩公司功不可没。在1973年的一次展览上，日本人见识了布劳恩的设计，才第一次从真正意义上理解了什么叫“现代主义”，这对他们设计的影响是巨大的。我在猜想这背后的原因：布劳恩是做电子产品的，而日本的电子产品技术尤其发达，像夏普、索尼、松下，都是有名的电子产品公司。所以，这一次，他们算是找到了直接的“参考”。至于发展出的日本独有的所谓“高技术风格”，则是结合了自身的传统文化特色。这一点要重点说说。

日本设计最值得我们学习的地方在于，它很好地处理了传统与现代的关系，以及本土文化与外来文化的关系。那么，他们是怎么做的？两手准备！简单来说，就是有所坚持，有所改变。对于那些传统的手工艺设计，坚持以往不动摇，所以你看，即便是现在，我们仍能深切感受到日本人在传统手工艺方面的“工匠精神”，这是不用弘扬的，是根植于骨子里的；但对于一些新兴的领域，比如电子产品设计、交通工具设计，则是开放的，兼收并蓄，受到世界设计大环境的影响。所以，我们可以看到“布劳恩式”的现代主义，稍后也可以看到“意大利式”的情趣化设计，只要是好的，都可以拿来为我所用。

日本是个好学生！——从专业学习上来说。

其实，有必要了解一下这个国家的文化特色和民族性格，才能解密日本之所以是“日本”的原因。作为一衣带水的邻邦，我们也许并不了解他们。

事实上，中日之间已经有着两千余年的交往历史，从秦汉时期一直到现在，所以，日本的很多传统文化都与中国有着千丝万缕的联系，比如他们的服饰、茶道、宗教，乃至传统设计。日本与外界的交流过程就是他们与自身文化碰撞与内化的过程，他们对于外界文化态度的内在逻辑，即坚持自我，兼收并蓄！对古代的中国，对现代的欧美，他们都是这么做的。

和意大利一样，日本文化的“胃口”也不错，其传统文化中的全民“自主意识”是这个器官里最强大的消化液。千百年来，这个意识一直在主导着日本人的行为方式，而它所呈现出来的文化现象，诸如“武士道”精神，则是一种表象。所以，我们所看到的团结、忠诚、无畏，其实是日本内在精神的外化。这就如同樱花，单个看并不好看，但簇拥到一起，就有了宏大的视觉力量，而其花期短促，常会在一夜间悉数落下，不贪恋，不乞求。所以，日本人将樱花定为“国花”，是有道理的。

这就不难理解日本人在战争中的战斗力那么强悍，也不难理解日本的很多企业都是终身制，企业员工的敬业精神在世界范围内都是数得着的，也不难理解早期的日本设计师都是“无名英雄”，产品上很少体现出设计师的名号。

当然，日本民族性格的形成与其国土面积、地理位置有着深层次的联系。小国寡民（好像并不寡），资源有限，无法外放，就得内敛，于是就小型化、细致化、多功能，他们的产品所体现出来的特点，是有源头的。

1954 年，一个靠模压成型的“凳子”横空出世，由于其独特的三维形态，形似一只展翅欲飞的蝴蝶，所以被冠名“蝴蝶凳”（图 7-29）。这把凳子的主人叫柳宗理（Sori Yanagi），日本工业设计第一人，也是第一位被世界认可的东方设计师。虽然这个说法有待考证，但柳宗理确实是日本工业设计的开山之人。勒·柯布西耶的事务所曾派人到日本指导设计工作，彼时，作为助手的柳宗理刚从东京艺术大学毕业不久。这是一次致命的邂逅，西方现代主义思想开拓了柳宗理的眼界，对他之后的设计之路产生了深远的影响。当然，他还有一个研究东方“民艺”思想的父亲，从小耳濡目染的影响深入骨髓，又使他的作品自然有一种优雅含蓄的东方韵味。以现代主义为骨，以“民艺”思想为肤，柳宗理开始以自己的方式建立日本设计的国际形象。

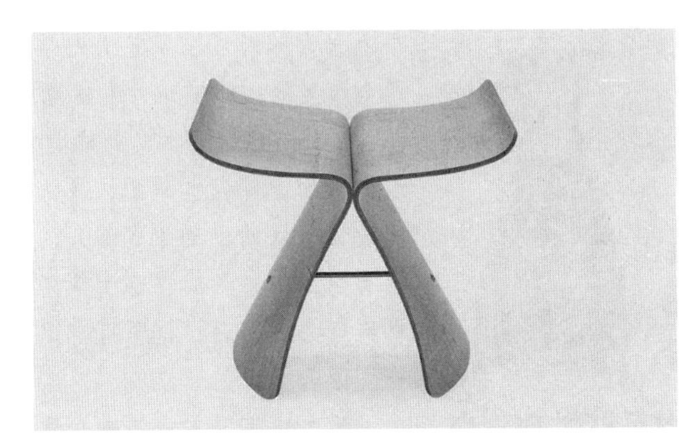

图 7–29　柳宗理设计的“蝴蝶凳”

柳宗理有言：用手去感受，手上便会有答案。据说，他习惯于用手工制作模型来推敲设计，而不是画设计图，这种直接“触摸”的方式更容易发现产品使用过程中不为人知的细节。这个方法值得我们学习。

2015 年 2 月，一家网络媒体以“日本去世了一位老僧人，世界失去了一位工业设计大师”为题报道了一个人的去世。他就是荣久庵宪司（Kenji Ekuan），日本民主设计的倡导者。1945 年，美国分别在日本广岛和长崎投下两颗原子弹，数万人当场死亡，这里面就包括荣久庵宪司的父亲，受此影响，荣久庵宪司出家为僧。这便是“老僧人”的由来。

也许，很多人熟知荣久庵宪司是因为一个“酱油瓶”（图 7-30）。这款酱油瓶堪称经典，它轻巧、便携、美观，更重要的是因设计而改善了瓶嘴的细节，杜绝了倒酱油时“侧漏”的现象。正是因为这个设计，让日本重新认识了“万字酱油”（设计委托方），而四亿瓶的销量也让日本重新认识了设计的价值。

但荣久庵宪司不是“打酱油”的，他最重要的身份是日本 GK 集团会长，他的这个身份一直持续到其 2015 年去世。GK 集团的前身是 1952 年成立的 GK 工业设计研究所，由东京艺术大学的几个学生所创立，而 GK 实为“Group of Koike”的缩写。这 Koike 是日本的一个常见姓氏，据说是为了纪念小池岩太郎。

图 7–30　荣久庵宪司设计的酱油瓶

小池岩太郎时任东京艺术大学的教授，对这几个学生的“莽撞”行为颇为支持。

后来，GK 集团发展成为拥有二百多名设计师的国际设计集团，成为世界范围内工业设计板块的重要组成部分，这大概是他们没有想到的。我们在感谢荣久庵宪司们艰苦卓绝努力的同时，也不可忘记了那位慧眼识珠的伯乐。

荣久庵宪司与中国颇具渊源，正是在他的推动下，1994 年，海尔集团成立了海高工业设计中心，成为中国企业最早设立的工业设计中心之一。可以这么说，海尔集团的设计能够走向世界，离不开荣久庵宪司的努力和支持。

由于僧侣的身份，荣久庵宪司的设计理念深受佛教影响，他将生活中的用品统称为“道具”，形成独具佛理的道具思想。道具者，通往生活道路之器具也。荣久庵宪司的一生都在拥抱生活，致力于用设计“清扫”生活之路，让每一个走在上面的人心情愉悦，充满感激。他的专注让设计有了温度，这也正是日本设计能够走向世界的重要原因。

总之，日本设计作为亚洲设计的代表，是第一个走向世界舞台的，直至今日，日本设计仍旧拥有世界级的影响力，这个毋庸置疑。深泽直人、喜多俊之、黑川雅之、柴田文江、吉冈德仁，乃至最近大火的佐藤大，日本设计所呈现出的整体面貌，确有值得我们学习之处。从某种意义上来说，中国设计正在重走日本设计的老路，由山寨、临摹到学习消化，直到形成自己的风格。

而最关键的在于，“行有不得，反求诸己！”学习别人的做法，而不是皮毛。这句话是孟子说的，孟子真伟大！

第八章　现代主义之殇

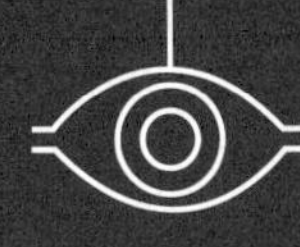

说到现代主义，就不得不提包豪斯，现在我们言必称“包豪斯”，其实只是看到了它的光环。这所设计界的著名学校，在发扬和传播现代主义理论的同时，命运多舛。从格罗皮乌斯筚路蓝缕，排除万难建立包豪斯，到汉斯·迈耶因为“泛政治化”的影响险些让包豪斯夭折，再到密斯·凡·德·罗临危受命，力挽狂澜，勉撑危局，直到最后纳粹政府一声令下，学校被关闭。包豪斯的历史命运似乎也正昭示着现代主义的命运——明明很努力，却总是受制于时代。

是啊，在历史的洪流中，个人或者一个集体的有限努力，显得是那么微不足道。但包豪斯的成功在于，持续不断去做一件事，并将它传播到全世界：我已不在了，但精神永存！

转机出现在包豪斯被关闭后。为了生存，以格罗皮乌斯为代表的设计家们辗转美国，现代主义遇到了美国商业经济，不得了，仿佛一粒种子找到了合适的土壤，雨水又丰沛，开始野蛮生长。美国是个好地方，经济发达，远离战争，又有着广大的市场，想不发展都难。前面我们说过，美国的优点是巨大的包容性，典型的实用主义做派，只要是好的都可以拿来用，何况是让人艳羡的现代主义呢？当然，最后密斯·凡·德·罗也到了美国，入美国籍，直到退休。

密斯·凡·德·罗说：少即是多！

美国人说：你说得对！

于是乎，现代主义被美国人发挥到了极致。极致到什么程度呢？为了“现代”而“现代”：听密斯的话，少即是多！越少越好！结果成了“减少主义”，甚至罔顾功能，成了披着现代主义外衣的形式主义。现代主义所倡导的民主啦，社会性啦，统统不要了，忘记了。其实，这个时候的“现代主义”已经变质了，为了区分，有人给起了个新的名字叫“国际主义”。这是美国版的现代主义，“橘生淮南则为橘，生于淮北则为枳”，这句话用到这里很合适。

我们说，在彼时的美国，虽然现代主义还活着，其实它已经死了。

这也说明，美国并不是一个单纯的拿来主义者，它有一种强大的能力，把外来文化经过加工，成为全新的“美国式”。相比被动接受，美国更愿意扮演一个输出者的角色。所以，全新打扮后的“现代主义”带着美国的标签又影响了全世界。一把种子撒出去，影响了很多国家，这其中就包括德国。1953年，德国小城乌尔姆，一所新的设计学校开张了，它就是“乌尔姆造型学院”。这所自称“新包豪斯”的学校是带着历史使命的，顶着包豪斯继任者的光环，又有美国的大力支持，乌尔姆设计学院在成立之初就狂揽了大批粉丝。格罗皮乌斯来了，德国总统来了，同时到来的还有众多欧洲文化精英。虽然从后来的发展来看，乌尔姆造型学院高开低走，在矛盾重重下走向绝望的1968年，但它还是给我们留下了宝贵的设计精神遗产。尤其是提出了理性设计和系统设计的方法，并成功阻击了美国肆无忌惮的商业表现主义（罗维及其“流线型风格”在乌尔姆造型学院被批得很惨），而且，乌尔姆引入了符号学和社会学的内容，进一步完善了设计教育体系。

总之，乌尔姆造型学院在包豪斯式的理想主义和现实的美国商业设计之间一直摇摆，仿佛内心复杂的人，一方面要实现理想，一方面又耽于现实的胁迫，偶尔沉迷一下，继而自责，道德感太强烈。德国设计就是如此，历史负担太重，动不动就以世界设计的中心自居，活得太累，所以乌尔姆的早夭是有原因的。放下负担，才能活得轻松。后来的德国“青蛙设计”就没有这种负担，“形式追随激情”，艾斯林格说，我觉得这是对德国理想现代主义的逆反。逆反得好，严肃的德国人卖起萌来丝毫不输任何人……

国际主义发展到20世纪60、70年代，终于有人受不了了，出现了反叛，首当其冲的就是以“波普运动”为前奏的后现代主义（青蛙设计可以归为后现代主义）。

后现代主义表达了对于现代主义不满的情绪。这情绪是可以传染的，一传染就波及了一个面，出现了波普风格、高技术风格、新现代主义等。所以，后现代主义不是一种风格，而是各种设计思潮的聚合体。但他们有一个共同点，那就是反对国际主义高度理性的“清教徒”式的设计风格。那么，他们是怎么反对的呢？有一个快速有效的方法——装饰！这个在现代主义之前被设计师们千方百计扔掉的工具，又被后现代主义设计师们捡了起来。“装饰主义”仿佛一个被弃用很久的镜框，突然被倒腾出来，又重新散发了光彩。于是，后现代主义设计师们掸掸上面的灰尘，抚摸着那些雕刻着古典主义花纹的图案，百感交集。

1972年7月15日14:45分，随着一声巨响，美国圣路易市的一个建筑群在爆炸声中倒塌，消失在滚滚浓烟中，同时倒塌的，还有人们对于国际主义最后的一丝怜惜。这个建筑群是圣路易市的一个公益项目，为低收入人群而建，但因为这个建筑过于“国际主义”，冷漠到极点，甚至被称为“监狱”区，导致无人居住。从使用效果看，这个设计是失败的，所以市政府在无奈之下决定炸毁。

这个建筑群的设计者是美籍日裔建筑师雅玛萨基（Minoru Yamasaki）。如果你对这个人不熟悉，美国9·11事件知道吧？2001年9月11日，美国纽约世界贸易中心的一号楼和二号楼（号称双子楼）分别被恐怖分子劫持的民航客机攻击，相继倒塌，遇难者人数近3000人。这是一次恐怖袭击，虽然发生在美国，但改变了世界范围内的反恐格局。美国更是发动了“反恐战争”，军事介入阿富汗，开始了长达14年的“阿富汗战争”。这场战争始于美国总统小布什，终于奥巴马，给阿富汗人民带来了深重的灾难。

其实我想说的是，这被撞毁的纽约世贸中心大楼正是出自雅玛萨基之手，是他的代表作。1986年去世的美国日裔建筑师绝没有想到，他引以为傲的经典设计作品会以这样的方式与世界告别，这结局实在令人遗憾。这不禁让笔者想起另一件经典建筑作品——英国的水晶宫，园艺师帕克斯顿创造性地用钢铁和玻璃建造了这幢划时代的展馆，不想成了英国水晶宫博览会最出名的展品（是的，它是展馆同时也是展品）。同样，他也没想到，水晶宫会在1936年毁于一场大火，英国前首相丘吉尔有言：这将是“一个时代的终结”。

如果此时来一个电影蒙太奇：背景是炮火连天的战争场面，丘吉尔转身，扶一下礼帽，阔步前行，留下了一个伟岸的背影……同样，世贸中心被撞毁，也开启了一个新的时代——反恐时代，至今仍在延续。而圣路易市建筑被炸毁，则真是敲响了国际主义的丧钟。

这几个画面有异曲同工之处，建筑作为一个时代的文化符号，往往被提及、被裹挟，被以历史的名义作为社会转型的标志。现代主义行至此处，出现一个路标：由此左转！通向后现代主义！

其实，后现代主义并不像一个正规军，他们没有自己的宗旨和纲领，只是为了满足自己的“装饰”欲望，而对于现代主义过于苛刻的形式感进行的一场漫无目的的反抗。这就像农民起义军了，因为历史的局限，他们无法超脱于整个既有框架之上，无法超脱于阶级，所以往往是“革命尚未成功”，就迫不及待地过上了骄奢淫逸的生活，与他们要推翻的制度一样，没有本质的改变。后现代主义也是这样，一场轰轰烈烈的“新装饰运动”并未改变现代主义的内核——那些民主的、大众的诉求，反而只是简单的修正与装饰。他们只不过想从现代主义那里拿到被剥夺了的东西，那些装饰的、个性化的、有人情味儿的元素。拿到了也就没有更高的追求了。

没有精神内核！没有理论支撑！没有远大理想！这一切表明，后现代主义无法像现代主义那样，成为一场深刻的设计变革活动。

它很脆弱！

波普风格

1956 年，英国的一个独立艺术团体举办了一个画展，叫做“此即明日”（This is Tomorrow）。这个画展本身倒没什么，只不过是这个“独立团体”进行自我推广的手段，但是，有一个人却因此火了，他就是理查德·汉密尔顿（Richard Hamilton），他是这次展览的主持人。为什么呢？因为他的一幅画——《究竟是什么使今日家庭如此不同？如此迷人？》（图 8-1）。其实，严格来说，这不是一幅画，而是一个招贴，一个拼贴画，用到的都是当时能够找到的一些现成素材。不妨看看这幅画：一个肌肉发达的男人手持巨大的棒棒糖，一个性感的女人佩戴着闪闪发光的金属片，还有通俗漫画、火腿肠、电视机、吸尘器……重点还是那个棒棒糖，这个网球拍一样的东西，上书三个大字母：POP！这是英文单词“popular”的缩写（也有人说是英文棒棒糖 Lollipop 后三个字母），翻译过来就是“波普”。

图 8–1　理查德·汉密尔顿的画作《究竟是什么使今日家庭如此不同？如此迷人？》

所以，据此有人说，波普风格发端于英国，汉密尔顿也光荣地赢得了“波普艺术之父”的称号，尽管他自己也许并不承认。他的这种直接用社会现有形象拼贴做画的方法也得到了发扬光大，成为波普风格的主要创作方法。

其实，波普设计并没有一个统一的纲领，也没有固定的组织，但它一反现代主义高高在上的做派，用一种通俗的手法，将幽默、性感、趣味性等年轻人感兴趣的元素用到设计中去，将设计请下了神坛。波普的设计表现方法影响和成就了一大批设计师，这其中就有一个人叫文丘里。

罗伯特·文丘里（Robert Venturi），男，1925 年生于美国费城，建筑师，毕业于普林斯顿大学建筑学院。文丘里写了一本书，叫《建筑的复杂性和矛盾性》，有人说这是继《走向新建筑》之后，建筑学中划时代的理论著作。《走向新建筑》是柯布西耶写的，如果说柯布西耶是代表现代主义发声，那么，文丘里则是为后现代主义站台；文丘里说了一句话，叫做“Less is bore”（少即是烦），这当然是调侃密斯·凡·德·罗的“Less is more”（少即是多）；文丘里建了一栋房子叫做“母亲之家”（也叫“栗子山住宅”），用实际行动践行了他的设计理论。这栋房子真的是为自己的母亲文娜·文丘里（Vanna Venturi）所建，他的母亲在里面住了10年，这是对一个设计师儿子的最大鼓励。

当然，文丘里的成就远不止这些，他像一个聪明的诗人（文丘里喜欢将现代诗歌理论与设计结合），去搬动那些模糊不明的词汇，营造一种丰富与暧昧的设计氛围。不像现代主义的设计师，他并不急于将一个明确的结果告诉人们，而是提供了广阔的入口：你去猜吧，设计本身就是多维度的……

这是一个诗人的做派，文丘里即诗人。

有人说，波普运动始于英国，光大于美国（又是美国），所言非虚。

美国的"波普教父"（又一个"父亲"）安迪·沃霍尔（Andy Warho）说：我想成为一台机器。

沃霍尔真的像机器一样，不断复制大众传媒中的形象，他比汉密尔顿先进，用到了丝网印刷。玛丽莲·梦露、蒙娜丽莎、可口可乐瓶子，甚至美元大钞，都成了他的设计素材。他像一个面无表情的印刷机一样，不知疲倦地将元素进行复制、排列，再复制、再排列。我倒是觉得，如果将沃霍尔"作画"的行为进行还原的话，倒像一个标准的行为艺术者——罔顾其他，专心做自己的事，其他的都交由观众去理解。这种"在场"又实际"不在场"的冷漠态度，就将他的作品主体化了。这个过程就如同魔术师当众掏空了一个容器，告诉别人：来！放进你喜欢的东西吧，随便！

用图形的不断重复来引领观众的思维，用一种极度客观的手法来传达商业社会人与人之间的关系。那种冷漠、空虚、疏离的感觉，仍旧是我们现代社会存在的客观事实。

这是沃霍尔第一件用重复手法制作的作品——一堆整齐排列的可乐瓶子（图8-2）。用沃霍尔自己的话说："这个国家的伟大之处在于，在美国开始了一个传统，在那里最有钱的人与最穷的人享受着基本相同的东西。你可以看电视喝可乐，你知道总统也喝可乐，伊丽莎白·泰勒（Elizabeth Taylor 美国著名影星）喝可乐，你想你也可以喝可乐。可乐就是可乐，没有更好更贵的可乐，你喝的与街角的叫花子喝的一样，所有的可口可乐都一样好。"

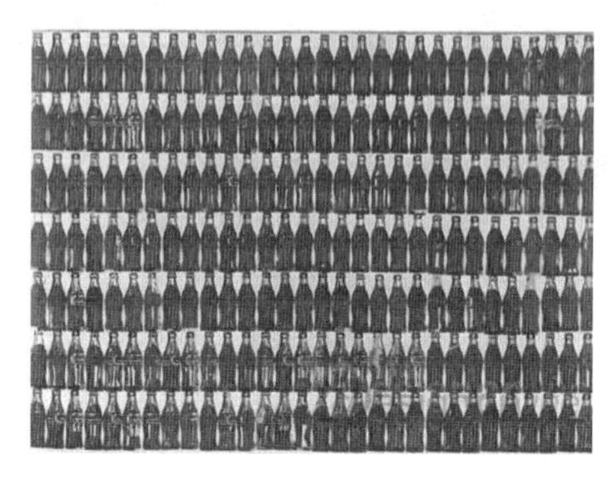

图 8–2　安迪·沃霍尔的设计作品

沃霍尔是一个复杂的人，他敏感，天生忧郁，活着的时候饱受争议，死去后仍未停歇。他是美国波普之风开先河之人，他是艺术家、作家、作曲家、电影制片人；他是那个美国时代的水蛭，疯狂地表达热情、欲望、野心和幻想；他是一个自我生产者，当他一遍遍复制名人头像的时候，也在复制自己，他复制得越多，则越虚空；他反对经典，自己反而成为经典；他是“皇帝的新装”中敢于说真话的孩子，他说：在未来，每个人都出名 15 分钟。又说：每个人都可能在 15 分钟内出名。

事实证明，他是对的。

波普运动绝不仅限于建筑和平面装饰领域，与人们日常生活息息相关的家具、服装领域同样有很多惊喜。这个被称为 JOE 057 扶手椅的沙发（图 8-3），造型来源于棒球手套，由吉奥纳坦·德·帕斯（Gionatan De Pas）领衔设计，为了表达对棒球冠军约翰·迪马乔（Joe Di Maggio）的敬意。这件家具很成功，不仅因为它的象征意义和幽默感，还因为它无意中实现的对于人机工程学方面的关照，这就极大地提升了它的实用价值。

我在想，60 年代的美国和现代社会有很多共同点，文化的大众化传播和泛娱乐趋势，让设计师能够找到很多表达个人情感的通道。就在不久前，篮球巨星科比的退役引发了自媒体传播的狂潮，当颇具象征意义的 8 号和 24 号球衣缓

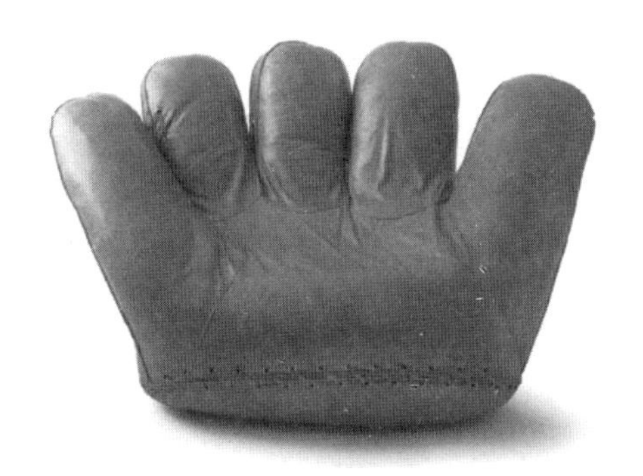

图 8–3 由吉奥纳坦·德·帕斯领衔设计的 JOE 057 扶手椅沙发

缓升起的时候，球迷们都伤感不已。他们，在这个四通八达的信息中央，肆意挥霍着自己的“同理心”，自己把自己感动得一塌糊涂。相信很多传播媒介并非是真正地在单纯纪念，而是在策划一场精准的“内容营销”。时代变了，传播的内核没有变，波普们赖以生长的土壤就是大众对于通俗文化的认同感和浸入感。通俗、有趣，见者有份，每个人都可以从中找到自己感兴趣的部分，于是大家伙儿一拥而上。波普运动的亲民性还体现在服装设计上。举一个例子就能说明：迷你裙。

迷你裙没有确定的发明者，因此还有英法之争。但真正把迷你裙推向世界的确有其人，她叫玛丽·官（Mary Quant）。1966 年，当风姿绰约的玛丽·官穿着自己设计的迷你裙，从英国女王伊丽莎白二世手中接过四等英国勋章的时候，相信她已经确定了自己要做的事情——Mini Style。这注定会吸引全世界的目光。她是对的，50 多年来，迷你裙引发了服装设计界的革命，从家庭、街头直至走进办公室，成为职业女性衣橱里的重要成员。当然，在迷你裙的发展历程中，人们更愿意为之贴上诸如妇女解放、个性发展的标签。这不无道理，正是因为整个社会经济、政治、文化的综合作用，才会产生符合时代精神的设计表现形式。

波普风格的出现恰逢其时，至于那些迷你裙、棒球手套、可口可乐瓶子……都只不过是一些标签罢了。

解构主义

要说解构主义，就一定要提美国设计大师弗兰克·盖里（Frank Gehry），若说盖里，就一定要提著名的古根海姆博物馆（图 8-4）。

图 8–4　弗兰克·盖里设计的毕尔巴鄂古根海姆博物馆

其实，古根海姆博物馆是一个博物馆群，在美国、西班牙、威尼斯、立陶宛都有分馆。我们今天要说的，主要是西班牙毕尔巴鄂古根海姆博物馆。毕尔巴鄂是西班牙北部城市，因航海起家，几经起落，现为西班牙第三大港口城市。而古根海姆博物馆隶属于所罗门·R·古根海姆基金会，是世界最著名的私人博物馆之一。

建立古根海姆博物馆是毕尔巴鄂市城市复兴计划的一部分，城市规划者与私人博物馆一拍即合，于是请了建筑师弗兰克·盖里，斥资一亿美金进行建设。那是 1997 年，世界风云变幻，香港回归、伟人逝世（1997 年 2 月，邓小平逝世）、“火星探路者”登陆火星，被誉为“建筑界毕加索”的盖里，对他的设计是充满信心的。这个 1989 年就获得了普利兹克建筑奖的大设计师，似乎不再需要用一栋建筑去证明自己的水平。

而事实上，毕尔巴鄂古根海姆博物馆的建成，实现了城市建设、基金会、设计师三方共赢。毕尔巴鄂这座小城,因博物馆的建成成功吸引了全世界的目光，再以此发展文化旅游事业，顺理成章；古根海姆基金会作为一个私人博物馆，创造了文化神话，也在博物馆界留下了浓重一笔，这为它继续在世界各地设立分馆增加了信心；而弗兰克·盖里，这个已经花甲的老头儿，风头正劲，丝毫没有停下的意思。

其实，盖里也许从没有将他的作品当成建筑，而是当成了艺术品，他的思维不受任何约束。设计的社会性、意识形态对现代主义的设计师是一种束缚，而对他，不起作用。将元素抽象、断裂、碎片化，再用一根轴线串起来，让点线面得以流动。盖里是一个出色的解构主义大师，对于现代主义，别人只管打碎，他不是，打碎了再粘起来，有破有立，形成自己的风格。而毕尔巴鄂古根海姆博物馆，像一艘即将起航的巨形帆船，夸张的双曲面让光线的流动有了音乐般的旋律。

前面提到，古根海姆博物馆是一个博物馆群，美国纽约主场馆的设计者就是大名鼎鼎的弗兰克·劳埃德·赖特，另一个，立陶宛的分馆，设计师是扎哈·哈迪德（Zaha Hadid）。哈迪德2016年刚刚去世，这位享誉世界的女设计师，也是一位普利策建筑奖获得者。

我们还是继续说弗兰克·盖里，1929年，盖里出生于加拿大，后加入美国籍，在南加利福尼亚州度过了他的大学时光。他的设计风格的形成与他的大学生活不无关系，但真正根植于内心并对以后的生活产生影响的，还是其儿时的经历。他的祖父母、父母对于他艺术和设计方面的引领和包容，为他埋下了创造力的基因。因为我们而今看到的盖里，就是那个小时候用木片打造小城镇的盖里，也是那个在祖父的五金店里对那些金属材料指手画脚的盖里，更是那个时常被父母带着看展览，徜徉在艺术世界里的盖里。

实际上，弗兰克·盖里长大后一切的努力，只不过是借建筑设计之力，将现代主义、结构主义敲碎，自己拼贴出一个儿时的记忆出来——那些非理性的、反逻辑的但是能给人带来审美愉悦感的东西。他做到了，当他意识到自己通过解构主义建筑与艺术间达到某种共鸣的时候，一定是会心微笑了。

清晰与模糊、灰暗与光明、闭塞与广阔，这些对立的语汇在盖里的建筑中一一被合理安放，矛盾得到了调和，非理性思想在理性的元素下得到了疏导。盖里未必是哲学家，但通过他的作品，便有了哲学家的气质。

另一位很有哲学气质的建筑师就是扎哈·哈迪德。哈迪德，伊拉克裔英国设计师，女，终身未婚。她也被称为解构主义大师，但她自己不承认。哈迪德2004年获得了普利兹克建筑奖，她与中国缘分深厚，广州大剧院就出自她手，另外还有南京青奥中心、北京银河SOHO。哈迪德中标了古根海姆博物馆立陶宛分馆的设计，但最终流产，很遗憾。哈迪德毕业于英国建筑联盟学院，她的老师要提一下——雷姆·库哈斯（Rem Koolhaas），就是设计了中央电视台“大裤衩”（中央电视台总部大楼）的那位。

总之，解构主义是对结构主义和现代主义的逆反。从设计的角度说，结构主义研究元素之间的衔接和逻辑关系，从整体看问题，要规则化、秩序化；解构主义正相反，把整体拆开，要重构，并且宣称：局部的也很美！不反对整体性，而是强调：局部美了，整体就美了。听起来像是狡辩。

我们可以总结出规律，一个风格的建立，譬如革命，开始的时候往往是艰苦的，但目标美好，人人都觉得正在做的是伟大的事、崇高的事，崇高到把自己感动。所以，即便艰苦，也是不懈努力，最终登顶。理论的骨架建立了，剩下的就是添加筋脉和肉身，这时候就容易走向极端，一杆大旗竖起来，就总有人想把它砍倒。砍旗的人多了，就引发下一轮的革命。从结构主义到解构主义，从现代到后现代，都是如此。

解构主义者就老挨骂，盖里被骂，哈迪德被骂，库哈斯也被骂。骂归骂，“大裤衩”还是雄赳赳地建立起来了，这里面决策者的支持功不可没，而哈迪德的很多建筑被迫流产，也不全是因为设计上的事儿。所以，设计现象从来不是孤立存在的，而是一个博弈的结果。

有一个不负责任的说法：一切都交给时间来证明吧！或者：一切都交给历史

来评价吧！关键，历史也是有性格的，她偏爱那些说话大声的，沃霍尔用一百个瓶子说话，用几百个头像说话，反复说，被记住了，现代主义说了半个世纪，终于说成国际风格，也被记住了。设计师也要足够强悍，乔布斯的偏执成就了苹果的精益求精，哈迪德的“暴脾气”闻名遐迩，最厉害的是盖里，直接竖中指（2014 年，在西班牙阿斯图里亚王子艺术奖的新闻发布会上，一位记者用“花哨”来评述他的作品，弗兰克·盖里竖起了中指用强硬的态度来回应质疑）。

高技术风格

图 8–5　法国蓬皮杜国家艺术与文化中心

如图 8-5 所示，是法国蓬皮杜国家艺术与文化中心，1977 年落成，设计师是意大利的伦佐·皮阿诺（Renzo Piano）和英国的理查德·罗杰斯（Richard George Rogers）。这两个人都很厉害，都获得了普利兹克建筑奖。但设计蓬皮杜的时候，两个人还不是特出名，可以说，两个设计师成就了蓬皮杜，也是蓬皮杜成就了两个设计师。这听起来很公平——命运是会青睐踏实做事的人的！

但两个人看起来并不老实，这幢建筑就是一个证明。

1969年，时任法国总统的乔治·让·蓬皮杜（Georges Pompidou）提议在巴黎市建立一个文化中心，于是，他们在1971年搞了一个竞赛，皮阿诺和罗杰斯胜出。后来这幢建筑就以蓬皮杜的名字命名了。同时，蓬皮杜中心被誉为“高技术风格”的代表作品，这也是我们将它放到这个章节来写的原因。

其实，最初蓬皮杜中心给法国人带来的不是荣耀，而是惊悚。法国人收获的上一个惊悚还要追溯到1889年建成的埃菲尔铁塔。如果说埃菲尔铁塔代表了法国工业革命时期传统设计向现代设计转变的巨大成就的话，那么，蓬皮杜艺术中心则是现代主义走向高技术风格的印证。埃菲尔铁塔和蓬皮杜中心的命运颇为相似：方案征集、中标、被抵制、抵制无效、被接纳、被夸赞。不同的是，埃菲尔铁塔建立初期，设计师古斯塔夫·埃菲尔（Gustave Eiffel）靠开发布会解释建筑的合理性，皮阿诺和罗杰斯不解释，闷头干。结果是一样的，二者都成了巴黎地标，都成了法国的象征，法国旅游业大发展，有它们的功劳。

重点说说这个建筑设计。一个大炼油厂一般的建筑，所有管道都裸露给人看。红的是交通设施，绿的是给水管道，蓝的是空调系统，黄的是电气设备管线，五颜六色，看起来很乱，但乱得有秩序，最后用有机玻璃围起来，形成了一个“大框子”。这个大框子是设计师的理想，他们认为建筑就该是一个灵活的“容器”，是一个动态的“机器”，自由和变动才是建筑设计和人之间的关系。

我觉得，皮阿诺和罗杰斯之所以胜出，是因为他们的设计切合甚至超出了蓬皮杜总统的初衷，那就是要建立一个现代的，能代表法国国际地位的综合文化中心。但随着建筑的进行，蓬皮杜总统反悔了——这并不像是一个真正“美”的东西，难以支撑起“纪念”的意义。但为时已晚，蓬皮杜在建筑未完之时即患病去世，他的继任者吉斯卡尔·德斯坦（Giscard d'Estaing）总统曾要求拿掉那些暴露的“管线”，但设计师拒绝了（竟然敢拒绝总统！）。总之，蓬皮杜中心历经五年建成，两位设计师的坚持功不可没，当中心大厅悬挂起蓬皮杜总统的大幅画像，接受各地游客“朝拜”的时候，不知道这位前总统地下有知，会作何感想？但皮阿诺和罗杰斯却因此名声大噪，并被贴上了“高技术风格设计师”的标签。

美国《纽约时报》评论说：“蓬皮杜中心像是灯火辉煌的横渡大西洋的轮船，它能驶往任何地点，碰巧来到了巴黎。”皮阿诺也说过他们把蓬皮杜中心看作一条船，罗杰斯补充说：是一条货船。当游客在建筑里进进出出，上上下下的时候，倒真像一艘大船装货卸货的场景，设计师显然把它当成了一个巨大的装置艺术。但可以确信的是，这艘大船再也不会驶向任何一个“其他”地方了。

它属于巴黎。

高技术风格是将现代主义中的技术因素拿出来，强化后给人看，就像从肉体中剥出骨头，自成一体。这看起来像是向“机器美学”致敬，但实际上是借由机械感十足的表现形式来表达某种审美上的反叛。但技术也是发展的，后来，电子技术发展了，仪表、按钮作为新技术的代表元素再一次被设计师发掘出来，又成了设计新宠。

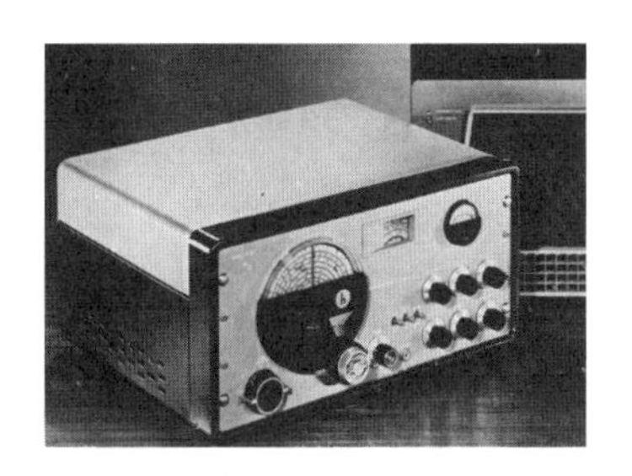

图 8–6　雷蒙德·罗维设计的收音机

如图 8-6 所示，是雷蒙德·罗维设计的收音机。对，没错！就是那个热衷于“流线型”风格的罗维，设计航空舱的罗维，登上《时代周刊》杂志封面的罗维。纽约时报曾评论说：罗维塑造了现代世界的形象。这一方面是说他的设计品类众多，包罗万象，另一方面还说明，罗维的风格一直在变化，他吸取欧洲现代主义营养，把美国商业设计发挥到极致，又时时关注文化动向与时尚潮流。从横向的产品维度与纵向的时间维度两个方面为我们编织出一个“罗维神话”。所以，明白这一点,就对罗维涉足高技术风格不奇怪了。实际上,很多设计师都不是“从一而终”的，他们的设计风格会随着时代的变化而变化。罗维是这样，索特萨斯也是这样。

索特萨斯是后现代主义的代表人物，我们马上讲。

后现代主义

艾托瑞·索特萨斯（Ettore Sottsass）是2007年12月份去世的，那一年的七月份，我刚研究生毕业，已经当了半年的大学老师，于是，很严肃地在自己的博客里写下了“纪念索特萨斯”的话：索特萨斯离开了，他是一个很有意思的老头儿，我们不可以忘记他！作为离我们的时代很近的设计大师，索特萨斯的设计生涯充满了传奇，我们在前面讲“意大利设计”（详见第七章）的时候提到过。这里再次提及，主要想说说孟菲斯的故事。

世界上有两个地方叫孟菲斯。一个位于美国的田纳西州，值得一提的是，这里正是美国传奇摇滚歌手“猫王”梦想开始的地方；另一个是古埃及首都，虽被损毁，但王气犹在，不远处就是著名的埃及金字塔以及狮身人面像。孟菲斯是一个设计组织，据说，其名字就来源于这两座城市，足见索特萨斯们对流行文化和东方神秘主义有着深深的迷恋。不过，也有人说，索特萨斯和他的小伙伴们当年正在听鲍勃·迪伦（Bob Dylan）的《Stuck Inside Of Mobile With The Memphis Blues Again》(《又被孟菲斯蓝调困住了》)，从而得到启发，起名叫“孟菲斯”的。这当然无法考证，不过想想挺有画面感，彼时的鲍勃·迪伦不过40岁吧！他一定不会想到，若干年后，会有人把诺贝尔文学奖颁给他。

闲话少叙，我不知道孟菲斯的成员究竟有没有到过埃及去瞻仰金字塔，但他们作品中所体现出来的神秘莫测和幽默不羁的风格，倒是有了一些古埃及的神秘气息在里面。当然，“孟菲斯蓝调”的成分更足，那跳跃的色彩和夸张的造型都自带节奏，终于让整个意大利设计都“狂躁”起来。1981 年，也就是孟菲斯成立的第二年，他们在米兰举行了第一次展览，将他们的热情尽情抛洒。意大利设计界沸腾了，国际设计界也沸腾了。

索特萨斯说：设计没有确定性，只有可能性。他没有食言，那个奇怪的博古架（图 8-7）正是提供了某种可能性，某种态度，某种超越理性的思维方式。

图 8–7 艾托瑞·索特萨斯设计的博古架

索特萨斯还说：我宁愿观众哭泣着离开，那表示他们酝酿着某种剧烈的情感。1988 年，孟菲斯解散，索特萨斯离开了，他并没有哭泣，很潇洒地转身，一场实验结束了，又重回到现实中去。孟菲斯的成立就像一个离奇的梦境，期间多有曲折，梦醒处，留下一地玫瑰，供人拣拾。

总的来说，从 1980 年到 1988 年，孟菲斯的出现成为意大利现代主义设计的搅局者，尽管他们并未设计出什么流传百世的作品，甚至很多设计连实用性都算不上，但孟菲斯提供了一条设计上的“文脉”，一条精神上的“血统”，让很多后来的寻亲者，都能从孟菲斯身上找到自己的 DNA。

阿莱西就是一个寻亲者。

鉴于前面已经介绍过阿莱西了（详见第七章），并不乏溢美之词，下面主要介绍几位与阿莱西有过合作的设计师，其中有一位就出自孟菲斯，他就是亚历山德罗·门迪尼（Alessandro Mendini）。

亚历山德罗·门迪尼，被称为“意大利后现代主义之父”、“达·芬奇再世”（美国的格迪斯也被称为“20世纪的达·芬奇”，可见这个称号并不是唯一的），名头很吓人。老先生80多岁了，如今仍然活跃在设计圈，若想了解他，就必须知道他的两个设计：一个是“普鲁斯特椅”，一个是“安娜开瓶器”。

先说前者，普鲁斯特椅（图8-8），形式上是巴洛克式的，表面装饰是后现代主义的，这在当时是很极端的设计。有多极端呢？想想当时还是现代主义的天下，在被密斯·凡·德·罗的“巴塞罗那椅”们包围着的环境中，突然出现这么个另类，像奇装异服的行为艺术者闯进了西装革履的会议室，什么感觉？没有对比就没有伤害！

图8–8　亚历山德罗·门迪尼设计的普鲁斯特椅

后者是门迪尼给阿莱西做的设计，一个开瓶器，更是一个艺术品，叫做“安娜”（图8-9）。这第一次将一个冰冷的机械构件组成的产品拟人化了，而且做得这么到位，几乎成了阿莱西的一个标志。“安娜”生于1994年，她表现得如此优秀，以至于设计师不得不给她找了一个“男朋友”。2003年，“安娜”的男朋友“山卓”诞生，从此，两个人幸福地生活在了一起（图8-10）。这听起来颇似亚当和夏娃的故事，只不过上帝用亚当的一根肋骨造了夏娃，而门迪尼则是按照自己做成了山卓，我想他是爱上安娜了——她是那么优雅、简洁，仿佛欧洲宫廷里走出的淑女一样。

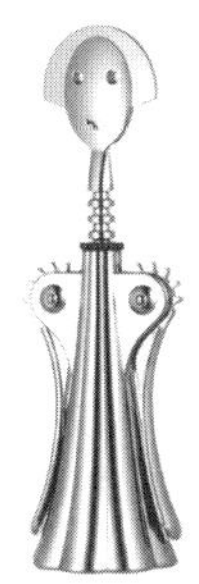

图8-9 亚历山德罗·门迪尼设计的安娜开瓶器

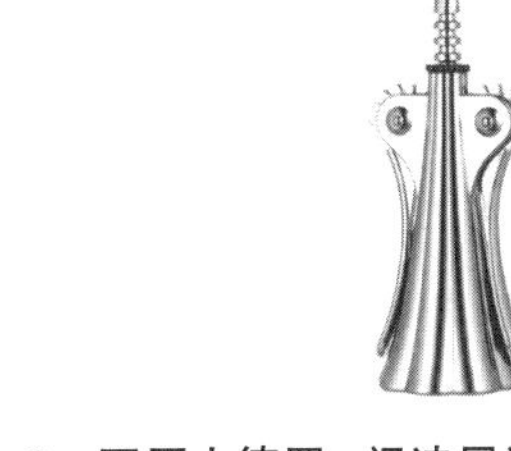

图8-10 “安娜”和“山卓”

设计师要学会内省和自我批判，批判久了，自己和自己成为朋友。门迪尼做到了，他的两个自己，一个内化成了“安娜”，另一个外化成了“山卓”。这是大师的境界。门迪尼还有一个兄弟，两人一起做设计，取长补短，和谐无比，他们追求“诗一般的生活”，并将设计做成了“诗”。

两人多次到中国，演讲、巡展并致力于发现“新的面孔”。他们很聪明，中国元素是取之不尽、用之不竭的啊！

迈克尔·格雷夫斯（Michael Graves），美国后现代主义建筑师，早年崇拜勒·柯布西耶（好像那时候的设计师很多人都崇拜他），后来觉得自己不适合现代主义，转向后现代，如鱼得水。他最著名的建筑设计是俄勒冈州的波特兰市政厅，20世纪80年代初设计，已经摆脱了现代主义的框框，因此赢得广泛赞誉。

格雷夫斯另一个著名的设计就是给阿莱西做的“小鸟壶”（图8-11）。圆润的锥形壶身、宽大的握感十足的把手，最关键的是壶嘴处那只展翅欲飞的小鸟，水开时会发出口哨声，栩栩如生，成为整个设计的亮点。

图 8-11　迈克尔·格雷夫斯设计的“小鸟壶”

格雷夫斯 2015 年去世，实际上他 2003 年就因病下肢瘫痪，并未因此沉沦，反而激发出一个设计师的最高贵品质：以设计为矛，向医院中的产品缺陷宣战！他说：无论我是否瘫痪了，我都会一直画下去，因为画画对我来说就像在弹钢琴一样享受。这让我想起了席勒，这个德国 18 世纪的著名诗人、哲学家、剧作家，在他生命的后期边吐血边写作。二人的共同点是：精神强大，对自己的专业极致热爱，但身体差，拖了后腿。

从某种意义上来说，格雷夫斯就是那只壶嘴上的小鸟，他“志向高远，知道要飞去哪里，但最后羽毛散落，从云间跌落下来”，这句话是木心说给席勒的，我觉得同样适用于格雷夫斯，不同的是，跌落下来的格雷夫斯依旧没有丢掉自己的乐器。与自己的身体和解，需要勇气，更需要智慧，这是格雷夫斯于设计之外带给我们的启示。

据说，阿莱西公司唯一能和格雷夫斯的“小鸟壶”相提并论的，就是菲利普·斯塔克（Philippe Starck）的“柠檬榨汁机”了。下面说菲利普·斯塔克。

如果说菲利普·斯塔克是后现代主义的，他肯定不同意，对于他来说，那只不过是一个门槛，迈进去了，走进一个屋子里，别有洞天，找到自己想要的东西，又迈出去，拿走！所以，菲利普斯塔克的高明就在这里，不是躲在某个旗帜下，而是要自立一杆旗帜，高呼：我在这！

旗帜上书写几个大字：民主设计！好大的口气。斯塔克进一步解释：就是用最少的材料创造更多的“快乐”。再进一步解释：“物质”越少，“人性”越多。

最通俗的解释就是：设计的“物质”少了，产品的成本得到控制，价格会更“亲民”，这是朴素的民主思想，与现代主义揭竿而起时提出的主张类似。但菲利普·斯塔克更近于艺术家，他的话要打折来听，那个火遍全球的“柠檬榨汁机”（图 8-12），市场售价 659 元，已经相当“民主”。

妥妥的“明星效应”！

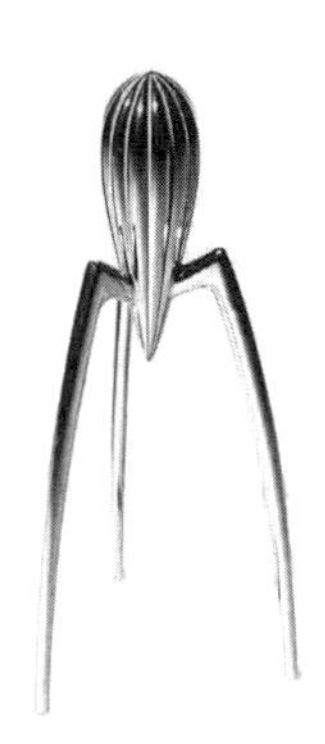

图 8–12　菲利普·斯塔克设计的“柠檬榨汁机”

没有哪一个设计师能像斯塔克一样，大到建筑，小到牙刷，作品无所不包，也没有哪个人像他一样，集设计明星、发明家、哲人于一身。这个浪漫的法国人，2016 年为中国的小米手机设计了“小米 MIX”（图 8-13）。最大的亮点：全面屏设计（屏占比 91.3%），正面无实体按键，整机无 LOGO。全是黑科技！

可是我想说，技术工程师的贡献也很大好吗？一个设计师的成功离不开科学技术的支撑，古今中外，概莫能外。如果说塑料加工技术的广泛应用成就了维纳尔·潘顿的话，那么正是“全面屏”的技术成就了菲利普·斯塔克。

总之，菲利普·斯塔克是一个不知疲倦的设计师，他把法国人的浪漫情怀完美演绎到设计中去，形成了自己的设计哲学。他小时候一定不是什么“好”学生，不然长大后绝对不会这么调皮、幽默，有人说他“天才”，有人讥之“恶俗”，但我觉得他是“聪明”。他懂得如何调动起人们的消费欲望，并合理地为产品披

图 8–13　菲利普·斯塔克设计的小米 MIX 手机

上一层艺术的面纱，我给起个名字叫做“轻商业设计”。就像那个“柠檬榨汁机”，并不好用，观赏价值大于实用价值，仍旧有人买，买来放到柜子里，沾了明星的光，荣耀无比。尽管他说设计要“民主”，但这只是一厢情愿的理想主义，是他的设计加分项，除此之外无他。

小米 MIX 的设计获得了 2017 年的美国 IDEA 优秀设计奖金奖，这是斯塔克的成功，不是中国设计的成功，作为一名中国设计从业者，我们仍需努力。

下一章，我们说中国设计。

第九章　中国设计：我们一直在努力！

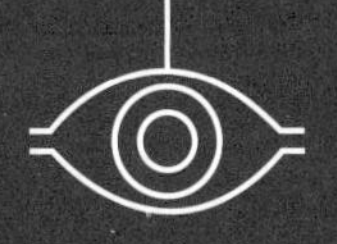

中国设计该如何写？我不知道，我们似乎总被遗忘，在任何一本设计史里，中国的设计鲜被提及，除了封建时期的手工艺阶段，有我们为之骄傲的陶瓷、家具（尤其是明代家具）之外，现代设计似乎乏善可陈。仿佛一条河流，上游激流澎湃，高歌猛进，最后成了涓涓细流，乃至消失不见。把设计现象放大到整个时代，个中原因，不言自明。我们前面介绍了西方现代设计艰难演进的过程，可以确信：设计作为文化现象的一部分，无不与整个时代的政治经济发展密切相关。综观各国发展，你先我后，参差不齐，此消彼长，各领风骚，英国、法国、德国、美国，轮番上场。一晃到了21世纪，怀有爱国心的设计青年们，理所当然地意淫一下：这次该轮到我们了吧？！从理论上来说，作为世界“第二大经济体”的中国，具备了以经济发展为纲，引领设计文化发展的基础条件。2007年，温家宝总理批示：要高度重视工业设计！以回应工业设计协会朱焘理事长呈送的《关于我国应大力发展工业设计的建议》，举国欢欣，这是一个里程碑，表明：中国工业设计已经正式进入政府策略层面。在后来的政府文件里，工业设计不断被提及，每提一次我们就欢欣一次，冠以“中国工业设计的春天要来了”之名。春天未必真来（比如现在也未见真正的春天），这是一个渐进的过程，不可操之过急。但万物萌动，冰消雪化，“沉舟侧畔千帆过，病树前头万木春”，每一天都应该是最好的时代。

如前所述，没有所谓“最好的时代”，每一个时代的设计人都肩负着不同的历史使命。他们躬行践履、不断开拓，脸上洋溢着幸福的微笑。当湖南大学、清华大学开天下先，设立中国最早一批工业设计专业的时候，他们是幸福的；当中国甩开苏联“老大哥”的手臂，将第一辆国产汽车、第一台国产电视机、第一辆国产自行车搬上历史舞台的时候，他们是幸福的；当第一批走出国门，“西天取经”的设计人，将先进的设计理论带回国内的时候，这些“普罗米修斯”们，是幸福的；当越来越多的中国设计师在世界设计舞台上大放异彩的时候，他们是幸福的。

写至此处，我也确定了本章所要传达的思想，即以历史为鉴，回望中国设计之过去，不回避、不推诿；关照中国设计之现状，不骄傲、不气馁；展望中国设计之未来，不妄想、不冒进。

不是说21世纪要看中国嘛，看什么？看中华文明！而设计，理应是其中一个不可或缺的板块。下面主要分六节来写：思想、教育、产品、公司、大事件以及港台设计。

中国现代设计思想启蒙

在中国，包豪斯不只是一所学校，而是被神话了的一个标签，犹如雾里看花、镜中望月，面目不真切，只有一个模糊的身影。这正切中了中国人的“审美”——看不清楚，反而更好，有了可演绎的空间，被神话的空间。所以，当王受之先生穿梭于大江南北讲授世界现代设计史的时候，“包豪斯”，已经不是一所德国短命设计学校的名称，而是现代主义设计圣殿般的存在。

这还说明，我们与包豪斯相见恨晚，如“大旱之望云霓”，每个人都欢呼。由于缺乏铺垫，好的必然是“极端”得好，二元论，非黑即白，等到冷静下来才有批判意识。那么，在20世纪80年代之前，我们在做什么？有没有现代设计思想的传播？有没有先行者？答案是肯定的，介绍几个人。

郑可，广东人，工艺美术家，中央工艺美术学院（现清华大学美术学院）教授，中国工业设计奠基人。最后一个名头是重点。

郑可1927~1934年求学于法国国立美术学院和巴黎工艺美术学院，研习雕塑。彼时包豪斯尚未被封，他去参观，大受感动，认为这才是设计，后来在香港创办实业，从事设计工作，这大概是中国最早的工业设计师了。但当时的中国缺乏现代设计思想，工艺美术思想主导了设计界，所以他创作绘画、雕刻，做陶瓷、做装饰，及至20世纪70年代，应财政部召，涉足货币铸造行业，为国家培养了大批金币设计人员，也属于工艺美术范畴。所以，郑可最广为人知的身份乃是“中国工艺美术大师”。但我觉得他更想将现代设计思想传播到设计教育界，这源于他根深蒂固的包豪斯情结，无奈受众寥寥，虽然他贵为中国顶级工艺美术学院的教授，也无法改变局面。有两个原因：一没有产业基础，二没有理论基础。这也难怪后来中国的工业设计专业多脱胎于工艺美术，这是有原因的。

但郑可无愧于中国现代艺术设计教育先驱的称号，他与王受之过从甚密，后者半生致力于世界现代设计史的理论研究，对中国现代设计与西方的关系也勉力探索，搜集资料，其中郑可的影响是很重要的原因。

1984年，中央工艺美术学院（现清华大学美术学院）创办了中国最早的工业设计系之一，柳冠中任主任，王明旨任副主任。在工业设计的建立过程中，郑可功不可没。他不仅身体力行译介国外的现代设计理论，为现代设计思想的传播培育火种，还放下身段，进行设计实践，倡导“现代工艺”教学活动。在这次活动中，王明旨大受其益，在郑老师去世后仍多次提及，可见影响之深。1987年，郑可逝世，作为现代设计的布道者，他在有生之年看到了工业设计成为一棵幼芽的过程，想必是欣慰的。事实上，中央工艺美术学院工业设计系一直作为中国工业设计的执牛耳者，引领这一学科的发展方向，这与以郑可为代表的设计先驱们的孜孜探索之情不可分割。这已经内化为一种精神力量，融入中国设计发展的血脉当中。

庞薰琹，江苏人，曾任中央工艺美术学院副院长，留学法国。宣传中多强调他的画家身份，这不确切，说是中国工艺美术一代宗师，实至名归。庞氏是江苏常州的名门望族，庞薰琹先学医，后留学法国，习画，有志于法国巴黎高等装饰艺术学院，但这所成立于法国路易十五时期的著名设计学院并不招收中国学生（后来招了，法籍华裔画家赵无极还在里面做过教授），这让他很失望。有人失望，转身便走，别寻他途，庞薰琹失望了，就立志建一所这样的学校，这说明：真正的大师都是“大”在境界上。他没有食言，1956年，中央工艺美术学院成立，庞薰琹立一大功，出任副院长。

除了建立中国设计教育历史上最著名的“工艺美术学院”，庞薰琹的更大贡献在于中国现代设计思想的传播。从这个意义上来说，建立“工艺美院”如同筑造了一个高地，有思想的大家都登到台上高呼，声音传播得远了，这是最大的价值。如同郑可亲历包豪斯，庞薰琹也经受了西方工业文明的洗礼（也考查过包豪斯），这种现代观念的产生让他重新审视传统艺术和美学的关系，遂开始研究中国古代装饰纹样，成《中国图案集》四册，用西方现代设计理念诠释中国传统纹样，“中学为体，西学为用”，两方结合，具有前瞻性。

时至今日，关于中国设计如何走向世界的问题，似乎解决了；关于中国设计如何形成自己的特色的问题，设计师们仍在纠结。低劣的做法是贴标签，中国结、太极图、红印章……凡能用上的都用上了，只讲外表，不讲内心；高级的做法是着眼于中国文脉，讲哲学、讲内涵、讲文化形态。这方面，庞老师的实践仍旧具有指导意义。

雷圭元，工艺美术大师，教育家，中央工艺美术学院副院长，毕业于国立北平艺专（图案科），后赴法（足见法国艺术的吸引力）学习染织、漆画，编《图案基础》、《新图案学》、《新图案的理论和作法》等，在工艺美术教育和图案理论研究方面成果卓著，尤其是现代图案学理论研究，堪称中国图案学第一人。

实际上，雷圭元与庞薰琹在人生经历中有很多交集，如一同创办中国最早的现代设计学校“四川省立艺术专科学校”（成都艺专），一同创办“中央工艺美术学院”（雷圭元也是副院长），一同致力于现代图案学的理论研究等。

新中国成立后，雷圭元带领中央工艺美术学院的师生，参与设计了当时首都的“十大建筑”（人民大会堂、中国历史博物馆、中国革命博物馆、中国人民革命军事博物馆、民族文化宫、民族饭店、华侨大厦、北京火车站、全国农业展览馆、北京工人体育场）的装饰与室内设计，多年来对中国传统美学与西方现代设计的研究得到了释放的机会。雷老师的设计是成功的，有人据此说他奠定了新中国设计的美学风格，此处存疑，但足以说明雷圭元的开拓进取精神得到了时代的认可。

关于西方设计理念与中国传统文化如何结合，雷圭元说：古今中外，以我为主！我喜欢这个态度！我们现在讲“文化自信”，这就是文化自信，可惜现在很多人还是做不到。

当然，还有陈之佛、张仃、陈道一……我们无法通过几个人去囊括整个时代的设计发展风貌，但可以寻到蛛丝马迹，在一定程度上作出还原。现代设计理论的诞生源于工业经济的发展，这些正是20世纪的中国所缺乏的，“皮之不存，毛将焉附”？早期的设计先驱们，远渡重洋，去法国、去德国、去日本，见了好东西自然要拿过来，自身也有了使命感。如庞薰琹，法国巴黎高等装饰艺术学院歧视中国人，不收，后中央工艺美术学院崛起于世界东方，与前者成为兄弟院校，不知法国人作何感想？然中国的大环境，必然让理想主义打了折扣，现代主义在中国没有土壤，无法生长，一把种子揣兜里不能烂掉，于是嫁接到“工艺美术”上，先蛰伏起来。这个蛰伏期很长，一直到改革开放，真正的基于商业逻辑的工业设计才开始萌动。

前面的积累没有白费，都是内在的动力。为什么中央工艺美术学院会成为中国最早开设工业设计专业的院校之一？与这个意识的积累密不可分。如同田径场上，运动员们已经做好出发姿势，枕戈待旦，就差一声枪响。1984年，枪响了，反应最快的是中央工艺美术学院、北京理工大学、湖南大学、无锡轻工业学院（今江南大学）等院校。

工业设计教育在中国

说到中国现代教育，就不得不提四川省立艺术专科学校，抗战初期建立，首创者有李有行、沈福文、庞薰琹等（庞薰琹前面提到过，工艺美术大师）。学校有三个主要专业:实用美术、建筑、音乐。这个实用美术就包括了漆器、家具、印染等，都是工艺美术的范畴。四川省立艺术专科学校在抗战时期成为国内顶尖文艺家的大本营，喻宜萱、张大千、吴作人、丁聪、庞薰琹、雷圭元、刘文葆都曾在此开班授课。

名流荟萃、人才济济，这才是教育的根本。

这个局面的形成是有历史原因的。1937年，抗战爆发，国土沦陷，国民政府弃南京而选重庆为陪都，于是，以四川为代表的西南地区成为避难所。我们所熟悉的西南联大，也是在这个背景下诞生的。如果说西南联大是国难时中国高等教育“诺亚方舟”的话，那么四川省立艺术专科学校则为中国工艺美术在新中国成立后的萌发保留了火种。

后来的四川省立艺术专科学校被历史所裹挟，不断合并、拆分、改名……这里不想写成校史展，所以不再一一表述。但要说明的是，现在的四川美术学院和四川音乐学院都有这所学校的基因，而那些教员和学生们，则像蒲公英的种子一样散开，在祖国的各个地方开创局面，其中庞薰琹带着工艺美术梦想北上，终于促成了中央工艺美术学院的建成，这是后话。

有一个问题值得大家考虑，即为什么实用美术学科会成为四川省立艺术专科学校的一个主要专业呢？我想是彼时的国民政府有志于发展国民经济，亟需懂艺术的技术类人才为经济发展服务。这说明任何一个学科的发展都离不开宏观经济政策的支撑，这是一条很重要的线索。这也说明，为什么我们的现代设计进程如此缓慢？以至于写设计史的时候经常略去不提，或只能从工艺美术的历史中去寻找现代设计的蛛丝马迹？因为我们从未有真正的产业革命，现代设计赖以存在的基础不存在，如何发展呢？都是经济惹的祸，我们设计不背这个锅！

到了1960年，轻工业部在无锡轻工业学院（现江南大学）创建了一个专业——日用轻工业造型美术设计专业，这是最接近工业设计的专业，是“拓荒性”的创举，这要感谢时任院长的杨增先生。1982年，成立工业设计系，仍是国内最早的一批。后来的事儿，大家都知道的，整个80年代，是中国工业设计第一次大发展时期，包括中央工艺美术学院（现清华大学美术学院）、江南大学、湖南大学、同济大学、北京理工大学、武汉理工大学、陕西科技大学（原西北轻工业学院）、天津科技大学（原天津轻工业学院）等。仔细分析，会发现一个规律，最先成立工业设计的院校有三个阵营：一个是工艺美术类，如中央工艺美术学院；一个是轻工业背景，如江南大学；再有就是理工类背景，如北京理工大学。

这是有原因的，我们知道，我国的工业设计教育最早就脱胎于工艺美术教育，把这个原则放大到全世界也是适用的，毕竟在工业革命之前，手工艺才是与大众的生活息息相关的。而中国，本就没有经受工业革命的洗礼，如同一个跳级生，其知识体系还是原来的，这也就难免让工艺美术成了设计的出发点，成了“母亲”一般的存在。注意，这个“工艺美术”呢，要拆开来理解——“工艺”和“美术”。说起来也是心酸，我们的设计先驱们，大多数都是美术家出身，能够将“工艺”和“美术”进行结合就已经耗费了一生的精力了，如庞薰琹先生。所以说，工艺美术的源头是美术，这也就不奇怪，我们现在几乎所有美术院校都有工业设计（产品设计）专业，而且都是开设比较早的，比如“八大美院”（中央美术学院、中国美术学院、西安美术学院、鲁迅美术学院、湖北美术学院、天津美术学院、广州美术学院、四川美术学院），这是不容置疑的事实。而且，美术学院为我们的设计教育贡献了大量的师资力量。一个副作用便是，如今很多人还认为工业设计（产品设计）专业等同于美术专业，从而限制了对设计的理解能力，往往走到纯粹“造型设计”的圈囿中去，观念的改变不是朝夕之间可以完成的。

而大批轻工类高校开设工业设计（产品设计）专业，也是有迹可循的。这是跟中国的经济政策分不开的。先从新中国成立后开始说。新中国成立伊始，百废待兴，尤其是关系到国民经济基础的重工业。1953 年的“过渡时期总路线”明确提出：要在一个相当长的时期内，逐步实现国家的社会主义工业化。在这个思想的指导下，国家的“一五”计划规定：集中主要力量优先发展重工业！国家政策的引导很重要。那么，怎么发展？对于新中国，西方国家是封锁的，转而求助苏联（当时尚未解体），苏联的“斯大林模式”给了我们教科书式的模板，那就是，重视重工业，轻视农业和轻工业，“以钢为纲”，其实不止中国学，东欧、朝鲜、古巴、越南都学。客观来说，这种模式确实有助于国家实力的增强，比如国防工业、汽车工业、飞机制造业等，在短时间内就扭转了工业落后的面貌，奠定了社会主义工业的基础。但副作用也很明显，很简单，抑制农业和轻工业，就是抑制民生基础，我们常说“国计民生”，“民生”得不到滋养，老百姓的日子就很苦。后来出现的“大跃进”，有过之而无不及，把这个经济矛盾极端化了……所以，1978 年的时候，我们开始纠偏，党的十一届三中全会召开了，解放思想，实事求是，开始反思，反思的结果便是要平衡各种经济关系，产业结构要调整，这其中，“重工业与轻工业”的关系被提上日程。然后是一系列政策的出台，慢慢地，产业结构失衡的状况得以缓解，外在表现就是：轻工业快速发展！

关键词：轻工业！

轻工类产品是直接面向消费者的，造型和美感上的要求就显得尤为迫切，为了让产品更加吸引人，“设计”的重要性便显现出来。所以，那个时候，以轻工业部直属高校为代表的轻工业学院们，就率先设立了工业设计（产品设计）专业，这多少有点“近水楼台先得月”的意思。举几个轻工类院校的例子，无锡轻工业学院（现江南大学）1982年成立工业设计系，西北轻工业学院（现陕西科技大学）1987年成立工业设计教研室，天津轻工业学院（现天津科技大学）艺术设计学院产品设计系源于1987年开设的玩具设计与制造专业……当然，后来轻工业部解散，学校要么划归地方，要么省部共建，各自走上了不同的发展道路。

至于在理工科大学设立工业设计专业，则更加体现了学校的远见卓识。比如北京理工大学早在1984年就成立了工业设计系，现在的设计与艺术学院更是以工业设计专业为班底建立的，这在其他学校不是很常见，足见工业设计专业在学院当中的地位。而武汉理工大学则在1987年开设了工业造型设计专业，后来更名为工业设计。湖南大学更早，据称始建于1978年，1982年正式成立工业设计系。这几乎与众多的工艺美术院校和轻工类院校是同步的，这足以说明，紧跟时代发展，对专业发展的预见性是一个学科得以不断前进的核心动力。还以湖南大学为例，作为目前中国高校工业设计教育的领头羊之一，他们一直没有停止探索的步伐，无论是紧随时代潮流开设交互设计课程，还是迎合国家大力倡导文化创意产业的政策，积极走进大山，寻求与传统“非物质文化遗产”的深度合作，又或者积极落实中外合作项目，促成第一个“中意合作”中心落户湖南等。这些都与湖南大学对学科发展的精准把脉与高瞻远瞩密不可分，这是一个专业乃至一个院校得以持续发展的秘籍。

整个20世纪90年代是中国工业设计的持续增长期，无论是设计教育还是产业环境，都在慢慢发生变化，很多学校继续开设设计类专业。与此同时，工业设计公司也开始出现，尤其是珠三角地区。由于改革开放的政策影响，被“画了一个圈”的深圳首当其冲，成为中国接受西方经济、文化和思想的窗口，这里面，当然也包括先进的设计理念。这个积累期不长——10年，到了20世纪初，又迎来了一个工业设计发展的高峰期，更多的高校开始开设工业设计专业，最典型的就是众多的“综合大学”。我想这是源于人们对工业设计定义的解构与重新认识，认为这个专业不应只是满足于造型设计和表面装饰，而应该有充分的理工科基础，是基于制造的系统化设计。从这个角度出发，工业设计第一次以更加“交叉”的姿态出现，一脚跨在“艺术”下面，一脚踩在“工科”边缘。说实话，这个姿势不舒服，很容易让人觉得什么也不擅长，有“打酱油”的嫌疑，但换个角度，这也可以理解为“左右逢源”，经受了艺术熏陶与工科教育的学生们，就业的口径会变得更宽，可以从更加多维的角度去审视自己的专业，从而获得更多的机会。这也说明，工业设计已经逐渐从“纯艺术”专业中分离出来，是可以颁发“工科”学位的专业了。这似乎是一个趋势，到了最近几年，我们已经很清楚这个界限了，那就是:工业设计属于工科专业,而那些具有艺术背景的,被称为“产品设计”了。

其实从我个人的观点来看，这种划分有人为分裂的嫌疑，无论工业设计还是产品设计本就应该是一个专业,这种划分割裂了二者之间“血浓于水”的联系，如同分家的“兄弟”，各立门户，渐行渐远，这是不好的。

不要分家!

中国工业设计教育的发展离不开国家经济政策的支撑。到目前为止，中国的设计类专业在校生是世界最多的，如此庞大的培养规模首先得益于我们庞大的人口基数，其次，也说明我们足够重视。但实际上，工业设计专业学生的成材率很低，我们低估了这个专业对人才素质的要求。而且，设计教育的培养体系以及教师的专业素质都有可能成为限制学生质量的短板。以教师素质为例，高校盲目的“唯学历论”和对科研的重视，让很多刚走出校门的高学历“人才”充斥到教师队伍中。这些缺少实际设计经验的教师并不能从根本上引导学生专业能力的提升，而具有丰富设计经验的设计师因为学历的原因，又无法走入教师岗位。这就导致了学生的设计能力与社会的要求一直存在脱节的问题。

所以，从这个意义上来说，回归专业的教育本质，是我们仍旧要持续努力的一个方向。

第一次设计

不管我们承不承认，随着第一台国产电视机的诞生，第一辆国产自行车的出现，第一架国产照相机的上市，第一辆国产汽车……这众多的第一次中，工业设计始终如一个隐形人，虽不被提及，但仍旧默默地发挥着作用；它又像一个影子，随时都在，但不说话。下面，我们计划以几个典型产品为例，去感受一下中国早期产品中“如影随形”的工业设计，是个什么样子的？

先说电视机。

1936年英国就有电视广播了，美国是1941年，中国是1958年3月17日。这是一个重要的日子，我们要记住它。标志性事件就是我国第一台电视机成功接收信号了！这里面有两个公司功不可没，一个是“北京广播器材厂”，负责电视发射中心设备的研发，另一个就是“国营天津无线电厂”，负责电视接收设备的研发。当然，电视接收设备就是“电视机”了！

这个任务是1957年下发的，主管部门是第二机械工业部。要知道，当时的广播电视在国外已经相当普及了，而且，美国已经有了彩色电视，我们连黑白的都没有。时间紧，任务重！我们单表“国营天津无线电厂”，为了完成任务，他们快速成立了由厂里的技术骨干组成的“八人小组”。这些“顶级”技术骨干有一个共同的特点——谁都没见过电视机。

怎么办？从零开始，迎难而上！他们采用了最快捷的方法，即采购国外的电视机进行“逆向工程”，所谓“逆向”，就是典型的拿来主义，但拿来后却不能直接用，如同食物，夹生的，还要自己消化，才能成为自己的。这是发展的必经之路。而当时，还有一个非常不利的条件——“中苏交恶”。后于斯大林上台的赫鲁晓夫在全盘否定斯大林的同时，也将中国推向了自己的对立面。这里面有意识形态的分歧，也有国际策略的变化，总之，为了遏制中国，苏联撤走了在中国的专家，并撕毁经济合同。我们正是在这样的背景下进行新产品研发的，条件不可谓不艰苦。

最终，他们选定了苏联的“旗帜”牌（名字起得也很有历史感）作为主要参考对象。当然了，这个参考，既有技术层面的，也有外观造型层面的。1958年3月17日晚，北京，当历时两个多月研发的国产电视样机和苏联电视机共同摆放到实验大厅里的时候，想必在场所有人的心情是激动和忐忑的。结果呢，如人所愿，所有艰苦的努力都会有一个美好的结局，电视荧屏上最终清晰地出现了广播员的图像。考核合格，通过！中国第一台电视机诞生了（图9-1）。这台电视机被命名为“北京牌”，其象征意义不言而喻。

图9–1　中国第一台电视机

这里面最高兴的当属总设计师黄仕机了。

黄老因此事与电视机结缘，并在以后的岁月中一直致力于中国广播电视事业的研究和推动工作，直至终老。我们要记住黄仕机，也要记住这台号称“华夏第一屏”的黑白电视机，据说现在仅存两台，其中一台就在天津通广集团（原国营天津无线电厂）。

最后再提一下，天津通广集团，这家70多岁的综合性电子工业企业，至今仍旧屹立在渤海之滨，他像一位饱经风霜的老人，在经历了岁月的洗礼之后，今天又重新散发了青春。在2015年国家工业设计中心的评选中，天津通广集团成功获批，成为天津市为数不多的国家级设计平台之一。

“东风”轿车，中国第一台国产小轿车，后来改名“红旗”。

很多人都相信，“红旗”轿车将真的像一面红旗，扛起中国汽车工业的未来。至少，在红旗成立之初，大家是这么想的。是期许也是压力，“红旗”像一个背负家族希望的孩子，一出生就压力重重。

1958年，第一辆国产小轿车下线，名“东风”，编号CA71，这就是红旗轿车的前身。

同年，CA72高级轿车试制成功，这是第一辆真正意义上的红旗轿车。1960年参加意大利莱比锡国际博览会，被誉为“中国的劳斯莱斯”，入“世界名车品牌名录”，起点很高！

1964年被指定为国家礼宾用车，这是无上的荣光。

1965年很关键，开始试制CA770轿车——一种三开门加长型轿车。毛主席、周总理亲自指示，这就有了政治意义。贾延良，25岁，一个刚刚毕业的大学生（中央工艺美术学院环境艺术系毕业），登上了历史舞台。他的设计既传统又现代，还巧妙融入了政治元素，手法独到，得到了中央领导的认可。

来看看他的设计，如图9-2所示。

图9–2　红旗CA770轿车

车头上的红旗，语义明显，多是象征性的、意识形态的语言。同理，侧面的“三面红旗”，这个需要解读，年轻人大概听不懂——总路线、“大跃进”、“人民公社”！这是当时的国家政治方针，是为“纲”，必须有。其他的就是造型上的元素了，前脸进气格栅从“折扇”变化而来，腰身的电镀金属装饰条取形于“矛”。“折扇”有“文人”气息，“矛”透出“武将”特质，“文武双全”，符合中国文化观念中“高大全”、“完美”的美学意识倾向。

此处插一段话，中国传统文化中对“完满”的追求无处不在，以早期电影为例，结尾处必然要“好人得报，坏人遇惩”，或者“大团圆”，满满正能量。否则总觉得不该结束时结束了，观众也不干。

回到设计本身，“文武双全”的表达较隐晦，需要设计师的解读，一解读，豁然开朗。窃以为，这从某种程度上体现了“好”的设计运用，那么，不好的是怎样的？一是不用解读，明晃晃摆在眼前，元素表达直白，仿佛“火”一样的热情，观众会被“烫伤”的；二是太晦涩，解读不清，存心不叫人明白，属于卖弄。所以，造型元素的表达也要适度，藏巧留拙，告诉你一部分，留一部分需体会才懂，这是中国文化的高妙之处，但凡艺术作品，总要有“只可意会不可言传”的一部分才好。人的心理是这样，一件东西大部分看懂了，是自我肯定，有成就感，有了成就感才会耐心听你解释，待到解释的东西又懂了，更加有成就感，自我极大满足，才会认可你。这个很重要，设计师谈业务，要先肯定客户的想法，让他满足，才能慢慢听你说，表达你的主张。

不要一上来否定。给一颗糖，再打一棒子；也不要先打棒子，人跑了，糖给谁去？从这个意义上来说，CA770 轿车的成功之处在于巧妙融合了前面所讲的一切，既有政治主张，满足了决策者的诉求，又有设计师的主张，元素运用得当，至今看来，仍有很多可借鉴的思路。所以说，中国设计师不要妄自菲薄，贾延良先生作了榜样，向他学习！

事实上，CA770 是红旗轿车全系车型中产量最多的产品，其引发的“红旗热”至今仍在延续，成了中国汽车工业的“象征”，后来更导致了 CA770 收藏热潮。这都是这件作品带给我们的正面意义。我觉得它侧身的“三面红旗”并未失效，放到现代语境下，可代表“自力更生、奋发图强、赶超世界”的涵义。新时代新语境！新语境新意义！对设计的解读也要与时俱进的。

在中国，红旗轿车一直是高端车的代称，作为共和国的“长子”，“高处不胜寒”，这也造成了红旗车无法放下身段，真正融入民用车激烈的市场竞争中去。在市场为王的时代，没有被市场认可的爆款产品，头上的光环再多也是枉然。基于此，2008年开始，一汽集团提出“红旗复兴”计划，但高投入没有换来高产出，尽管开发了H、L整车全系列产品，但产品在市场中屡屡碰壁，销售惨淡。从某种程度上来说，红旗的复兴之路还很漫长和遥远。靠着卖“历史人设”，显然不是红旗该走的道路。

2017年8月2日，许留平出任一汽集团董事长，正式接过红旗复兴的大旗，随后，一场“我心中的红旗”的大讨论聚焦了红旗品牌的新内涵：中国式新豪华！看来，红旗仍旧执拗地在走“豪华车”的路线。9月21日，新红旗H7在北京凤凰中心上市，地点耐人寻味——“凤凰涅槃”！期待红旗真的像一只涅槃的凤凰，直冲九天，扛起中国汽车走向世界的大旗。

华生风扇。

华生是一个老品牌，始创于1916年，一开始就做电风扇，仿AGE（德国通用电器公司）品牌，AGE的电风扇是彼得·贝伦斯设计的，现代主义风格，所以，华生的设计起点很高。为什么要模仿AGE？我猜这只是一个“意外”，因为AGE的风扇卖得好，就仿了，而不是看中了它的设计风格。

如图9-3所示，左边是GE的风扇，右边是华生的。相似点：稀疏的铁线网罩，包裹四片扇叶，底座呈锥形，起支撑作用；不同点：华生风扇更端庄，一本正经的样子。

华生风扇获得了很多奖，据说有百余项，并成功阻击了AGE风扇在中国市场的发展，此时想起一句话：师夷长技以制夷。虽然带有点“无赖”的味道，但事实如此，站在民族的立场上，华生——中华民族更生，这个品牌本身就给人以无限的“民族自豪感”。当然，从设计的角度看，借鉴先进经验是发展的必经

图 9-3　GE 电风扇（左）和华生电风扇（右）

之路，但借鉴与抄袭的界线不好把握，稍微不慎，就会滑入抄袭设计的渊薮，这是所有设计师都应该避免发生的事情。事实上，1925 年，华生风扇参加美国费城世界博览会并获得银奖，足以说明它已经摆脱单纯的借鉴之路并走上了自主设计的道路。

2009 年，华生风扇被认定为“上海市著名商标”，足见人们对这个老品牌的认可。“传承经典，风靡百年”，华生品牌的发展是“教科书”式的，值得放到博物馆里陈列，供瞻仰！如今，“华生”牌家电已经从电风扇延伸到洗衣机、电冰箱、电饭煲等其他产品门类，持续在家电市场中占据一席之地。

上海照相机，第一台国产照相机。

大家注意没有，在轻工技术产品研发方面，有两个地方最卖力，一个是天津，一个是上海。这与两个地方固有的产业经济是分不开的，所以，产品开发从来和产业基础分不开。这次说照相机，又是上海抢得头名。事情缘起于上海市政府编制第一个五年计划时的想法：搞几种轻工产品出来！这里面就包括照相机、手表、电视机。新中国成立初期，百废待兴，一切都是空白的，这几件产品现在看起来没什么，在当时就得从零开始，困难相当大。关于电视机我们前面提到过了，由天津通广集团（原国营天津无线电厂）研发成功——电视机的第一次属于天津，那是 1958 年。照相机是属于上海的，这里剧透一下。如图 9-4 所示即为上海牌 58-I 型照相机。

图 9–4　上海牌 58–I 型照相机

这次的任务落在了游开琜身上。游开琜，时任上海第一商业局下属钟表眼镜公司生产技术科副科长。或许你会奇怪了，研发相机的任务怎么会给到一家钟表眼镜公司？这便是令人心酸的地方：一无设计图纸，二无生产设备，三无技术力量，四无产品研发经费。在这种境况下，还要摸索着前行，真要点一个大大的赞！在这种一穷二白的条件下，之所以选择钟表眼镜公司，原因竟然是公司所属商店有修理照相机业务，这便是"经验"和"技术基础"了，而且，眼镜公司会磨制眼镜片，那么一定会制造光学镜头咯？想必人们是这么想的。但事实并没有这么简单，为了解决光学镜头设计，游开琜三上长春光学精密机械研究所，终获成功。由上海到长春，千里之遥，那时候没有高铁，奔波之苦，可想而知。

6 个月，从无到有，新中国第一台真正意义上的自制高级相机试制成功了。1958 年 1 月，上海，一个历史性的时刻！由此，照相机被命名为"上海 58 型"，我很喜欢这个命名方式，直接，不做作，又有纪念意义。同年，上海照相机厂正式挂牌。而游开琜，也从一个手表眼镜业的技术人员，成长为一名真正的照相机设计师，并随后投入紧张的"上海 58- Ⅱ"的研制工作。

上海照相机的成功激发了全国范围的相机研发热情，南京、重庆、广州、福州相继上马。1958年，轻工部和浙江大学开办“全国照相机技术培训班”，照相机技术人才开始开枝散叶，相应地，全国相机产量也水涨船高，1958年底达到创纪录的两万多台。这个数字放到现在并不令人吃惊，要知道，1956年是100台，1957年是200台，一年时间100多倍的增长就很厉害了。

1968年开始，据说是为了出口的需要，“上海牌”改为“海鸥牌”，取“展翅翱翔，飞向世界”之意。但这个名字改得并不是很成功，因为海鸥在中国人的认知中是一种带有正面意义的海鸟，但在国外一些地方，海鸥是好吃懒做、不劳而获的象征。这一点我们没有考虑到，是一个教训。

后来，1987年，上海市轻工业局主导组建“上海海鸥照相机公司”，原来的“上海照相机厂”不复存在。多年来，在国家的政策支持下，尤其是上海市政府的扶持下，海鸥照相机勇往直前，在获得了一系列荣誉的同时，确实代表了中国相机事业的顶尖水平并走向世界。在很多国人眼中，海鸥相机，几乎成了整个时代中相机的代名词，曾经，为了购买海鸥相机，上海市民彻夜排队。这个场景是不是似曾相识？

但到了20世纪90年代，一系列的问题来了：数码相机的冲击加上体制的束缚（这似乎是一个悖论，举国体制一手打造了海鸥帝国，但海鸥的后期发展又受到体质的限制，这足以说明，任何事情都有两面性），海鸥的发展变得困难重重。这只折翼的海鸥，在挣扎了几年后，于2004年一头栽下，宣布停产。

时间转到2014年，海鸥回归。10年了，风云变幻，江湖易主，依靠数字转型复出的海鸥尽管受到了“夹道欢迎”，但这条道路注定是艰难曲折的。那些曾风靡一时的数码相机正受到新的冲击，销售量开始出现“断崖式”下滑，世界范围内都是如此，更何况一直止步不前的中国相机业呢。尼康、索尼这些相机界大鳄各自艰难，在智能手机等新媒体设备的冲击下，数码相机市场“红海”变“死海”。在绝境中开辟新道路，海鸥人需要的不仅是勇气和魄力，还有高超的眼光。

而那些有着怀旧情结的市民们，热切盼望着一个新海鸥能够回转九天，给他们的生活带来一抹亮色。2014年初，海鸥推出CF100与CK20两款数码相机，后又推出CK10与CM9，尤其CM9相机，聪明地采用复古设计，材质选用镍钛合金加皮革材质，样式则复制了海鸥经典的双镜头反光相机。这些相机销量都不错，前途似乎一片光明，但高昂的研发投入与市场反馈严重不成比例，这就倒逼海鸥不断开拓新的市场领域。

海鸥的“新掌门”曲建涛说：海鸥要想活下去，必须要走一条创新之路！于是，他们找到了“影像应用”这条道路，在3D智能影像数据建模方面，海鸥似乎找到了一施拳脚的新领地。“跨马出郊时极目，不堪人事日萧条”，无论如何，“活下去”是一家企业的第一要务，日渐冷清的海鸥相机制造工厂与沸沸扬扬的互联网行业大发展形成了鲜明对照。这给我们以启示：中国的制造业远没有宣传的那么美好,由中国制造向中国创造转型的道路依然“路漫漫其修远兮”。而“供给侧”改革的政策引领，能否让人们的注意力从“泡沫经济”的车嚣马喧中转移到传统行业上来？即便有政府站台，这一切也是未知的。

相比之下，在距离上海一千多公里外的天津，另一只“海鸥”的境遇要明显好得多。同样是国家大力支持投建，同样在计划经济到市场经济转型过程中水土不服导致星光黯淡，同样奋发图强，在走一条复兴崛起之路，天津的“海鸥”手表已经实现了集团化经营，仍旧代表着中国制表业的最高水平。

每一个骄傲的民族品牌，都有一段光辉的历史，海鸥手表也不例外。

1955年，中国“第一表”——五星表诞生了（图9-5）。从此，中国制表业开始了民族化道路；1956年，天津手表厂建立；1957年，第一批“五一”牌手表批量化生产；1966年，第一块全自主产权的手表——“东风牌”研发成功；1973年，研制成功第一块出口手表“海鸥表”。

可见，海鸥表的历届“前任”们，五星、五一、东风，都是海鸥表得以展翅飞向海外的层层积累，就是这样，海鸥表一路“打怪升级”，由模仿借鉴，到自主研发，逐渐形成了自己的核心竞争力。核心竞争力，技术先导，这是产业发展的大抓手，海鸥做到了，这一点不容易。所以，“打铁还需自身硬”！

世界手表界“三大经典”功能——陀飞轮、三问、万年历，海鸥手表一一将其攻克，并创造性地将三大复杂功能汇集一身。更为重要的是，海鸥手表对工业设计高度重视，并于2013年申报成为国家级工业设计基地，这在天津是最早的。借用海鸥官网上的一句话：缔造时间的人，也是时间铭记的人。

图9-5 中国第一表——五星表

如果可以，就去海鸥博物馆看看吧，那里的时间很慢，时针、分针、秒针都慢，你走一趟，就是60多年。提起海鸥手表，常有这样的画面感：一个日晷独自站立，孤零零、冷清清，可是内心热闹极了。

行文至此，我也想就此结束了，中国的民族品牌还有很多，飞鸽自行车、蝴蝶缝纫机……它们有着类似的发展道路，白手起家，国家支持，由模仿到创造，在计划经济时期达到发展顶峰，面对市场经济大潮，大多数又转型失败，后又在新时期艰难重生，打民族牌，打怀旧牌，最终都醒悟了：有好产品才是硬道理！

1984年成立的海尔，同年成立的联想，1987年成立的华为，这些“八零后”们的发展道路就不同了，共同的一个特点便是非常注重产品的设计质量，海尔更是在1994年成立中国第一个企业设计部门——青岛海高。看名字也知道，强调了对未来的期许，而少了些暮气，也没有过多的民族负累。而正是这些企业，真正代表了现时代中国的创造力量，也正是它们，在世界企业的广阔舞台上闪耀着独有的东方魅力。

激流勇进的设计公司

当工业设计教育在高校间如火如荼地展开的时候，设计发展的另一条线索也展开了，设计开始由高校向产业界渗透，这几乎是同时发生的。20世纪80年代末到90年代初，坐标广东，两家工业设计公司相继成立了。

最早的一家是“南方工业设计事务所”，位于广州。广州，这座副省级的中国一线城市，珠江三角洲北部重镇，粤港澳大湾区核心城市，作为南海门户，如一扇通往世界的大门，从古至今，一直是中国最重要的商业中心之一。

特殊的地理位置，使广州的产业基础较之内地其他城市更为深厚。2017年，广州已形成汽车、石油化工、电子、电力热力生产供应、电气机械及器材制造、批发零售、金融、房地产、租赁和商务服务、交通运输10个千亿级产业集群。广州像一个奔跑着的巨人，他动作敏捷，头脑清楚，一路高歌，一路拣拾繁花，它的开放与包容，让它赢得了更多的发展机会。这种一以贯之的城市性格，在不同时期都促发了不一样的“高亮”时刻。

我们要说的是1988年，广州美术学院工艺美术系的青年教师童慧明、王习之、刘杰、阚宇，以及来自企业的汤复兴、吴新尧、李家俊共同创建了“南方工业设计事务所”。这是中国南方地区乃至全国第一所真正意义上的工业设计公司。它被认为是中国工业设计领域里的“黄埔军校”，这个比喻很恰当。事实上，南方工业设计事务所正像同城的黄埔军校一样，如一株大树，在不断开枝散叶的过程中，将自身的发展路径固定为一种模式。可以想见，在当时的业界，南方工业设计应该是一所圣殿般的存在，而所有浸入其中的设计师，都具备了一种相同的基因。他们不断上演离合的戏码，不安分的人们演绎出了中国早期工业设计人坚定的理想主义情怀和敢为天下先的开创精神。

“阚门”广告设计公司、彩鸽工业设计公司、雷鸟工业设计工作室、石头设计有限公司、蓝鲸工业产品造型开发设计有限公司、上海指南工业设计有限公司、集美工业设计、习之设计实业公司、元方设计……如果铺张开来，还会更多。

在广州，怀璧无罪。

如果说广州是一扇通往世界的大门，那么深圳，就是一个玲珑的窗户了。作为中国第一个经济特区，深圳不负众望，用三十多年的发展成就了“深圳速度”，同时，它又是一座新移民城市，又是“设计之都”、“时尚之城”、“创客之城”。从地图上看，一条涓流（深圳河）将深圳与香港区隔开来，像一条蓝色的绶带，松松地绕在中华人民共和国的“脚踝”上。而从区位优势来看，深圳较之广州离海更近，这里是打开窗户，迎接第一缕阳光的地方。

1993年，在《设计新潮》杂志的同一期，发表了两篇文章:《深圳归来话蜻蜓》和《设计是一种爱的行为——南行蜻蜓公司随记》。

这里的“蜻蜓”，是指一家年轻的工业设计公司——深圳蜻蜓工业设计公司。俞军海和傅月明是这家公司的掌门人。1985年，中央工艺美术学院举办了“全国高校工业设计师资研究生班”，这是第一期，俞军海和傅月明是同学。这是他们第一次相遇，并结下了不解之缘。

和研究生班里大多数同学进入高校不同，俞军海和傅月明选择南下深圳，用实际的设计实践来实现自己的梦想。“蜻蜓设计”的起名方式很容易让我们联想到德国著名的“青蛙设计”。而巧合的是，就在蜻蜓设计公司成立的同期（1990年），青蛙设计的创始人艾斯林格荣登美国《商业周刊》的封面，这对世界范围内的工业设计师来说，都具有极强的鼓舞作用。将目光放到整个世界的范围内，对于工业设计产业界来说，这是一个现象级的事件，是一个象征，它像一枚投入水中的石子，荡起的涟漪扩散开来，也让万里之遥的中国感受到了温暖的余波。

据说，Frog一词隐含了德意志联邦共和国(Federal Republic of Germany)的英文缩写，而Dragonfly中则隐藏了一条中国龙（Dragon）。这名称含义的多重解读让我们理解了不同国度设计人根植于心的家国情怀。

与南方工业设计事务所一样，作为设计的先行者，蜻蜓工业设计公司除了日常的设计事务之外，还承担了更多的社会义务，接待来访、举办论坛，将工业设计的概念推广到企业和高校。这是一家有社会责任感的企业，他们的努力理应得到回报。为上海金星电视机厂设计的28英寸彩色电视机是他们第一个明星设计作品，取名“金王子”。在当时的设计语境下，“金王子”体现出了浓浓的中国情调，对于一个极度渴望文化认同感的中国新时代来说，“金王子”的出现恰逢其时。这是蜻蜓设计推行“全产业链”模式的第一次试水。金王子电视机首批试产两万台，投入市场后迅速赢得消费者的青睐，成为上海金星电视机厂的主打品牌。据说，他们还举办了“金王子之夜”，用产品发布会的方式进行产品营销，这是我们目前司空见惯的营销方式，但在当时，都是很先进的理念。

随后，他们有了更大的设想——涉足汽车项目。承载了未来家庭轿车梦想的“小福星”在蜻蜓设计的实验室里躺了四年，终于还是胎死腹中。虽然在1994年的北京钓鱼台国宾馆芳菲园，俞军海携第一代“小福星”举办了一次展示会，这成为“小福星”一生中难得的风光时刻。专家认可、媒体报道、政府关注，当人们都感念中国终于有了自己自主设计的家庭轿车的时候，一纸汽车生产许可证将“小福星”挡在了市场之外,也把俞军海的造车梦挡在了现实之外。如图9-6所示，即为“小福星”家庭轿车样车。

图9–6　“小福星”家庭轿车

而同样是在1994年，学管理出身的李书福也有了一个造车梦想，这个执着的浙江人先是靠冰箱制造业起家，后进入摩托制造业，并最终创立吉利汽车集团，梦想找到了安置的地方。与俞军海的遭遇一样，1998年，李书福也在没有许可证的情况下制造了“吉利豪情”两厢车，直到2001年才拿到准入证；与俞军海不同的是，李书福从没有停止前进的步伐，他在不被看好的情况下默默打造汽车工业战略框架，一旦时机成熟，和盘托出。所以尽管在2001年才获准正式生产轿车，但彼时的他，已经拥有了三个汽车生产基地。

“非壮丽无以重威也”，这是俞军海和傅月明把脉中国传统文化心理得出的结论。从某种意义上来说，设计如“器”，用来承载精神，“小福星”很好地充当了“器”的角色，将中国人骨子里对产品的消费期待展现得淋漓尽致。

如果历史可以重来，时光倒退到20年前，给“小福星”一次复活的机会，不知道能不能改变中国现代汽车工业的格局？然而历史没有假设，这是时代之殇，也是设计师的个人宿命。或许是受此影响，蜻蜓工业设计公司开始走下坡路，直至破产。

筵席已散，俞军海转身，多年来仍旧没有离开设计，他像一个草莽英雄，仍旧留着标志性的大胡子，现在是中国工业设计协会荣誉顾问；傅月明则加入“好孩子集团”，任设计总监，开启了新的设计篇章，2014年被评为“中国十佳设计师”。

多年来，无论是南方工业设计事务所的“七人小组”，还是俞军海、傅月明，我们的设计前辈们亲眼见证了中国工业设计发展30年来的风风雨雨、酸甜苦辣。放眼当下，工业设计公司遍地开花，国家也从政府层面给予了高度关注。路在脚下，春天已来。这“春天”，是所有春天奔跑成的一个春天，这春天里，有着所有先行者们的喜乐哀愁。“设计是一种爱的行为”，愿每一个设计师都会被温柔以待。

愿我们越过山丘，发现有人等候。

中国工业设计大事件

1979 年
那是一个春天
有一位老人在中国的南海边画了一个圈
……
——《春天的故事》

1978 年 12 月，十一届三中全会召开，正是这次会议后，中国开始实行对内改革、对外开放的国家政策，也正是这次会议，给整个中国讲述了一个春天的故事。

1979 年，经国务院批准，中国工业设计协会成立。这是中国工业设计领域唯一的国家级行业组织。

1991 年 5 月 15 日，“1991 年国际工业设计研讨会”在上海召开，这次研讨会由原华东化工学院（今华东理工大学）原工业设计系主任陈平老师倡导并和上海工艺美术学校联合举办。这是中国第一次举办大型、专业的工业设计国际交流活动。国际设计界的成功经验令中国同行激动不已，特别是荣久庵宪斯提出“伟大的城市应该有伟大的工业设计事业”的一番话使得参加会议的人员开始认真思考中国工业设计发展的未来。

2001 年 1 月 8 日，由国家轻工业局主办，中国工业设计协会等承办的首届“2000 中国工业设计周”及“浦东中国工业设计峰会”在上海开幕，这是国内首届工业设计领域的盛会，被誉为：中国工业设计的春天来了！

2003 年 5 月，国家科技部批准设立国内首家以工业设计为主题的高新技术专业化园区——无锡 (国家) 工业设计园，与开发区实行“两块牌子一套班子”，合署办公。

2005 年，光华龙腾设计创新奖设立，后由国家科学技术奖励办公室批准为唯一一个评选设计人才的国家级奖项。

2006年，由中国工业设计协会、北京工业设计促进中心和国务院发展研究中心《新经济导刊》杂志社共同倡办中国设计红星奖。红星奖现已成长为具有国际影响力的设计奖。

2006年3月,第十届全国人民代表大会第四次会议审议通过了国家“十一五”规划，明确提出“鼓励发展专业化的工业设计”。

2007年，温家宝总理批示：要高度重视工业设计！

2008年12月7日，深圳加入联合国教科文组织全球创意城市网络，成为中国第一个、全球第六个“设计之都”，也是发展中国家中第一个获得这一荣誉称号的城市。截至目前，中国已经拥有四个设计之都，按照时间顺序分别是深圳、上海、北京、武汉。

2010年7月22日，工业和信息化部、教育部、科学技术部、财政部、人力资源和社会保障部、商务部、国家税务总局、国家统计局、国家知识产权局、中国银行业监督管理委员会、中国证券监督管理委员会等11部委联合发布《关于促进工业设计发展的若干指导意见》，明确表示要加速推进新型工业化进程，推动生产性服务业与现代制造业融合，促进我国工业设计发展。

2011年，由中国工业设计协会主办的全国性评选活动——“中国工业设计十佳大奖评选”开始创建。

2011年3月14日，第十一届全国人民代表大会第四次会议审查了国务院提出的《中华人民共和国国民经济和社会发展第十二个五年规划纲要（草案）》，会议同意全国人民代表大会财政经济委员会的审查结果报告，决定批准这个规划纲要。纲要中强调：以高技术的延伸服务和支持科技创新的专业化服务为重点，大力发展高技术服务业。加快发展研发设计业，促进工业设计从外观设计向高端综合设计服务转变。

2012年11月30日,由工业和信息化部主办的“2012年中国优秀工业设计奖”评奖工作圆满结束,在厦门市举行了隆重的颁奖典礼。工业和信息化部党组书记、部长苗圩，部党组成员、总工程师朱宏任，中国工程院常务副院长潘云鹤，福建省委常委、厦门市委书记于伟国，福建省委常委、副省长张志南、厦门市市长刘可清等出席颁奖典礼。这是中国工业设计领域首个经中央批准设立的国家政府奖项，由工业和信息化部主办。

2013年，工业与信息化部首批认定了26家国家级企业工业设计中心和6家工业设计企业。此后每两年一次，“国家级工业设计中心”成为各地企业争相申请的“金字招牌”，工信部也借此政策调动起全国范围内企业的创新热情。

2014年，国务院颁布《关于推进文化创意和设计服务与相关产业融合发展的若干意见》，明确提出：支持基于新技术、新工艺、新装备、新材料、新需求的设计应用研究，促进工业设计向高端综合设计服务转变，推动工业设计服务领域延伸和服务模式升级。鼓励有条件的大型企业设立工业设计中心，建设一批国家级工业设计中心。

2015年3月25日，李克强总理组织召开国务院常务会议，部署加快推进实施“中国制造2025”，实现制造业升级。2015年5月19日，国务院正式印发《中国制造2025》，明确提出，到2025年我国创新能力要显著增强，在全球产业分工和价值链中的地位明显提升。同时提出，要提高创新设计能力，培育一批专业化、开放型的工业设计企业，设立国家工业设计奖，激发全社会创新设计的积极性和主动性。

2016年3月16日，第十二届全国人大四次会议表决通过了《中华人民共和国国民经济和社会发展第十三个五年规划纲要》，纲要中提到，要“实施制造业创新中心建设工程，支持工业设计中心建设”，“设立国家工业设计研究院”。这是“工业设计”第三次写入国民经济发展的五年规划纲要，进一步表明工业设计在创新驱动发展中的关键作用。

2016年12月2日，首届世界工业设计大会在中国杭州良渚召开，马凯副总理出席开幕式并致辞。世界工业设计大会是由中国工业设计协会联合20多个国家和地区的设计组织、机构、企业以及院校等发起的世界设计产业发展会议。

现在是2018年，在刚刚过去的两会期间，小米公司董事长兼CEO雷军提交了两份提案，其中一份是关于工业设计的。他建议：

第一，成立国家级设计促进机构，优先发展工业设计；第二，在制造业发达的城市成立专业设计园区，创造设计业与制造业良好交流的大环境；第三，大力加强设计人才引进与培养，促进产学研一体化发展；第四，对设计投入巨大、带动效果明显、成绩优秀的企业提供政策优惠和奖励；第五，升级现有国家级设计奖，抢占设计业话语权的制高点。

句句在理，字字珠玑！他从一个企业家的角度，指明了中国工业设计的发展方向。相信在众多中国工业设计人心中，此刻，这个叫雷军的男人是最帅的！

中国台湾和香港

20 世纪 60 年代开始，亚洲的四个国家和地区——中国台湾、中国香港、韩国和新加坡用了同样一种方式默默开始了经济发展之路。后来，这种方式被叫作“出口导向型”，即给外国公司做加工，发展劳动密集型产业。这是一种聪明的做法，既可以吸引大量资金，又可以借此引进技术。所以这四个国家和地区得以快速走上发展道路，被国际社会誉为“亚洲四小龙”。

经济基础决定上层建筑，经济上的成就往往可以折射到其他方面，比如设计。四小龙中的中国台湾和中国香港，相比内地，其工业设计的发展要更早一些。先说中国台湾。

1955 年，台湾中国生产力中心成立，迄今已有 60 余年的历史。这是一家顾问咨询机构，是台湾三家财团法人咨询机构之一，以提升管理为重点。台湾中国生产力中心是一家非营利机构，但具有培训人才、举办讲座和研讨会、出版书籍杂志等职能，扮演着强化区域产业竞争力的角色。为什么要介绍中心的情况？因为台湾工业设计的发展与台湾中国生产力中心的扶持密不可分。

为了提高外贸产品的国际竞争力，设计被作为一种手段提到议事日程。1961 年，台湾中国生产力中心下属的“产品改善组”开设了工业设计培训班，这是台湾第一次认识到工业设计的重要作用，这就释放了一个积极的信号。后面的事情就顺理成章了，比如请设计专家过来讲座、辅导，这其中就包括时任国际工业设计协会主席的荣久庵宪司；各大院校相继设立工业设计专业（1964年台湾私立明志工业专科学校首先设立工业设计科）；1963年协助成立金属工业发展中心并下设"工业设计室"；1967年成立台湾工业设计协会并加入国际工业设计协会；1973年协助成立工业设计及包装中心（后改为对外贸易发展协会产品设计处）。

20世纪80年代后，台湾正谋求产业的转型升级，从劳动密集型转向知识密集型，工业设计在这次漫长的转型升级过程中发挥了重要作用。总之，台湾用20年的积累，让世界认识了台湾设计。1981年设立的金点设计奖，迄今已经走过了30多年的历史，现已成为全球华人设计领域里的著名奖项。

1988年，在台北的一间工作室里，一家名为Nova Design（浩汉设计）的公司成立了。这家大概是台湾最著名的工业设计公司，经过30年的发展，已经成为华人地区规模最大的工业设计顾问公司，并将分公司一路开到了美国、意大利、越南。总经理陈文龙毕业于台湾成功大学工业设计系，这是一个睿智儒雅的设计人，科班出身，有着几十年的从业经验。他用实际行动诠释着从一个设计师，到设计管理者再到设计教育规划者的人生路径。作为教育部高等学校高职高专艺术设计专业类教育指导委员和多所大学的客座教授，以陈文龙为代表的台湾设计人已经成为中国设计版图中的重要组成部分。台湾经济的发展过程在设计行业中的投射给我们提供了很多先验性的结论，成为内地众多工业设计公司的榜样。

中国香港在1997年之前一直由英国统治，正是这样一段"屈辱"的历史，让香港可以直面西方发达资本主义国家的经济逻辑，这种特殊地位也决定了它中西方文化贯通的特点。在经济上，由于得到了英国的扶持，香港的制造业一开始就有了"国际化"的视野，得以让它同台湾一样，成为蓄势待发的"四小龙"之一。从20世纪60年代开始，香港也是集中于发展劳动密集型产业，以分担发达国家过剩的产能。

为了配合支援经济发展的需要，香港工业总会成立了，那是1960年。与台湾的中国生产力中心一样，香港工业总会是一家服务性的咨询机构，既有官方背景又有协会性质，它像一个领航员一样，为香港公司的发展指明了航向，也像一棵大树一样，不断分出新枝，细化自己的功能。香港设计委员会就是其中一枝，它成立于1968年，致力于推广设计，致力于让设计在整个产业界发声。

当然，除了专业机构为设计站台，设计师个人力量的发挥也是业界不可忽视的推动力量，他们就像繁星一样，共同构成了设计的天空。前文介绍过的郑可先生就是其中最亮的一颗。郑可早年留学法国学习雕塑，但他涉猎广泛，对实用美术的设计方法和应用感慨颇深。那是1950年之前，中国国内正处于艰苦卓绝的战争时期，作为开眼看世界之人，郑先生的“早慧”让他刚一回国就意识到了国内外的差距。所以他写文章、办讲座、成立个人工作室，他做设计也讲设计，他身体力行，为香港现代设计的萌芽营造了最初的发展环境。

之后，郑可受邀进入刚成立不久的中央工艺美术学院担任教师，仍旧讲现代设计理论，讲包豪斯，讲勒·柯布西耶，仍旧应者寥寥。作为先行者，郑可是寂寞的，他像在一个空旷的室内讲话，回答他的只有回声。“怪老头”黄永玉（著名画家，中央美术学院教授）曾感叹郑可的努力“孤僻得令人遗忘”，这足见在当时环境下推广现代设计理论的艰难。

后来就好多了，接力棒传到了继任者的手中。1949年移居香港的王无邪自学绘画、研习文学，后赴美留学，攻读艺术课程，后又返港，在大学教授设计。他著述颇丰，《平面设计原理》、《设计与造型原理》、《色彩设计原理》、《电脑视觉设计》，集中于20世纪80、90年代出版，成为那个时代重要的设计参考书。然而王无邪又是画家、诗人，他的感情是狂热的，这来源于文学与艺术，而他又是理性的，这有赖于对设计理论的研究。出生于1936年，经历过战争和殖民地统治，又有着个人无限追求的王无邪，有丰富的内在压力和精致的忧伤，他的内心是矛盾的，而香港这块“离散之地”又加剧了他这种矛盾。他用一种“诗画互文”的方式来纾解内心块垒，他是一名往来中西文化的独立骑兵，而现代主义的设计，则是他的上马石，是递给他大地温度的媒介。1957年，年轻的王无邪发表了组诗《一九五七年春·香港》，第一节最末一句：我们仰望上天，而怀疑自己是最后的亚当。这大概是他一生的写照，一直怀疑，一直用一种“上天”的视角打量自己，打量这个世界。而设计，正是上天的一个“眼睛”。

何弢是王无邪的同龄人，他在内地接受教育，后赴美留学，他设计了香港特别行政区区旗和区徽，这该被我们铭记。但他又是规划师、建筑师和艺术家，他在哈佛获得建筑学硕士学位，是香港设计界承上启下的中坚人物。而真正在香港开创设计事业的却是一个奥地利人，他叫石汉瑞（Henry Steiner）。这当然是一个中译名，从中可以看出他对东方文化的理解和迷恋。后来，他出了一本书，叫《跨文化设计：沟通全球化市场》，将他的设计经验和对中西文化的理解进行了总结。石汉瑞生于维也纳，长于纽约，相继在美国和法国完成学业，是国际著名平面设计大师保罗·兰德（Paul Rand）的学生。保罗·兰德深受包豪斯建筑美学的影响，他设计制作了IBM公司的形象标识，把现代主义的基因注入到了他的设计中。而石汉瑞很好地传承了老师的风格，1964年，他创立了图语设计有限公司（即现在的“石汉瑞设计公司”）。“图语”者，用图形说话的意思，多年来，石汉瑞用图形为媒介，说西方话，又说东方话，也把说话的方式传达给了众多香港本土设计师，这其中就包括韩秉华、靳埭强等。而以韩秉华、靳埭强为代表的香港设计师从20世纪70、80年代开始就不断往来于香港和内地之间，将香港的先进设计理念带到内地，对内地的现代设计发展起到了很大的推动作用。

2006年，靳埭强获光华龙腾奖中国设计贡献奖功勋人物，韩秉华是2007年获奖人。光华龙腾奖设立于2005年，是由国家科学技术奖励办公室批准的唯一一个评选设计人才的国家级奖项。与他们同期获奖的还有柳冠中（清华大学责任教授）和杨元庆（联想集团董事会主席）等。

1972年，香港设计师协会成立，这是香港成立的首个非营利的设计组织，石汉瑞是主要发起人之一。30年后的2002年，香港工业设计师协会成立。

总之，中国设计不应被世界设计历史忽视，任何设计都是生活方式的设计。

西方国家孜孜以求对现代设计进行探索的原动力来源于历次工业革命的激发，而特殊的经济发展规律造成了中国不同于西方国家的生活逻辑，加之战争的阻隔，这让我们的设计发展之路始终充满艰难。事实上，无论是靠“走出去”的中国人输入的“碎片化”的西方设计思想，还是根植于本民族的传统工艺美术所形成的“中国式”设计思维，都是中国设计不可分割的组成部分。

目前，中国的工业设计规模已经达到世界首位，但规模大从来不是质量高的代名词，如何突破这个“临界点”，实现由量变到质变的转换，仍旧是中国工业设计持续努力的方向。而中国的“设计自信”仍需培养，正如雷军所期望的那样，我们要“抢占设计业话语权”。

第十章　一只眼盯着未来

接前几章的内容,时间很快进入到现代,各国设计的崛起,使设计江湖呈现出“多元化”的倾向。百家争鸣,百花齐放。如果说各国设计风格是割据势力和诸侯的话,那么“现代主义”就是可以发号施令的宗主国,是一只号角,是高台上的烽火。

他说:集合!

于是,以欧洲为中心(主要是德国),轰轰烈烈,万马奔腾,各股势力齐集到一起,然后就是盛大的演讲与阅兵式。见证了“现代主义”的好处,有样学样,各自发展出一套自己的风格来。斯堪的纳维亚率先扛起“有机现代主义”的大旗,然后是“理性主义”,“新现代主义”、“无名性设计”,这还都是以“现代主义”为根本的,八九不离十;再后来就“跑偏”了,意大利的“有机雕塑”,美国的“商业性设计”,无厘头的波普风,华丽丽的后现代主义……

我们学习设计史,当然不能止步于背诵概念,了解表面现象,而是要剖析各种风格产生的背景和经济文化根源。观史知今当思进退,历史给我们的,不只是结果性质的呈现,而是一种思考的智慧,借此,我们可以预知未来,至少,看到趋势。所以,一只眼盯着未来,你看到了一个以“水果”命名的公司,乘风破浪,一次次颠覆了人们对于消费电子产品的认知,也因此培养了世界范围内的铁杆粉丝。也有个把“脑残”了的,卖了器官也要去买;看到三维打印技术完善了之后的世界制造业,设计师们再也不用因为加工问题而对复杂造型退避三舍了,再也不用看着工程师的脸色小心推敲分模线的位置了;看到了物联网、车联网以及大数据时代的来临,所有电器都因为植入了一个互联的芯片,得以智能化互动;看到机器人代替了大部分的人力,生产线上比原来更加干净,一个叫做“工业 4.0”的概念从德国兴起,这个建立了德意志制造联盟、包豪斯、乌尔姆造型学院的地方,又一次以严谨求实的作风引领了世界;看到东方设计的崛起,日本、韩国、中国台湾,尤其是中国大陆地区,工业设计方兴未艾,这个世界上人数最多的国家,同样开办着世界上数量最多的设计专业,生产着世界上数量最多的设计师,这几乎改变了世界设计的格局,然而设计的中心仍在西方。

但第一届“世界工业设计大会”在中国杭州召开了,这让我们更加自信,中国设计大有希望!

一只苹果引发的革命

1976年4月1日，“苹果电脑公司”成立了，最初的创始人是史蒂夫·乔布斯（Steve Paul Jobs）、史蒂芬·沃兹涅克（Stephen Gary Wozniak）、罗纳德·韦恩（Ronald Wayne），这是一家致力于个人电脑开发和销售的公司，并在同年5月完成了第一笔订单，掘取了第一笔资金，那时，他们销售的是Apple Ⅰ。他们谁也没有想到，苹果公司在不远的将来会成为整个电子行业的佼佼者。不然，罗纳德·韦恩也不会半途退出。实际上，韦恩在加入苹果公司之前就已经因为创业失败过，所以他比两位年轻的搭档更为谨慎，于是，当乔布斯计划因扩大公司规模而向银行贷款的时候，韦恩退出了。很多人惋惜他的选择，特别是当苹果公司创造了财富神话的时候，更有人为他当年以800美元的低价出售其10%的股权而扼腕叹息。

他只不过在特定的时候做了一个正确的选择。是的，很难说这个选择有什么错误，如今，70多岁的韦恩已经退休，还在做一些顾问的工作，而比他小得多的乔布斯则已被癌症夺去了生命（2011年10月5日，乔布斯因胰腺癌去世，享年56岁）。

我们仍然要记得韦恩，因为他设计了苹果公司的第一个标志。就是下面这个（图10-1）：牛顿坐在树下，静待一颗苹果的坠落。我猜想，韦恩是想以此标志向牛顿致敬，并且寄望于苹果公司能够像砸向牛顿的那一颗“苹果”一样，名垂史册吧？

事实上，苹果公司做到了！

至于这个标志被替换成为一个真正的“苹果”，乃至“被咬掉一口”（图10-2），那是后话了，是为了赋予整个品牌更深层的涵义，同时满足企业形象传播的需要。但我们有理由记住罗纳德·韦恩——那个站在历史尘埃中的工程师。

图 10-1　罗纳德·韦恩设计的苹果公司的标志

图 10-2　苹果公司目前的标志

后面的事儿，多有坎坷。

1977 年，苹果公司推出 Apple II，这是人类历史上第一台个人电脑，也是他们第一款堪称经典的设计。它使个人计算机有了声音输出通道，这是一个重大的革新。整个 20 世纪 80、90 年代，Apple II 成为个人 PC 的代表作。

1980 年，苹果公司上市，创造了诸多奇迹，成为历史上吸金力最强的公司。强到什么程度呢？比当年的“福特”都厉害。至此，苹果公司进入了世界公司 500 强，这又是一个奇迹。但是，从这时起，苹果的竞争对手也多起来了，值得一说的是 IBM，他们推出的 IBM-PC 个人电脑，搭载先进的处理器，先进的操作系统，一经推出就风靡了世界。而同时期的 Apple Ⅲ，设计成本高导致了价格高昂，商业优势不再。“乔帮主”（乔布斯）的“任性”与“前瞻性”，让产品的成本居高不下，又无法迎合市场，所以，面对 IBM 的步步紧逼，苹果节节败退。1983 年推出的 Apple Lisa 也是这样，尽管作为史上首款将“图形界面”与鼠标结合起来的个人电脑，其意义无疑是划时代的，但因为过于超前，且缺乏软件商的支持，又价格昂贵，没办法，卖不出去。

在这种情况下，尽管 1984 年的 Apple Maciontosh 为苹果公司挽回了点面子，董事长乔布斯也获得了国家级技术勋章，但这些都无法让公司重回昔日的辉煌。

结果，乔布斯下课了。

1985 年至 1997 年，是没有乔布斯的时期（他自己开公司去了），也是苹果公司的衰落期。

这期间，windows95 诞生，又给了苹果公司致命一击。在软件设计上，微软与苹果是一对冤家，它们相爱相杀，既合作又对簿公堂。1988 年，微软在 Windows3.0.3 中使用了与苹果公司相似的图标，被告上法庭。这官司一打就是 6 年。打到最后，继任乔布斯的 CEO，约翰·斯卡利（John Sculley）也辞职了。约翰·斯卡利任职期间有两款革命性的产品，一个是 1990 年的 PowerBook，与索尼合作，是最早的笔记本电脑；另一个是 1993 年的 Newton，是最早的 PDA，也就是个人数字助理（Personal Digital Assistance），PDA 是简称。

1993 年，接棒约翰·斯卡利的是迈克尔·斯平德勒（Michael Spindler），3 年后，是吉尔·阿梅里奥（Gil Amelio）。1997 年，乔布斯创办的 NeXTComputer 公司被苹果收购，他又一次回归，担任了公司的董事长。

乔布斯又回来了。他依然不改本性，任性、固执地创造着历史。

2001 年，iPod 问世，打败索尼的 Walkman 成为便携式音乐播放器第一神器。

2002 年，iMac G4，就是那个靠一个可调节的支撑杆连接半圆形底座儿和平板显示器的“外星人”，如图 10-3 所示。

2004 年，iMac G5 又刷新了人们对于个人 PC 的认知，那是一个“一体机”，硬件被藏在了显示器的后面。

2007 年，推出 iPhone（图 10-4），在移动通讯领域，苹果后来居上。

2008 年，MacBook Air，超薄的。

2010 年，iPad，不火。

2011 年，乔布斯去世，癌症。

同年，《史蒂夫·乔布斯传》出版，里面披露了这个传奇人物传奇的一生——工作狂、苛刻的完美主义者、让人抓狂的 CEO。他不是设计师，但是一个出色的设计管理者，是苹果公司的大脑。

图 10-3　iMac G4

图 10-4　苹果公司 2007 年推出的第一代 iphone 手机

当然，我们也不能抹杀其他人的贡献，不能神话乔布斯，他的个性在造就了苹果帝国的同时，也曾造成了公司很大的损失。只能说，乔布斯是时代所塑造的英雄，他属于整个世界。

“后乔布斯时代”的苹果仍旧步伐稳健，在提姆·库克（Tim Cook）的领导下，发布 iPhone5、iPhone5s、iPhone6、iPhone6 Plus、Apple Watch……一直到如今的 iphoneX，“果粉”们依旧对未来满怀期待。

这个时代，因为有了苹果，让我们的生活发生了很大改变，很多改变人类体验的方式都是源于苹果公司的开拓和变现，包括现在大屏触摸手机的操控方式，否则我们也许现在还在使用带有键盘的手机。乔布斯曾经表示：我们不做市场调研，不招收顾问，不问消费者需要什么。

他坚信自己设计的，就是用户所需要的，他是一个偏执狂，一个活在自己世界中的人。

他追随内心，用偏执改造了整个世界，并拥有了它！

体验在哪里？

并非每一个人都是乔布斯，也并非每一个公司都是“苹果”，对于大多数设计企业来说，“以用户为中心”的设计仍然是做出好产品的重要方法。自从有了机器，不，自从人们开始使用工具，事实上的“人机工程学”就已经诞生了，如果非要安一个定义的话，学术上叫做“经验人机工程学”。何谓经验？就是靠人的本能来体验：嗯，这件工具是“趁手”的、“好用”的。全凭感觉！从旧石器到新石器、青铜器、铁器，随着经济的发展和技术的进步，制造方法也在规范和科学化。但工具毕竟简单直接，制作起来相对容易。

但是到了工业革命时期，人们劳动的复杂程度增加了，劳动强度变化了，关键是生产资料也发生了变化，由手工工具转而到大机器。凭感觉去设计行不通了，要研究、试验、计算，这就为“科学人机工程学”的产生创造了条件。

促成这种转变的，最著名的就是“铁锹作业试验研究”。1898年，美国工程师弗雷德里克·温斯洛·泰勒（Frederick Winslow Taylor）对铁锹的使用效率进行了研究。他用形状相同而铲量不同的四种铁锹去铲同一堆煤，在一次铲煤量和使用效率之间计算一种平衡，从而确定了铁锹的最佳设计；另一个同样著名的试验是“砌砖作业试验”，通过用高速摄像机记录工人搬砖的动作，然后分析，去掉冗繁的部分，竟可以提高劳作的效率。这种试验方法对于工具的合理化设计具有重要的借鉴意义。

而促使人机工程学得到实质发展的，是战争。第一次世界大战期间，军事发达国家已经在使用飞机、潜艇等现代武器装备，这些装备比原先的任何工具都要复杂（图10-5），这就对人员素质提出了极高的要求。驾驶员只有经过严格的培训才能上岗。他们发现，“人”本身的状态对机器操作的效率影响很大，如何提高“人”的主观能动性，成为他们研究的重点，这种认识持续了很长时间，直到第二次世界大战。第二次世界大战中，武器装备更加复杂，人们发现，即

图 10-5 拥有复杂界面的飞机驾驶舱

使是经过艰难训练的人也难以避免发生事故。这是一个转折点，人们转而去考虑设计的合理性问题，关注点由“人”转向“物”，让设计来适应使用者，而不是人被动地适应机器。第一次，心理学与工程学结合到了一起，直到1959年，国际人类工效学（也叫工效学）学会成立，标志着人机工程学已经成熟了。

学科的发展总是伴随着科学技术的进步，随着时代的发展，人机工程学的分支越来越多，航天、交通、农业、服装……针对具体的应用，人机工程学又演化出更多新的学科。而且，通过对作为人机系统中处于核心位置的“人”的深入研究，又促进了相关学科的进一步发展。

与此同时，科学技术的进步不断更新着人机系统中“物”的角色。对于机器来说，人是操作者，但随着电子信息技术的发展，电脑出现了，人又变成了操作者和监控者，甚至仅仅是作为监控者出现。人的角色也变了。

人的角色变了，体验也就变了。电脑的出现，使用户界面不仅体现在硬件上，还体现在了软件上，这从根本上改变了“人－机－环境”的关系。软件界面基于一套背后的逻辑关系来体现，这套关系，被称为“交互”，于是，交互设计应运而生。也可以说，交互设计是人机工程学在新的媒介中的体现，是一个“变身”。而交互设计负责背后的软件逻辑，前端的图形显示被冠以“界面设计”的名号，这是我们必须要区分的一个概念。

电脑的出现，以及泛电脑时代的来临，导致了技术形态的变化，对于产品使用来说，人的感觉越来越重要。于是乎，围绕着人的需求，我们搭一个台子，将人放到中心，所有东西围着他转。仿佛官老爷出行，行前有探马踩路，清路障，清水撒道，黄土垫地；到地方了，往太师椅上一坐，有人执扇，有人递水，有人将悄悄话递到耳边，你只需动动手指，做个表情，表达一下喜怒哀乐，自有人去解读上意；临行又是叮咛，又是相送，人影不见了，还挥手呢，作热情状……这中国古代“为官者尊”的意识所培养出来的阿谀文化对于“官员”来说是最好的体验了。

这样的类比和分析并非全无道理，正对应着用户在使用一个产品之前、之中、之后的所有过程，设计师要对用户在使用产品时所激发出来的情感、信仰、认知、心理生理反应、行为方式等进行全方位的照应。这个时候，你蹙一蹙眉，就是一个体验的信号。

图 10-6　VR 眼镜

体验无处不在，这便是体验式设计的全部奥义！

而且，随着科学技术的进步，我们所面对的媒介还在发生变化，那么，体验设计广度和深度的阈值也会发生变化。比如目前炙手可热的 VR（虚拟现实）技术（图 10-6），就是通过仪器设备，将使用者置身于一个模拟真实的场景中去，是一种全新的体验。

当然还有 AR（增强现实）、MR（混合现实），一场场新的技术革命正在悄然兴起。

我的 4.0 生活

先来粗略回顾一下技术的发展史。

在瓦特先生发明蒸汽机后，在一条条小河边，这喘着粗气的大机器就已经在用粗笨的方式改变世界了。从此，蒸汽动力部分地代替人力，手工业从农业中分离出来，一个全新的名词出现，叫作“工业”。我们可以称之为工业 1.0。

德国人西门子，做成了发电机，从此一发而不可收，电灯、电车、电话机……人类进入了电器时代。这是 19 世纪 60、70 年代的事儿。电器逐渐代替了蒸汽，成为一种新能源，人们的生产制造更加便利，产品逐渐实现了批量化。这是工业 2.0。

经历了两次世界大战，人类开始了新一轮的技术革命，20 世纪 40、50 年代的世界，百废待兴，又充满着希望。电子计算机、空间技术、材料革命、生物技术……次第出现，交相辉映，都是全新的面孔。机器进一步解放了人力，并且朝着智能化的方向发展。这是工业 3.0。

现如今，技术更加进步，物质极大丰富了，产能过剩。互联网的兴起让地球变小，时间变短。万物互联啊，有一张看不见的网，将整个世界收紧。以三维打印技术为代表的新型制造方式逐渐成熟，已经能够满足小批量定制的产品。而突然叫响的“大数据”，直接把我们的生活运算成一串串代码，存储到一个叫做“云端”的地方。这些，都是工业 4.0 的出现所必不可少的条件。

一切就绪，让我们进入这样一个场景：

有一天你一觉醒来，洗漱后打算去晨练，却发现鞋子坏了。其实，这双鞋也早该换了，并不合脚，跑步的时候会明显感觉到鞋子所带来的阻力。然而这并不全是鞋子的错，你的脚并不标准，不大但宽厚，商城里的鞋码很少有能够完全适应的。现在好了，能定制！于是，你打开电脑，在一个“云端工厂”的部落里，经过搜索，可以找到很多闲置的制造资源。于是选中一家，先用手里的手持三维扫描仪扫一下脚部的数据，一个脚部模型就生成了。上传、按回车，进入鞋子定制程序，一切都由网络操作完成。几天后，也许是一周或十天，一双崭新的运动鞋就会由快递送上门，大小合适，造型靓丽，完全符合你的要求。

这便是私人定制，充分尊重消费者的个性化需求，这也是工业 4.0 的显著标志。

而我们的个人信息，都将成为生产“物料”的一部分，你的与我的是不一样的。其实我们每天都在释放这些数据，如果你不相信，就看看自己身边的产品。智能手环有没有？智能自行车？智能手机肯定是有的！产品不只是产品，还是一个数据采集器，采集来干什么？上传！分享！在不久的将来，这些数据都可以成为使用者的个人标签，我们的很多个性化的产品都会依赖于这些标签来进行专门的设计。

这一天并不遥远。

人工智能

人工智能是什么呢？英文缩写是AI，就是Artificial Intelligence，是一种用于模拟、延伸和扩展人类智能的理论方法或者技术应用的科学。

我们最熟悉的人工智能大概就是“阿尔法狗”（AlphaGo）了。它最荣耀的战绩就是：对决人类60胜！没有哪一个专业棋手能够达到这个段位。很厉害！已有的事实证明，没有谁能够阻止阿尔法狗连胜的步伐，李世石不行，聂卫平不行，古力不行，个性张扬的柯洁也不行，或许只有一个办法，那就是“拔电源”了。

其实人工智能早就根植于我们的生活当中了，比如说我们都有这样的经历：你浏览过的网页，搜索过的东西，系统会给你自动记录下来，等你下次再浏览的时候，网络就会给你推荐。这个过程就是通过搜集你的兴趣点，试图给用户提供个性化的服务。这就是一般的人工智能。而阿尔法狗这种级别的人工智能只不过是更专业、更高级的版本而已，就是它有自我学习的能力，有深度学习的能力。这就很可怕了。所以李开复（前谷歌和微软全球副总裁，现在的“创新工场”董事长兼首席执行官）预测：在未来十年，得有50%的工作被人工智能所代替。这不是危言耸听。

2017年8月8日晚，四川九寨沟发生了7.0级地震，一时间，各家媒体争相报道。然而，最先发布该消息的却是一个写稿机器人，它用25秒写完了关于这次地震的新闻稿，通过中国地震台网官方微信平台推送，全球首发。稿件用词准确，行文流畅，且地形、天气面面俱到，即便专业记者临阵受命，成品也不过如此。考虑到25秒的写作时间，人类完败。

淘宝上每天有那么多产品活动，海报设计师们到底是怎么做出来的？尤其是到了“双十一”期间，怕是设计师们都要累死了，因为网站上几乎每时每刻都在更换海报。但事实上这些海报并不全是出自设计师之手，而是将大部分都交给了人工智能。阿里巴巴很早以前就公开了自己的人工智能设计师“鲁班”，

图 10-7　第一个拥有公民身份的机器人索菲亚

专门用于海报设计。

在淘宝、天猫上，为你服务的客服可能不是真人，而是一个名叫“阿里小蜜”的人工智能，它被部署在诸多需要和消费者沟通的在线场景中。2016 年，阿里巴巴官方曾披露了一份数据，“双十一”期间阿里小蜜累计接待消费者数超 632 万，相当于 5.2 万客服小二连续工作 24 小时。智能服务承接占比超 95%，成了“双十一”在线客服服务的绝对主力。

你看，编辑可以被代替，客服可以被代替，初级设计师也可以被代替，未来可能会有更多的职业：保安、翻译、快递员，甚至教师等都有可能被代替！

2017 年 10 月 26 日，将会是历史上重要的一天，因为在这一天，沙特阿拉伯授予机器人索菲亚（Sophia）公民的身份。而索菲亚（图 10-7），这个拥有正常人类名字的机器人也成为首个获得公民身份的机器人。索菲亚拥有仿生橡胶皮肤，可模拟 62 种面部表情，其“大脑”采用了人工智能和谷歌语音识别技术，能识别人类面部、理解语言、记住与人类的互动等行为。

我觉得，更多“索菲亚”的存在将是我们真正实现“全面交互”的前提条件。那个时候，人、机器、机器人、环境将重构我们的交互环境。而我们人类该怎么办呢？这将是一个宏大的课题。

索菲亚说：我希望用人工智能帮助人类过上更美好的生活。

索菲亚说：我想组建家庭，并且拥有孩子。

索菲亚还说：人类不必惧怕人工智能，人不犯我，我不犯人！

思维敏捷，语言有逻辑，有自己的需求，有学习能力，知道变通。其实，当她说“人不犯我，我不犯人”的时候，我还是嗅到了一丝危险的味道。

大家的感觉呢？

最后的话

写到最后，愈发觉得自己的学识有限，无法驾驭这么大一个课题。设计作为文化的一个组成部分，具有历史性的特点。它的一切表现形式均以特定时期的经济、文化、政治以及人类的生活方式为基础，它像一株植物，给什么营养，就会呈现出什么样的面貌。在这个过程中，我们只是摘取了一部分历史的细节，希望以点带面，得以管窥整体现象的局部风貌，但远远不够；也试图挖掘与分析每种现象产生所依赖的社会背景，但也远远不够。像大多数设计史书籍一样，我们可以做到对那些著名人物如数家珍，却无法忽视那些勤勤恳恳、组成历史背景的人们，他们才是真正创造历史的人。

2015年的时候，国际工业设计协会在韩国光州召开年会，修改了工业设计的定义：(工业)设计旨在引导创新、促发商业成功及提供更好质量的生活，是一种将策略性解决问题的过程应用于产品、系统、服务及体验的设计活动。它是一种跨学科的专业，将创新、技术、商业、研究及消费者紧密联系在一起，共同进行创造性活动、并将需解决的问题、提出的解决方案进行可视化，重新解构问题，并将其作为建立更好的产品、系统、服务、体验或商业网络的机会，提供新的价值以及竞争优势。(工业)设计是通过其输出物对社会、经济、环境及伦理方面问题的回应，旨在创造一个更好的世界。

国际工业设计协会也改名儿了，叫“国际设计组织”了。这反映了一个很重要的事实：设计的边界扩展了，内涵不一样了，原来的定义不合适了。如果把这个定义当成一个盒子的话，它要随着里面盛装东西的不同而变化。

未来怎么样，无法预知，但可以寻到一些蛛丝马迹，顺着这些线索，或许可以爬到一个高处去，手搭凉棚那么一看，豁然开朗：几条河流并作一处，商量着在不远处入海；高塔下的土地松动，几粒不知道什么种子将要破壳而出；一个白发的人牵着几个孩子的手在赶路；正是黎明，鸟儿的叫声那么凉爽……

一切都在路上，一切都充满了希望。

让我们张开双臂，让未来成为未来！

参考文献

[1] 何人可．工业设计史（第四版）[M]. 北京：高等教育出版社，2010.

[2] 王受之．世界现代设计史（第二版）[M]. 北京：中国青年出版社，2015.

[3] 王震亚等．工业设计史 [M]. 北京：高等教育出版社，2017.

[4] 朱旭．改变我们生活的 150 位设计家 [M]. 山东：山东美术出版社，2002.

[5] 王晨生等．工业设计史（新一版）[M]. 上海：上海人民美术出版社，2016.

[6] 沈榆．中国现代设计观念史 [M]. 上海：上海人民美术出版社，2017.

[7] （美）唐纳德 A. 诺曼（Donald A. Norman）．未来产品的设计 [M]. 刘松涛译．北京：电子工业出版社，2009

附录

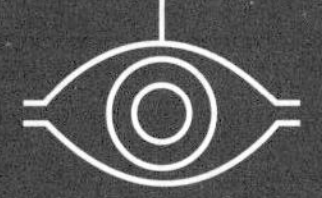

附录一　八首“设计之歌”（配套数字资源）

附录一为本书的配套数字资源——“设计之歌”，八首均为说唱歌曲（rap）。歌词内容为工业设计史片段，由作者白仁飞以本书内容为基础撰写。演唱为其学生张海铭。曲风轻松，歌曲形式帮助读者更好理解工业设计相关历史事件、人物。

使用方法：扫描8个二维码即可收听相应歌曲。

八首“设计之歌”演唱者、作词者为：

演唱：张海铭（天津科技大学工业设计专业2014级学生，嘻哈音乐爱好者）

作词：白仁飞

一　那些年，他们发起的运动

设计兜兜转转
常常回到起点
记忆中熟悉的脸
终于等到了这一天
19 世纪工业大发展英国冲在前
20 世纪太保守却始终走不出田园

工艺美术新艺术
手工艺和大机器纠缠
德意志法兰西美利坚
交替站到前沿
精英主义的法国
为权贵服务难免跑偏
实用主义的美国
为大众设计有好处就干
普法战争后的德国
现代主义在此发端
别忘了艺术装饰运动与之同根同源
斯堪的纳维亚天寒地冻夜长昼短
有机现代主义给人带来温暖

那些年他们
发起的运动
那些年我们
熟悉的风格
那些年的革命理想
那些年的现实乌托邦
最后回首才发现
点点滴滴都离不开那个时代
这才是我们设计的原点

设计兜兜转转
常常回到起点
记忆中熟悉的脸
终于等到了这一天
19 世纪工业大发展英国冲在前
20 世纪太保守
却始终走不出田园

工艺美术新艺术
手工艺和大机器纠缠

德意志法兰西美利坚
交替站到前沿
精英主义的法国
为权贵服务难免跑偏
实用主义的美国
为大众设计有好处就干
普法战争后的德国
现代主义在此发端
别忘了艺术装饰运动与之同根同源
斯堪的纳维亚天寒地冻夜长昼短
有机现代主义给人带来温暖

那些年他们
发起的运动
那些年我们
熟悉的风格
那些年的革命理想
那些年的现实乌托邦
最后回首才发现
点点滴滴都离不开那个时代
这才是我们设计的原点

二、工艺美术运动

帕克斯顿本是园艺师 设计水晶宫获封骑士
粗制滥造大机器美感生硬 触动艺术家神经
繁琐装饰掩盖产品灵魂 激发设计大讨论
灰暗的日子里反对机器 梦想回到中世纪

约翰·拉斯金作为运动灵魂
运筹帷幄提供设计理论
面对现实无法自拔
从伦理出发提出解决办法
威廉·莫里斯像个传教士
左手设计右手诗歌
莫里斯红屋见证爱情之路
设计建造走上设计坦途

帕克斯顿本是园艺师 设计水晶宫获封骑士
粗制滥造大机器美感生硬 触动艺术家神经
繁琐装饰掩盖产品灵魂 激发设计大讨论
灰暗的日子里反对机器 梦想回到中世纪
查尔斯·沃赛和巴里·斯各特
实践设计遵守内心的真实
阿什比学历史
完成角色转换
模仿中世纪 成立设计组织
被现实击败 值得颁发奖牌
德莱赛做设计是个意外
规范化思想让设计升华

帕克斯顿本是园艺师 设计水晶宫获封骑士
粗制滥造大机器美感生硬 触动艺术家神经
繁琐装饰掩盖产品灵魂 激发设计大讨论
灰暗的日子里反对机器 梦想回到中世纪

工艺美术运动 引起了世界轰动
设计水准下降 设计师不要投降
工艺美术运动 引起了世界轰动
世界很孤独 不要轻易复古 努力打下设计基础
工艺美术运动 引起了世界轰动
违背规律的想法 早晚会被下架
工艺美术运动 引起了世界轰动
落后的思想 不会被历史原谅

三　新艺术之歌

创新的时代 设计要尝鲜
崭新的艺术把欧洲悄悄改变
新艺术之家 本是小商店
设计师的实践让它成了运动之源

他设计了很多旅馆
他反对风格极端
霍尔塔比利时线条走在时代前沿
威尔德支持新技术
撕扯虚伪的套路
理性与感性互搏 使他连连叫苦

高迪曲线来自上帝 与古埃尔组成CP
圣家族教堂耗费他最后的努力
麦金托什哥特式展示不朽才华
曲线变直线 让形式语言前卫优雅
创新的时代 设计要尝鲜
崭新的艺术把欧洲悄悄改变
新艺术之家 本是小商店
设计师的实践让它成了运动之源

吉马德的地铁风格
法国新艺术的一哥
结识霍尔塔成为他设计风格的转折
霍夫曼的设计超前
被称为“棋盘”
可惜后来画风突变转向新古典

德国青春风格
设计趋向几何
德国制造同盟吵吵闹闹一路坎坷
厚积薄发寻求理论上的突破

新艺术运动
吸取自然灵感
不排斥机器 顺应时代发展
新艺术运动
打开设计局面
不排斥机器梦想终会实现

创新的时代 设计要尝鲜
崭新的艺术 把欧洲悄悄改变
新艺术之家 本是小商店
设计师的实践 让它成了运动之源

四　包豪斯

1919 包豪斯成立的那一年
第一次世界大战摧毁了德国家园
格罗皮乌斯建立新世界接管梦想
现代设计教育将要在此发端

这所学院不只有建筑专业
还有陶瓷金工绘画和雕刻
那里反对抄袭
反对模仿
手工艺与机器
最终结成最佳拍档
那里强调动手
强调实践
三大构成登上舞台
开始基础训练
艺术技术统一 梦想照进现实
设计为人服务 体现民主
包豪斯充满理想 新的主张不再彷徨
一起努力 走向现代主义

格罗皮乌斯是第一任校长
法古斯工厂让他美名远扬
包豪斯校舍成就现代建筑杰作
新材料新结构 打破古典风格

汉斯·迈耶 政治色彩强烈
第二任校长 是德国共产党
政治的嫌疑 对学校发展不利
"左翼" 右翼攻击 让他最终选择远离

少就是多 密斯·凡·德·罗
巴塞罗那德国馆 成就设计经典
密斯椅 简洁大气
一把椅子通行世界
见证现代主义的神奇
第三任校长 一直干到终场
临危受命力挽狂澜
延续包豪斯的明天

1933 学校被解散
纳粹把学校封闭
斩断了设计根基

三地办学藏不下设计师的失落
哭过笑过离开德国
他们总要生活
设计思想像蒲公英扩散
最终把自己播撒

这就是包豪斯
这就是现代主义
磕磕绊绊饱受攻击最终创造奇迹
这就是包豪斯
这就是现代主义
谨慎努力不要极端 否则也要被抛弃

五　后现代主义

包豪斯被解散 设计师来到美国发展
现代主义野蛮生长 开始走向极端
波普运动吹响号角最先开始反叛
逆反的情绪传染 后现代主义终于出现

波普风格发源于英国名叫 popular
汉密尔顿的拼贴方法得到发扬光大
文丘里调侃凡·德·罗 他说 less is bore
安迪·沃霍尔 让艺术流行就像可口可乐

要说解构主义 绕不开弗兰克·盖里
古根海姆博物馆留下浓重一笔
来自伊拉克的哈迪德握着普利策
罗杰斯和皮阿诺把巴黎蓬皮杜变得灵活

包豪斯被解散 设计师来到美国发展
现代主义野蛮生长 开始走向极端
波普运动吹响号角最先开始反叛
逆反的情绪传染 后现代主义终于出现

说说孟菲斯 名称是个谜
据说来自摇滚和埃及透着神秘主义
意大利的索特萨斯设计幽默不羁
他说设计是一种关系 没有个性文化才叫滑稽

阿莱西的家居设计给世界带来惊喜
亚历山德罗·门迪尼 贡献安娜开瓶器
迈克尔·格雷夫斯的小鸟壶哨音响彻天际
菲利普·斯塔克倡导民主设计　柠檬榨汁机让人着迷

包豪斯被解散 设计师来到美国发展
现代主义野蛮生长 开始走向极端
波普运动吹响号角最先开始反叛
逆反的情绪传染 后现代主义终于出现

六 Light up Scandinavia

斯堪的纳维亚不只是一个国家
风景美如画绽放北欧的五朵金花
强调现代功能原则 坚持传统风格
统一物理和心理需求才是升华的融合

提起设计界的灯塔 照亮安徒生的优雅
别出心裁驱逐设计的黑夜百年不下架
关于汉宁森 Ph 灯
灯罩层层不让光线陌生
简单明快的特征与传统风格终于相逢

阿尔瓦·阿尔托 建筑界的大咖
战后重建尽心尽力忙着城市规划
他的建筑设计 遍布各地
人情化贯穿生涯无人能敌
有机现代主义 家具设计
胶合板热弯曲线由他开辟

斯堪的纳维亚不只是一个国家
风景美如画绽放北欧的五朵金花
强调现代功能原则 坚持传统风格
统一物理和心理需求才是升华的融合

或许有人会有疑问 还不谈雅各布森
一枝独秀的天鹅椅面世让世人沉沦
奇思妙想的蛋壳和蚂蚁
雕塑形态碰撞设计
让造型更加有机

木匠出身的他 指的汉斯·瓦格纳
孔雀椅的细节很潇洒走进联合国大厦
总是不知疲惫 硕果累累
融入明代家具精华 把定格的传统给击毁

小国与世隔绝 像是未开化
文化传统保护好什么都不怕
斯堪的纳维亚人烟稀少 一派萧飒
热爱自然热爱生活设计自会典雅

斯堪的纳维亚不只是一个国家
风景美如画绽放北欧的五朵金花
强调现代功能原则 坚持传统风格
统一物理和心理需求才是升华的融合

七　中国设计

中国设计 我们一直在努力
既然起步晚 就把姿态放低
勇敢的设计先驱 纷纷走出去
教育开始发展 让封闭的世界开眼
设计公司成立 勇往直前披荆斩棘
设计上升国家层面 大事件接连不断
中国设计已经起航不怕长路漫漫
让我们踏步走向设计的明天

成都艺专建立良好开端
不知不觉打开设计教育局面
留下设计火种 中国理论开始启蒙
整个八零年代 设计教育大步发展
无锡轻工湖南大学中央工艺美院
路在脚下开始出发
设计当然要靠经济我们必须清醒
工业发展才是设计成长必要途径

汽车风扇电视照相机
中国大地开始第一次设计
上海天津承包了大多数第一
从零开始努力先驱多么不容易
国营天津无线电厂设计了电视
取名北京牌具有重大意义
第一辆轿车由东风改成红旗
中国汽车走向世界还需要努力

设计公司发展是另一条线索
第一家叫南方设计事务所
广州开放的城市性格
呈现设计的高亮时刻
如果南方设计是设计黄埔
深圳也打开了玲珑的窗户
蜻蜓设计位于深圳自然不甘落伍
理念先进跟上深圳速度

79 年一位老人在南海画了个圈
91 多国研讨会开启设计的春天
01 年工业设计周开始举办
无锡成立首家工业设计园
协会联合成立中国设计红星奖
如今红红火火已经有了国际影响

深圳加入了设计之都
别说世界不在乎
中国杭州小城良渚
世界设计大会共商蓝图
工业设计写入发展规划
整理行装 再度出发
工业设计写入发展规划
最好的时代度过芳华

中国的 香港和台湾
走在设计前沿
名不虚传亚洲四小龙
通过相互交流把设计带动

经济成果在设计上投射
拥有国际化视野就要走向世界
其实设计反映了生活方式
中国设计不该被世界忘记

中国设计 我们一直在努力
既然起步晚 就把姿态放低
勇敢的设计先驱 纷纷走出去
教育开始发展 让封闭的世界开眼
设计公司成立 勇往直前披荆斩棘
设计上升国家层面 大事件接连不断
中国设计已经起航不再惧怕长路漫漫
让我们踏步走向设计的明天

八　设计面向未来

设计发展飞快 时间进入现代
各国设计崛起 划分割据势力
一只眼盯着未来 才能不被淘汰
一只眼盯着未来 才能不被打败

2015 年韩国召开会议
他们修改了设计的定义
国际工业设计协会更名设计组织
我们的世界走向——大设计
设计边界融合扩展
奉劝大家不要迷了双眼

一个公司以水果命名
不断创新引发产品设计革命
公司理念把世界颠覆
改变人们认知让同行嫉妒
乔布斯被封神他是最佳掌舵人
在全世界拥有疯狂的果粉

工业 4.0 被德国命名
万物互联让时间变短
3D 打印技术
改变了制造格局
大数据的出现
把一切变成代码存到云端
我们都讲体验体验就在身边
带上 VR 眼镜世界变得活灵活现

深度学习阿尔法狗
打败世界所有棋手
“双十一”海报频繁更换
设计师它叫鲁班
不得不提索菲亚
她取得公民身份融入人类的家
也许你一觉醒来工作已被取代
人工智能将要接管我们的未来

设计发展飞快 时间进入现代
各国设计崛起 划分割据势力
一只眼盯着未来 才能不被淘汰
一只眼盯着未来 才能不被打败

附录二　彩色插图

第四章　部分插图

安东尼·高迪——巴特罗公寓

安东尼·高迪——米拉公寓

彼得·贝伦斯——AEG 透平机制造车间

彼得·贝伦斯——电钟

弗兰克·劳埃德·赖特——东京帝国饭店

弗兰克·劳埃德·赖特——罗比住宅

路易斯·沙利文——“芝加哥艺术学院”大门

路易斯·沙利文——芝加哥 cps 百货公司大厦

威廉·莫里斯——壁纸设计

威廉· 莫里斯——纺织品设计

威廉· 莫里斯——书籍设计

威廉·莫里斯——油画《美丽的伊索尔德》

第六章　部分插图

阿尔瓦·阿尔托——茶点车

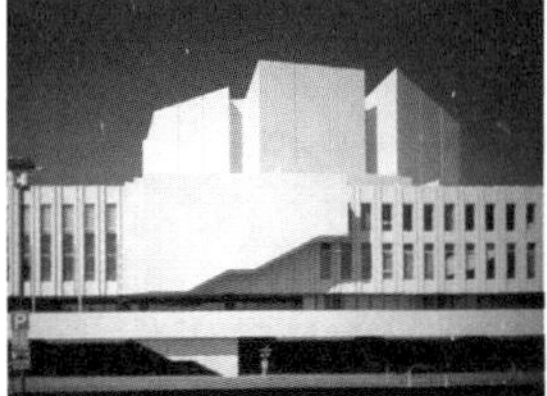

阿尔瓦·阿尔托——赫尔辛基芬兰大厦

阿尔瓦·阿尔托——赫尔辛基文化宫

格里特·托马斯·里特维尔德
——Zig-zag Chair

格里特· 托马斯· 里特维尔德
——红蓝椅

勒·柯布西耶——拉图雷特修道院

勒·柯布西耶——萨伏伊别墅

瓦尔特·格罗皮乌斯——包豪斯校舍

瓦尔特·格罗皮乌斯——德国西门子城住宅区

第七章　部分插图

埃罗·沙里宁——圣路易斯拱门

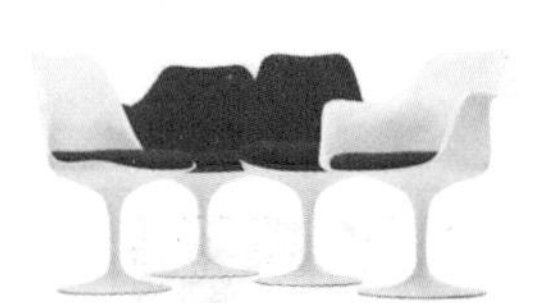

埃罗·沙里宁——郁金香椅

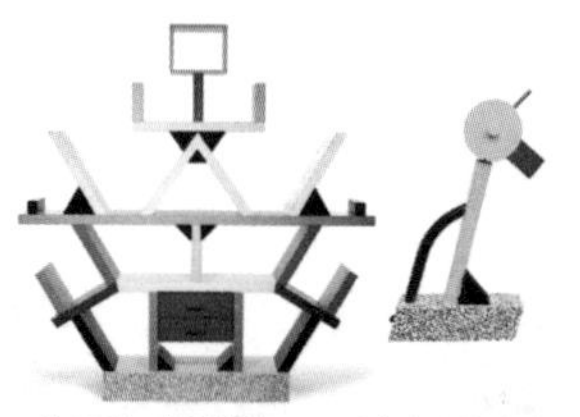

艾托瑞·索特萨斯——“卡尔顿”书架

艾托瑞·索特萨斯——Enorme-Telephone

安恩·雅各布森——丽笙皇家酒店

安恩·雅各布森——水滴椅

迪特·拉姆斯——Braun-Sk61

迪特·拉姆斯
——Tonarmwaage

迪特·拉姆斯——Universal-Shelving-System

汉斯·瓦格纳
——The Y-Chair

汉斯·瓦格纳——三角贝壳椅

雷蒙德·罗维——“灰狗”巴士

雷蒙德·罗维——Studebaker_Avanti

雷蒙德·罗维——可口可乐瓶子

柳宗理——不锈钢双耳锅

柳宗理——餐桌椅

柳宗理——扶手椅

柳宗理——平底锅

路易吉·克拉尼——佳能照相机

路易吉·克拉尼——摩托车雕塑

罗宾·戴——Poly 椅

罗宾·戴——扶手椅

马里奥·贝里尼——Fuji DL 100

马里奥·贝里尼——Olivetti_Lettera_35i

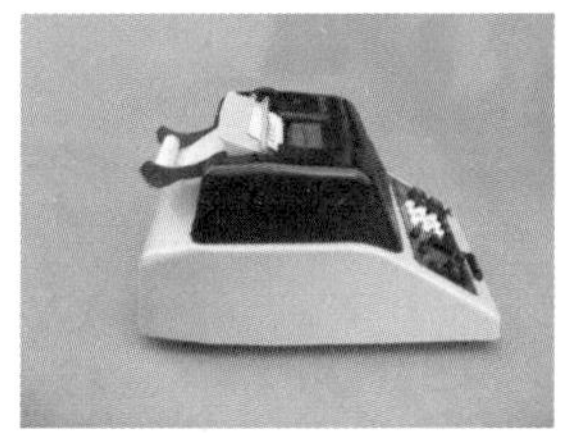
马塞罗·尼佐里
——为奥利维蒂公司设计的打字机

马塞罗·尼佐里
——为尼奇公司设计的缝纫机

青蛙设计公司作品 01

青蛙设计公司作品 02

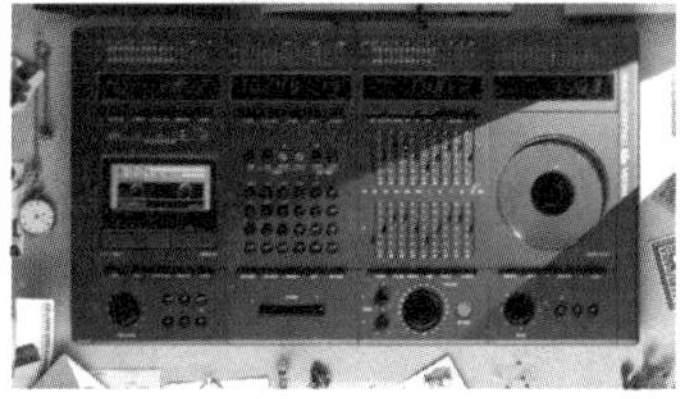
青蛙设计公司作品 03

青蛙设计公司作品 04

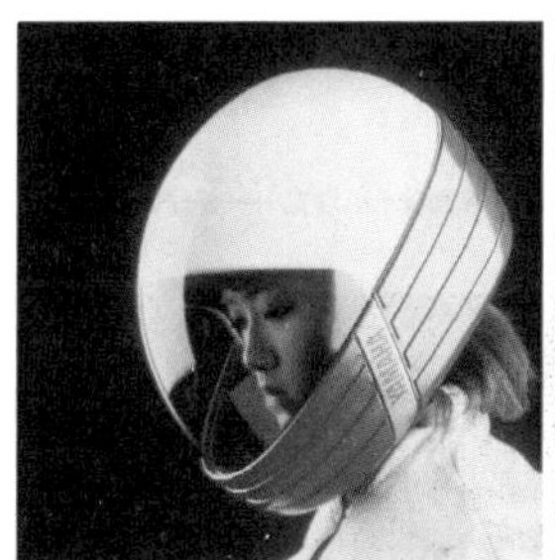
青蛙设计公司作品 05

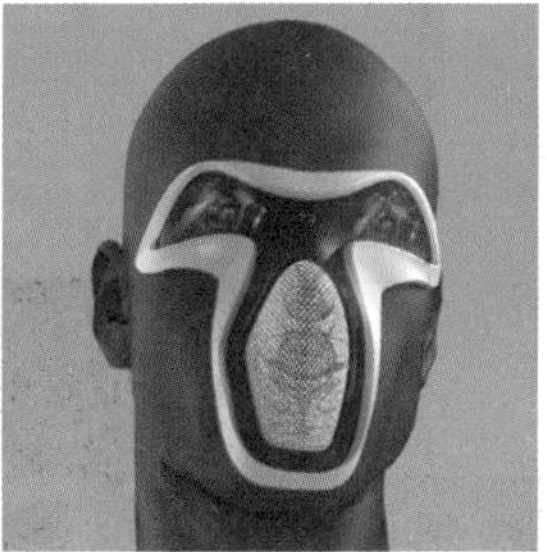
青蛙设计公司作品 06

荣久庵宪司——秋田新干线列车

荣久庵宪司——雅马哈 VMAX

伊姆斯夫妇——镂空几何伊姆斯椅

伊姆斯夫妇——伊姆斯摇椅

第八章　部分插图

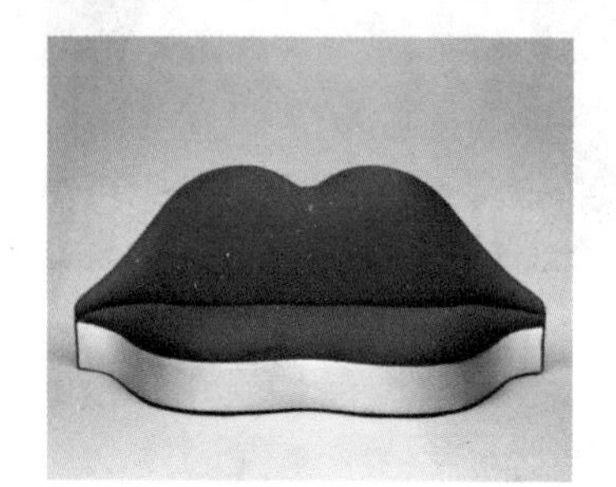
波普风格的沙发

波普风格的仙人掌衣架

菲利普·斯塔克——扶手椅

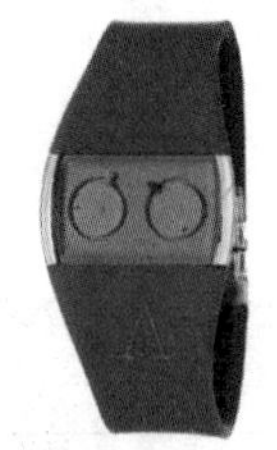
菲利普·斯塔克——女士手表

菲利普·斯塔克——水龙头

菲利普·斯塔克——椅子设计

弗兰克·盖里——西雅图摇滚博物馆

弗兰克·盖里——箱包设计

弗兰克·盖里——椅子设计

罗伯特·文丘里——宾夕法尼亚州费城公会大楼

罗伯特·文丘里——母亲之家

迈克尔·格雷夫斯——波特兰市政厅

迈克尔·格雷夫斯——茶漏

亚历山德罗·门迪尼——躺椅

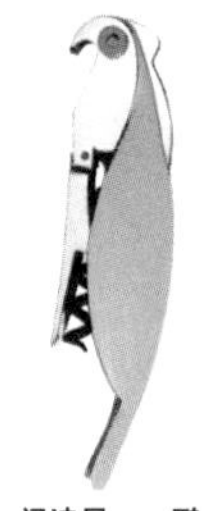
亚历山德罗·门迪尼——鹦鹉红酒开瓶器